U0249200

水与旅游经典译丛

水资源政策、旅游和游憩

——澳大利亚之鉴

［澳大利亚］林·克雷斯(Lin Crase) 苏·奥基夫(Sue O' Keefe) 编

李洪波 郝飞 译

南開大學出版社

天 津

图书在版编目（CIP）数据

水资源政策、旅游和游憩：澳大利亚之鉴 / （澳）
林·克雷斯 (Lin Crase)，（澳）苏·奥基夫
(Sue O'Keefe) 编；李洪波，郝飞译 . -- 天津：南开
大学出版社，2019.7
（水与旅游经典译丛）
书名原文：Water Polity, Tourism and Recreation:
lessons from Australia
ISBN 978-7-310-05829-7

Ⅰ.①水… Ⅱ.①林… ②苏… ③李… ④郝… Ⅲ.
①水资源管理－关系－旅游业发展－研究－澳大利亚
Ⅳ.①TV213.4②F596.113

中国版本图书馆 CIP 数据核字 (2019) 第 168418 号

Water policy, tourism, and recreation: lessons from Australia / edited by Lin
Crase and Sue O'Keefe / ISBN: 978-1-61726-087-2

南开大学出版社出版发行
出版人：刘运峰
地址：天津市南开区卫津路 94 号　　邮政编码：300071
营销部电话：(022)23508339　23500755
营销部传真：(022)23508542　　邮购部电话：(022)23502200
＊
天津市蓟县宏图印务有限公司印刷
全国各地新华书店经销
＊
2019 年 7 月第 1 版　　2019 年 7 月第 1 次印刷
170×240 毫米　16 开本　13.75 印张　267 千字
定价：56.00 元

如遇图书印装质量问题，请与本社营销部联系调换，电话：(022)23507125

译者序

水是全球生态系统赖以生存的最基本要素之一。水是生命的基础,是人类社会经济发展最重要资源。

我国水资源严重缺少,水资源总量虽然大,但由于我国人口众多且水资源分布不平均,导致我国约 1/4 的省份面临严重缺水的问题。随着我国城市化进程加快和生活水平的提高,对于洁净水的需求日益增加。水污染严重,是我国水资源管理面临的另一个严重问题。虽然我国淡水资源居全球第四,但是我国人均水资源拥有量仅为2074.53 立方米,是全球水资源贫乏的主要国家之一。

我国人均水资源拥有量与人们日益增加的用水需求之间的矛盾日益加深。尤其是在干旱的北方地区。我国的人均水资源区域分布与地区经济发展水平成反比。不仅影响了地方经济发展,同时也难以对水资源充分合理的利用。今天,水在人们的日常生活中已经不仅仅是满足一般物质层面的需求,同时也是人们精神层面的,诸如审美、休闲等的需求。如何更科学、合理、持续地实现水资源利用,都是各领域研究和实践的命题。

本书是对于澳大利亚在水资源政策,尤其是在旅游和游憩产业中的利用等问题的研究和集合。澳大利亚的水资源政策制定及管理经验,特别是在水作为自然资源利用、生态需水的甄别等问题上都有不错的经验。有许多值得我国借鉴的地方。本书共分为四个部分,十四章。主要涵盖了以下研究内容:一是旅游活动对自然水体的影响;二是水资源的利用与管理;三是城市供水与休憩及游览行为的研究等。作为首套关于水与旅游和游憩产业的学术著作,无论从学术还是实践的角度说都是非常有意义的。

本书受国家自然科学基金(环境正义视角下的滇中湖泊群旅游开发空间排斥机理与调控途径研究:41361107;西南生态脆弱区河流保护地空间确定研究——以四川省为例:4171111)的资助。

本书主要由李洪波、郝飞翻译,姜山和高立慧两位研究生参与了部分编译工作。南开大学出版社张燕、白三平两位编辑对本书的出版做出了贡献,深表谢意。在翻译过程中,尽量做到翻译准确,用词专业。对于本译丛的几个体例问题说明如下:

1. 为了便于读者查找原文和深入学习，本译丛对于书中涉及的部分人名、案例、案例名称未做翻译，对于无法准确翻译为中文的地名也保留为英文；

2. 对于非使用国际标准的计量单位，如英亩、英尺、夸脱、加仑等，本书尊重原书的用法，未做换算。

李洪波

2019 年 5 月 9 日于

华侨大学校园

编者序

"关于水资源管理的最新研究成果永远是暂时性的……对此,历史学家谙熟于心,而水文学工程师却难以接受。"因此哈佛大学历史学家大卫·布莱克本(David Blackbourn)在《征服自然:水资源、景观与现代德国的形成》(The Conquest of Nature: Water, Landscape, and the Making of Modern Germany, 2006)一书中,描述了普鲁士300余年以来水资源管理的演进历程,将荷兰工程师排干沼泽地,将湿地转化为宜居环境的事件作为水资源管理历程的起点,一直讲述到如今的德国绿党捍卫"自然景观"的行动。

在国家竞争政策的激励下,澳大利亚在过去的20余年中采取了一系列野心勃勃且颇具成效的水资源改革政策,在水资源管理方面走在了世界的前列。在缺乏强而有力的政策经验的背景下,这一系列的改革措施因将对农业产出的不利影响控制在最小限度而获得了变革性的技术层面的成功,然而,与此同时也隐藏着巨大的政治脆弱性。这引发了一个悖论,此悖论的成因可以归结为两点。一是,在现代社会中,任何事情如果有异常,公众的情感便会将矛头指向人类,不加分别地归因为人为过失,比方说澳大利亚东南部与西南部的环境异常问题就是典型例证。二是,如果仔细翻阅任何有关于澳大利亚的读物,我们都会从中发现粗犷的农夫形象已经成为澳大利亚根深蒂固的文化符号,然而事实却不尽然,澳大利亚的农业无论从人口统计、经济还是价值层面而言,并不是举足轻重的国家产业。因此可以推论,对于生态环境以及利用生态环境从事服务的产业,例如旅游和游憩产业,将越发受到重视。

如今,澳大利亚对于水资源管理的模式正进行大量反思,有一种倾向应运而生,但却存在着一定的危险性。这种倾向依赖于(又如 David Blackbourn 所说)一系列自以为是的方案……许诺能够扭转乾坤并最终克服前人做法中显现出的无知,技术上的失误以及政治上的局限,从而达到预期目的。这种反思在立法层面也有体现,审视2007年颁布的水资源行动(Water Act),我们不难发现一些明显特征:第一,在水资源管理权限层面,水资源行动以拉姆萨尔国际湿地公约(Ramsar Convention on Wetland)之名,将原本隶属于州政府的水资源管辖权集中到联邦政府手中;第二,对于自然资源的用途问题,水资源行动给予了生态利用绝对的优先权,以保证自然资源得到最优化利用;第三,关于生态需求的甄别问题,水资源行动将"最佳可行科学"放在首要位置。

这些改革措施是否建立在由国家竞争政策所激发的一系列改革所建构的卓越平

台之上,就如同判断后世是否能延续前人的改革成果一样,是一个值得关注的问题。不可否认的是,时代的齿轮在摧枯拉朽地在向前驱动,澳大利亚社会在不断的发展,随着人们生活水平的不断提高,后人对于环境以及相关问题的重视程度也在逐步提升。

在所有与环境相关的问题之中,旅游和游憩产业所扮演的角色愈加重要,尤其是在高度重视休闲活动的发达国家,这也是本书所要阐述的核心话题。国家竞争政策及其所激发的一系列水资源管理改革措施的成就及挑战,本书将基于此拓展现存框架,建构一种合理的模式使旅游和游憩在水资源利用方面能获得最优经济以及社会效益,使旅游和游憩产业与农业、水力,以及工业发展相得益彰,同时有利于改善人民生活水平。

面对围绕澳大利亚水资源政策的诸多挑战与困惑,一本专注于解决水资源政策、旅游和游憩产业的书无异于雪中送炭。它为进行更加广泛的公共政策调查提供了具有参考价值的背景资料,将以此惠及更多的受众。因此,本书探讨了稀缺资源再分配决策导致的政治、社会、经济等方方面面的影响,对制度化相关问题进行了理论分析,深入探讨了水资源政策制定与水资源知识储备之间的关系,并在此理论背景的基础上进行了实证分析,由此总结经验教训。此外,在城市环境之中,面对生态系统服务以及针对于旅游和游憩产业的水资源管理变化万千的偏好和选择,其价值评估问题也困难重重,本书就此进行了重点讨论。

本书的主旨与当今澳大利亚水资源政策和实践的革新密切相关。澳大利亚的水资源管理实践处于国际前沿,水资源政策已经成为国际标准,因此本书对于面临相似问题的发达国家具有切实的指导意义,同样的,对于将在未来发展中被相似问题困扰的发展中国家也具有前瞻性的借鉴价值。

琼·布里斯科(John Briscoe)

戈登·麦凯环境工程教授

哈佛大学

世界银行前高级水务顾问

致谢

　　本书由可持续发展旅游合作研究中心提供资金支持,由澳大利亚政府合作研究中心项目立项并提供支持。感谢联邦科学与工业研究组织、维多利亚州公园组织、澳大利亚垂钓者协会维多利亚州分会、南威尔士舟船业主协会、南澳大利亚旅游组织、旅游工业委员会、塔斯马尼亚岛、维多利亚州水资源产业协会、默多克大学、格里菲斯大学、南澳大利亚旅游产业委员会等行业相关组织成员付出的宝贵时间与慷慨无私的帮助。

　　同样感谢谢默斯·布罗姆利(Seamus Bromley)与史蒂文·吉布斯(Steven Gibbs)对于手稿梳理工作的协助。

部分缩写中英对照

英文缩写	英文缩写解释	中文解释
ABS	Australian Bureau of Statistics	澳大利亚统计局
ACT	Australian Capital Territory	澳大利亚首都领地
AMIF	Australian Marine Industries Federation	澳大利亚海洋产业联合会
AWC	Australian Wildlife Conservancy	澳大利亚野生动物保护区
BIASA	Boating Industry Association of South Australia	南澳大利亚州舟船产业联合会
CALM	Conservation and Land Management	保护与土地管理
CAWS	Country Areas Water Supply	农村范围水资源供给
CBD	central business district	中心商业区
CE	choice experiments	选择实验
CGE	computable general equilibrium	可计算的一般均衡模型
CLLMM	Coorong, Lower Lakes, and Murray Mouth	库隆、下湖区与墨累河口
CM	choice modeling	选择模型
CoPS	Centre of Policy Studies	政策研究中心
CSIRO	Commonwealth Scientific and Industrial Research Organisation	联邦科学与工业研究组织
CVM	contingent valuation method	条件价值评估法（问卷调查法）
CWA	Clean Water Act	清洁水法
DEC	Department of Environment and Conservation	环境保护署
DMC	Drought Monitoring Center	干旱监测中心
DoW	Department of Water	水务部
ENSO	EI Nino/Southern Oscillation	厄尔尼诺－南方涛动
EPA	US Environmental Protection Agency	美国环境保护署
GDP	gross domestic product	国内生产总值
ha	hectare(s)	公顷
HPM	hedonic pricing method	特征价值法
IBT	Including block tariff	倾斜分段关税
IO	input-output	投入－产出
IPART	Independent Pricing and Review Tribunal	独立定价与复核审裁处
km	kilometer(s)	千米
km^2	square kilometer(s)	平方千米

英文缩写	英文缩写解释	中文解释
KNP	Kruger National Park	克鲁格国家公园
LRMC	long-run marginal cost	长期边际成本
LWD	large woody debris	大型倒木
m	meter(s)	米
m²	square meter(s)	平方米
MA	Millennium Ecosystem Assessment	千年生态系统评估
MDB	Murray-Darling Basin	墨累－达令河流域
MDBA	Murray-Darling Basin Authority	墨累－达令河流域管理局
MWSSD	Metropolitan Water Supply, Sewerage and Drainage	城市供水、污水与排水
MWWG	Murray Wetland Working Group	墨累湿地工作集体
NCC	National Competition Council	国家竞争委员会
NIMBY	not in my backyard	邻避效应
NMMA	National Marine Manufactures Association	国家海洋制造商协会
NOAA	US National Oceanic and Atmospheric Administration	美国国家海洋与大气治理署
NSW	New South Wales	新南威尔士州
NWC	National Water Commission	国家水务委员会
NWI	National Water Initiative	全国用水计划
OT	Oregon Trout	俄勒冈鳕鱼
OWT	Oregon Water Trust	俄勒冈水务信托
PDWSA	public drinking water source area	公共饮用水源区
PEAC	Parific ENSO Application Center	太平洋厄尔尼诺－南方涛动应用中心
QLD	Queensland	昆士兰
RP	revealed preference	显示性偏好
SA	South Australia	南澳大利亚州
SADC	Southern African Development Community	南部非洲发展共同体
SARCOF	Southern African Regional Climate Outlook Forum	南部非洲气候展望论坛
SD	Statistical Division	统计细分
SP	stated preference	陈诉偏好
SRMC	Short-run marginal cost	短期边际效益
STS	science and technology studies	科学技术研究
TCM	travel cost method	旅行成本法
TERM	The Enormous Regional Model	一般均衡模型
TEV	total economic value	总经济价值

英文缩写	英文缩写解释	中文解释
USAPI	United States Affiliated Pacific Islands	美国太平洋附属岛屿
WA	Western Australia	西澳大利亚州
WTA	willingness to accept	补偿意愿
WTP	willingness to pay	支付意愿

目　　录

第一部分
背景、价值与权衡

第一章　澳大利亚旅游与游憩政策环境与挑战

林·克雷斯（Lin Crase）　苏·奥基夫（Sue O'Keefe）
大卫·西蒙斯（David Simmons）

　　高品质的淡水资源是旅游与游憩产业发展的先决条件之一，旅游与游憩产业的发展将带来持续而显著的经济回报。然而令人困惑的是，对于水资源旅游利用的价值，以及旅游利用与其他利用方式之间的冲突性与互补性程度的探讨却寥若晨星。放眼全球，尽管旅游产业发展对区域和国家发展做出了突出的贡献，但是在国家政策制定层面却时常被遗忘，由于在水资源管理的国家政策制定方面更是鲜有涉及（Richter，1983；Hall 和 Jenkins，1995）。究其原因，一方面源自旅游产业相对独立的本质特征，另一方面则源自对旅游产业的刻板印象。在传统认知之中，与农业、建设性产业相比，旅游是享乐主义与挥霍性追求的产物。

　　在澳大利亚，随着对水资源政策的争论日益激烈，关于水资源与旅游产出关系的思考也日益明晰。围绕近期颁布的《流域计划指南》（Guide to the Basin Plan）的争议，可以视作关于墨累-达令河流域农业与环境利用观念冲突的证据。《流域计划指南》制定了全流域范围的目标来降低水资源的过度分配，因此为生态环境的维护供给了充足的水源。然而农业游说集团随即组织了强烈的抗议活动，指责《流域计划指南》将导致流域范围内区域社区的消亡。与此形成鲜明对比的是，尽管水资源对旅游与游憩产业具有至关重要的作用，然而这些作用却鲜被提及。鉴于在墨累-达令河流域，旅游产业的从业人员几乎是农业产业人员数量的两倍，对于水资源与旅游产业发展的忽略令人费解（ABARE，2010）。

　　澳大利亚许多地区都对旅游产业进行了可观的投资。旅游产业在2007—2008年从业人数达到497 800人（澳大利亚统计局，2010），旅游产业产值占澳大利亚国内生产总值份额的4%，超过了占国内生产总值大约3%的农业（澳大利亚统计局，2009）。然而，研究者与政策制定者的注意力却集中在农业等消耗性产业利用者与非消耗性的环境效益提供者之间的利益冲突。旅游与游憩产业显著的经济贡献与其在水资源管理政策与研究方面的受重视程度显然不成正比。导致这种局面的成因是多元的，特别在澳大利亚环境背景下，对于水资源与旅游产业相关性学术研究的匮乏是不可忽略的重要诱因。

本书旨在弥补上述研究匮乏的缺憾,深入探讨淡水资源与旅游及游憩产业错综复杂的相互关系。我们将目光聚集在澳大利亚,但又不禁锢于此,其他国家的相关经验将作为参照被引述。本书尝试阐明一种"更为自然却多变"的水文学循环与旅游产业活动的潜在互补性与冲突性,进一步提出了围绕调节制度化安排范畴的探讨。同时,关于水资源各种用途之间的权衡与评估问题也将着重探讨。

本章基于其他学者研究成果,将其梳理为四个主要部分:第一部分简要回顾澳大利亚水资源政策环境,将其作为本书的研究背景;①随后展示出一份近期在澳大利亚和全球范围进行的关于水资源与旅游产业的调查,由调查结果得出本书组织原则的四个主题在第三部分呈现;第四部分讲述了本书的研究目标、研究对象以及基本结构。

一、澳大利亚政策环境

在传统刻板印象中,澳大利亚经常被描述为一个干旱的国度,然而进一步观察我们可以发现在时间与空间范围内澳大利亚的降水均具有较大程度的可变性。由此我们可以得出一个重要的结论,尽管澳大利亚的农业生产活动以欧洲农业生产系统为范本,较大程度的依赖于相对稳定的、安全的水资源供给,实际上,澳大利亚自身的生态系统对于多变的环境具有良好的适应性。多变的自然环境与追求稳定的农业生产系统结合,催生了充满悖论的农业灌溉系统,这种灌溉系统不仅成本高昂,由其造成的对灌溉农业过激的水文学变革将对澳大利亚生态系统造成严峻的威胁。

为了确保河道和溪流的稳定性,需要进行一系列环境成本与经济成本高昂的投入。这种高额投入无异于饮鸩止渴,由于澳大利亚不适当的水资源管理制度与管理结构对自然生态系统造成了额外的威胁,随着水资源贮存量的下降,生态系统难以维系,所需的投入成本将不断增加,由此形成恶性循环。希尔曼(Hillman,2009)对澳大利亚水资源投入模式的负面影响做了系统的分析,将其归类为跨流域调水、阻碍物种迁徙的实体障碍、降低夏季水温、反向径流、对短期径流可变性的影响,以及对不同等级径流的量级改变。经实践证实,这些生态成本代价高昂。比方说,墨累-达令河流域管理局的可持续河流审计报告(Sustainable River Audit)近期显示,在墨累-达令河流域的23处河谷中,仅有1处的生态环境处于良好状态,13处河谷生态环境状况令人堪忧(Davies等,2010)。

史密斯(Smith,1998)指出,为了保持和欧洲地区相同水平的水资源稳定性,澳大利亚需要约等于欧洲6倍的水资源储备量。戴维森(Davidson,1996)断言澳大利亚的灌溉农业系统成本注定比世界范围内其他相似地区的旱地农业成本高昂,一针见血地切中澳大利亚灌溉农业的要害。尽管如此,大量的公共资本还是难以遏制地倾入到水资源稳定化投资之中,包括大多数州政府投资建立的公共灌溉区。这种政府行为通常打着社会政策的幌子,实则源于根深蒂固的自耕农意识,坚信自给自足式的农业经济的合理性与必要性。在20世纪60年代末期,澳大利亚水资源环境图景以典型性的大规模的工程结构著称,在"一切为了国家福利"为借口的口号召下,不断剜脂剔膏似的扩展水资源利用的灌溉农业产业,以及试图无孔不入地干涉原本隶属于私人领域的水资源与农业官僚体制,都是澳大利亚国家建设野心勃勃的政治热情的力证。

水资源管理改革的热情始于20世纪七八十年代。一方面,政府开始质疑灌溉农业取决于市场的成败,因此需要州政府持续而强有力的政治干涉和支持的观点。尤其是伴随水资源市场经济的日益成熟,各种低成本的可替代的水资源发展方式层出不穷,以往官僚主义的水资源管理模式备受冲击。因此,水资源的利用方式有了更多的选择,日益增长的产出足以弥补高昂成本的可能性得以实现,曾经一度被灌溉农业资产所有者垄断的资源需要转让,水资源持有者、灌溉供给者,以及水资源调度者的角色需要进一步厘清与分化。另一方面,在同一时期,杀鸡取卵似的过度抽取水资源,以及违背水文学原理的大修大建所导致的负面环境效益日益凸显,屡见不鲜的水资源盐碱化以及水资源质量下降的案例印证了早期批判者的可怕预言,1991年10月、11月期间,巴旺-达令河道系统超过1000千米水域蓝藻爆发。20世纪90年代初期,大多数辖区政府不得不直面这两个棘手的问题。

造成墨累-达令河流域水环境问题的成因,除了政府一系列不符实际野心勃勃的改革措施,更具破坏力的是对河道水资源不加节制的肆意抽取。墨累-达令河流域各州是澳大利亚人口最为密集的地区,也是澳大利亚首都领地赖以生存的水资源来源。因此墨累-达令河流域水资源状况严重影响着澳大利亚水资源政策议程。

与初始状态不同的是,自从20世纪90年代以来,澳大利亚水资源政策的关注点可以被归结为以下三个主要层面:第一,制度与立法层面的、较小规模的产业再分配;第二,以经济手段为主的资源再分配扩大化;第三,回归津贴与工程层面。然而在国际与国内对于以南部墨累-达令河流域为主地区气候变化以及干旱程度恶化等非人为因素的密切关注下,这些政策在一定程度上受到了限制。

上述内容旨在对于水资源管理相关政策平台进行简要描述,使读者了解影响当今澳大利亚水资源政策制定的主要产业因素以及信息类型,以此阐明与旅游产业相关的水资源政策背景。

(一)制度与立法层面的小规模产业再分配

澳大利亚水资源改革进程始于1994—1995年引入水资源改革体系(Water Reform Framework）。这一举措有效地将水资源政策纳入国家竞争政策体系之中，并利用财政手段诱使其他各州服从于这一政策。在最初阶段，改革议程的重点放在建构更为科学高效的制度安排，与明晰成本回收和未来投资的原则。同时，改革议程讨论了如何将水资源产权与土地产权分离，纳入可交易的市场体系。例如霍尔（Hall）等鉴于在墨累－达令河流域每年由于水资源的分配失误损失近 5 千万澳元[②]，在 1994 年强烈提议将市场交易机制引入农业管理。

改革早期将环境主张作为改革重点，尽管在那个时期许多关于水资源管理的认知存在缺陷以及尚未逾越的沟壑，政府还是将部分投资应用于探索水资源与生态系统之间的生态关系（DIST，1996：67）。同期，澳大利亚大部分行政辖区颁布了与水资源管理相关的立法法案，制订了调节水资源利用与生态环境保护机制的发展计划。然而不出所料的是，这些法案与发展计划仅仅将水资源管理的关注点局限在占用澳大利亚水资源储备 2/3 以上的农业发展领域（澳大利亚国家统计局，2008），以及其对立面——倡议将水资源利用于生态储备的环境保护游说团。从国家竞争委员会负责的审核报告中不难发现（NCC，2004），尽管这一时期的改革在计划制订层面颇有建树，但实际上具体的实施层面，及其有限的自然资源分配正在切实有效地进行。

这一时期，在灌溉农业与环境保护的双方阵线上均出现了激进的反对者。灌溉农业支持者提出了令人难以辩驳的理由，首先，水资源的再分配具有难以调和的经济与社会层面的严峻分歧，此外，一些利益相关者提出了对于环境退化科学证据可信性的强烈质疑（Marohasy，2003）。然而，环境保护者倡议墨累－达令河流域的水资源抽取量必须控制在预设水位之内。环境保护组织得到了墨累河生境倡议（Living Murray Initiative）的有力支持，该倡议旨在到 2009 年，累计回灌墨累河 5000 亿公升的淡水。[③]值得一提的是，由多学科背景忧思科学家构成的温特沃斯集团（Wentworth Group）也成为这一时期的一支有影响力的驱动力量。

与此同时，一些其他方面值得关注的潮流不断涌现：其一，不同于 Hillman（2009）提出的以径流等级为依据的水资源度量标准，这一时期趋向于将体积作为水资源度量标准；其二，尽管水资源市场化成为水资源由较低使用效率产业向较高使用效率的产业涌入的确保机制，这一时期所谓的择优选择其实是在不同类型灌溉农业模式之间做出的优化选择，其他与农业发展具有互补性与竞争性的旅游、灌溉、环保等水资源用途从未被慎重的权衡过；其三，政府对于以实现"节约水资源""高效利用水资源"为目标的农业改革鼎力相助。

（二）以经济手段为主的资源再分配扩大化

2004 年颁布的全国用水计划（National Water Initiative）拉开了澳大利亚水资源政策第二阶段的序幕。一直以来，全国用水计划被称为在水资源管理领域最为完善的政策计划（Young，2009）。全国用水计划的一个重要关注点就是细化水资源授权。在许多方面，这可以被视作对于先前改革所引发系列问题的回应。全国用水计划促进了水资源产权与土地产权的分离，有助于建构水资源市场化，并弥补了先前改革所揭示的在水资源产权细分方面的缺失。全国用水计划激活了先前处于休眠状态的水资源产权，将其纳入市场交易体系。然而，副作用也随之而来，水资源市场化导致了在许多流域过度分配问题的恶化。在大多数行政辖区，水资源产权依据使用者占消费总额的可变份额制定分类定价政策，尽管州政府对于农业用途以外的水资源利用方式戒备重重，水资源产权的交易权还是获得了合法性。

在这一阶段，伴随着对水资源产权市场化的举世关注，澳大利亚河网系统的水资源生态系统恶化问题也敲响了警钟。尽管在实施方法与成效上存在差异，各行政辖区都投入人力物力，拓展了对生态系统研究的广度和深度，这一点将在下文中有所提及。

这一阶段水资源管理的另一显著特征就是日益增长的对城市用水问题的关注。比方说，在城市区域，一系列旨在提高水资源利用效率、提高城市废水循环使用效率、改善城市废水环境影响、塑造水敏性城市的计划得以实施（澳大利亚国家水务委员会，2008）。一系列关于提高我们对城市与农业发展之间水资源分配的经济影响程度的学术研究作品纷至沓来（Dwyer等，2005）。尽管对于水资源产业分配问题的探讨出现了萌芽，但在这一时期，旅游产业作为水资源利用的一种可行方式却鲜有提及。

在此阶段，公共资金对水资源改革政策的支持不断扩大，同时联邦政府对于水资源相关问题的干预也日益提升，并成立了澳大利亚国家水务委员会用于管理澳大利亚水资源专项基金（Australian Government Water Fund）。与此同时，旨在提升水资源的会计制定及科普知识、优化城市水资源系统，以及改善水资源发展生态系统的公共项目获得了政府财政支持，值得一提的是，灌溉系统升级成为这一时期财政拨款最主要的支持项目。回顾这一时期的诸多政府项目，我们会发现在政府财政支持方面，关于增进对旅游产业与水资源关系的研究也受到冷遇。

总而言之，这一阶段的水资源管理改革，以试行一系统严苛的经济手段为主要特征，但是其关注层面和影响范围局限在灌溉与生态系统产出领域。尽管与其他领域相比，城市用水管理得到了政府的公共资金支持，然而对于这一领域的探索也是浮于表面的。此外，对于水资源的旅游应用问题完全被忽略了。与第一阶段相比，这一阶段水资源管理改革的最大成效在于激活了水资源市场，并将市场机制作为水资源再分配的主要机制。然而，在许多地区出现的由于水资源过度分配造成的环境恶化现象成为这一时期改革措施的副作用。

（三）回归津贴与工程层面

水资源改革的最后一个阶段始于霍华德政府的《水资源安全国家计划》(National Plan for Water Security)以及拉德政府的《未来水资源政策》(Water for the Future)。霍华德政府的《水资源安全国家计划》关系到一项"在超过10年的时间里，投资超过100亿澳元，其中绝大部分投资将用作支持农业产业升级"的提案。这项计划是伴随联邦政府先前在墨累－达令河流域宣称的管理责任产生的。尽管澳大利亚现任政府在水资源管理方面倾注了更多的资金，并且表现出在利用水资源市场强调资源过度分配方面更多的热情，其许多举措与霍华德政府的《水资源安全国家计划》还是如出一辙。

在水资源改革的第三阶段，国家水务委员会扩大了对水资源管理改革的资金支持力度，将重点放在地下水与城市、农业以及生态需求的关系研究上。尽管国家水务委员会将关注重点转移到水资源利用效率价值的分析(Wong, 2008)，或者关于水资源市场化对于农业团体影响研究上(国家水务委员会, 2008)，物质化的投资持续投入在建构关于农业发展和水资源利用知识领域。

在生态系统研究的前沿，各行政辖区一盘散沙，各自关注于追求自身相关的碎片化知识，在一定程度上影响了建构更为科学合理的决策支持依据以获得优化环境产出方面的努力(Morton, 2008)，业已成为影响政策制定的重要障碍(国家水务委员会, 2008)。

尽管各种问题层出不穷，在这一阶段，澳大利亚还是获取到了一些关于水资源生态反应的零星认知，同时，也掌握了大量关于不同情境下水资源农业利用和水资源城市利用的经济影响的知识。然而，澳大利亚水资源旅游应用的话题尚未被提及。对于这方面的缺失，我们可以归结出一些原因，在诸多成因中，旅游产业自身的复杂性与异质性可谓是造成这种局面的罪魁祸首。

二、旅游水资源研究背景

当谈及淡水资源与旅游产业关系的时候，如何定义旅游产业本身是一个难点。澳大利亚国家统计局(2003)对旅游产业的定义基于旅游者视角而非产品与服务的生产属性，这意味着旅游产业本身并不是一个独立的、可以被清晰辨别的产业。同样地，将游憩活动从旅游活动中清晰地划分出来的构想也难以实现。以在河道中钓鱼的垂钓爱好者为例，通常而言，一部分垂钓者住在较远的地方，从居住地到达垂钓地，相反需要经历一段旅程，其他部分垂钓者就住在周边。除非利用诸如旅行成本法等方法来评估此类行为，将原住民需求与游客需求进行划分是一件既无必要性又无可行性的想法。

翻阅与旅游产业和水资源相关文献,可以发现四个影响我们认知的基本思路。

(1)对于水资源旅游与游憩应用价值的探讨,以及关于水资源旅游与游憩应用与其他应用方式冲突性和互补性关系的探讨;

(2)对于产权与制度重要性,以及产权与制度对决策制定的影响的探讨;

(3)旅游产业实践,以及旅游产业与水资源关系;

(4)旅游者行为与水资源基础设施关系的研究,比如说城市水资源供给中旅游者行为与水资源基础设施的应用。

我们将这些线索作为本书编纂的主题与组织原则,将在下文中进行简要论述。

(一)生产关系、价值与权衡

对于游憩与旅游产业的创造价值和水资源输入关系的了解,是影响政策制定的关键步骤。比如说,我们可以利用农业利益来强调灌溉产出的影响,并应用标准的投入-产出模型来阐释社区影响(MDBMC,2002)。同样的,环境利益正越来越频繁的用于阐明特定水资源管理政策和机构对于生态系统积极地影响(墨累-达令河流域管理局,2009)。然而,这些方法的使用必须建立在衡量水资源其他可替代使用方式的经济价值的可行性之上(Ward和Michelsen,2002:442)。从农业视角来看,这些评估可以通过参考水资源市场(至少从20世纪90年代中期以来)或者产品市场完成,但是这个方法也存在一些明显的局限性,尤其对其他产业而言。首先,澳大利亚水资源市场非常缺少竞争模式(各州政府坚决主张出口的水资源必须被限制在公共灌溉区就是一个恰如其分的例证)。其次,并非所有的水资源使用者都做好了出高价竞得水资源使用权的准备,比方说,作为一种混合性质的产业旅游业在大多数情形下并没有通过在水资源市场展示自身价值的方式调整其价值的可能性。最后,也许在当前水资源背景下最重要的是,澳大利亚水资源市场的水资源产权仅以体积作为唯一性的衡量单位,然而对于旅游与游憩产业而言,水资源体积意义不大,而将径流与径流时间作为衡量标准更具实际意义。

这一时期催生了许多关于旅游产业与水资源生产关系的研究成果。Smith(1994)将水资源概念化为应用在中间性投入生产过程中的基础性投入,会依次作用于形成其他的中间性产出与最终产出。旅游产业的产出是多元化的,但是在形成这些产出时,旅游产业和游憩产业对于水资源的需求并非总是具有互补性的。比方说,在农业旅游之中,产业的重点是灌溉酒业的消费,灌溉酒业对水资源的需求集中在夏季的几个月,这就与内陆渔业用水产生了冲突,因为在河道渔业养殖中水资源供给集中在秋冬季节会最利于鱼类繁殖。这个案例对于在旅游产业与游憩产业政策制定过程中常见问题具有典型的启示意义。

　　尽管 Smith(1994)提出的概念框架引发了对这一问题的讨论,具有重要的标识性意义,但是通过实践证实他的想法还是存在一些缺憾的。在这些弱点之中,当水资源作为投入应用在旅游与游憩产业之中时并非总是严格意义上的私有商品。比如说,水资源对于旅游与游憩产业产出的影响并非都是积极的影响,如果有天然的、生态环境良好的河道或者溪流的存在,在公共区域中远足体验的质量也许会大大提升,或者与之相反的,如果在此过程中遭遇的是被严重污染的河道或者溪流,旅游体验质量将大打折扣。为了深入理解水资源对于旅游产业产出的影响,我们必须找到可行的方法来准确评估影响和水资源对于旅游产业产出的边际贡献。当水资源的自身价值难以量化评估时,衡量水资源作为投入对于旅游与游憩产业的影响就遇到了挑战。

　　马考里埃尔(Marcoullier,1998)认为自然资源,比方说水资源,是旅游产业生产过程中的潜在基础因素。Marcoullier 提出方法的一个难点就是,这些资源管理的公共商品与私有商品的维度是相互冲突的。同时,随着私有商品所占组成份额的扩大,公共商品所占的组成份额就会相应减少。然而,对于水资源来说,其公共商品与私有商品组成部分之间存在复杂的反馈回路,对于旅游产业与游憩产业来说尤为明显。

　　无论从理论研究还是实证工作的角度来说,对 Smith(1994)提出的概念框架相对全面的研究发展的有限性,这也许可以归因于上述诸多的复杂性与挑战性。尽管如此,一些专门性的、针对 Smith(1994)概念框架的个别组成要素及其关系的研究还是出现了,尤其是"在特定时间与空间片段上的水资源量与使用者赋值之间的关系"这一主题得到广泛关注。这一类型的研究工作在全球视角来看都非常的普遍。例如,莱蒂拉和保罗德(Laitila 和 Paulrud,2008)对为了储存天然的径流而移走一个水坝与瑞典垂钓者对于这种变化支付意愿之间的相关性进行了分析。

　　在美国,对于旅游产业与游憩产业的高度关注成为保护栖息地的环境管理与立法工作的驱动性力量(Ribaudo 等,1990)。美国对水资源在旅游产业与游憩产业的价值高度重视,并将其认定为解决自从 20 世纪 90 年代初期以来绵延不休的资源分配争议的关键。比如说,由麦基恩等(McKean 等,2005)在美国华盛顿州主持的关于调查建设用以保护鲑鱼的水坝附属设施的影响。McKean 和同事利用旅游成本法计算了现在非垂钓游憩用途的支付意愿,以及旅游、游憩与环境效益等可选用途之间的互补性的支付意愿。

　　在澳大利亚背景下诸如此类的研究极其有限。然而,克鲁斯和吉莱斯皮(Crase 和 Gillespie,2008)发表了在墨累河的上游源头——休姆湖进行的实证研究成果,研究对比分析了在不同水位情况下游憩旅游与支出的保护情况。此外,一些新兴的研究方法,包括享乐经济法用以处理游憩性绿地空间和住宅基础设施价值之间的关系。哈顿·麦克唐纳(Hatton MacDonald)与澳大利亚联邦科学与工业研究组织(Commonwealth Scientific and Industrial Research Organisation)的其他同事负责主持这一研究工作。同样的,布伦南等(Brennan 等,2007)利用草地的生产功能评估水资源限制对于整个人类社会的财政影响,这个方法经过简单的修改就可以直接用于对旅游资产影响的研究。

然而,尽管业已存在一些行之有效的能在不同环境背景下衡量水资源价值的实证方法,这些方法却极少被应用到建构水资源旅游应用的价值体系之中。因此,对于沃德和米切尔森(Ward 和 Michelsen,2002:423)提出通过发展"概念精准而实证精确"的水资源评估来促进"跨越空间维度、时间维度、使用方式、使用者的理性的稀缺资源分配"的势在必行的提议,澳大利亚政府并没有做好准备。

因此,本书第一部分的核心问题是对于水资源在旅游产业和游憩产业中的价值我们有多少了解,以及更加确切地说,对于多种水资源相互冲突又相互补充的利用方式,我们的认知是否全面。

(二)产权、制度与决策制定

水资源在多种利用方式中价值的不确定性意味着水资源分配通常会陷入政治领域。水资源是生态系统整体不可或缺的一部分,既是一种自然资源,又是具有经济和社会属性的商品,其使用者的偏好表达受产权与制度环境制约。产权影响参与主体的行为,因此产权和水资源政策在决策制定中具有至关重要的作用。然而,水资源具有多元属性。水量只是最简单也最常用的度量标准,其他方面也应纳入考虑范围。现阶段的水资源产权通过定量方式表达,但是对于大多数使用者而言,水资源的质量才是最重要的参考要素,除此以外,时间也是不容忽视的核心要素之一。比如说,生态径流的效率既取决于时间也取决于水量(Hillman,2009)。对于滑水爱好者而言,在数九寒冬即便是最高水位的蓄水池也没有太多吸引力。人类修建水坝的行为正体现了在水资源总量一定的情况下,增加水资源使用时间的渴望(Ward 和 Michelsen,2002)。

使得水资源分配尤为复杂的是,对于将来更为负责的水资源分配决策而言,水资源不像其他形式的自然资源,一经使用,便丧失了被其他使用者消费的可能性,在一个环境下使用水资源并不一定会剥夺其他下游使用者使用水资源的权利。从另外一个视角来看,将水资源分配给一个使用者,可能会在水质、时间、可靠性和供给者位置等方面对其他使用者造成潜在的不利影响(Frederick 等,1996)。[④]一些水资源使用之间可能存在互补性关系,例如说,水力发电和某些形式的游憩产业就可以共存。在水资源管理中的挑战就是充分而全面的收集信息,以保证所有水资源利用者的物质利益能够在分配决策中得到充分考虑,顾及包括旅游产业与游憩产业等方方面面的用途和利益相关者,并制定适当的制度确保所有利益相关者的利益能够得到充分表达。

其他国家的经验表明,旅游与游憩产业的利益可以通过制定制度保证下的市场参与来获得(King,2004)。澳大利亚水资源市场的发展提高了这种可能性,但是鉴于水资源在旅游产业和游憩产业中的复杂性,澳大利亚的问题在于现阶段是否存在相关制度和产权法规以保证产出最大化。澳大利亚的情况是,水资源分配问题相关政策的制定被饱受争议的、至上而下的政策制定过程以及颇受诟病的澳大利亚政府对水资源分配市场化频繁的干涉倾向束缚了。本书强调的第二条线索就是关于产权与制度:产权法规与相关制度对水资源管理决策造成了怎样的约束以及影响?

(三)现阶段旅游与游憩产业水资源政策存在的问题

谈及旅游与游憩产业中水资源管理的政治科学经验,对一些特殊案例的分析可以使我们受益匪浅。这些案例牵扯到旅游产业中一系列的问题和挑战,帮助我们意识到现有理论的局限性。这些问题涉及在不同旅游情境下展示出的价值、交易、制度等相关问题。一个非常明显的例证就是靠近大型人口密集中心地区、不同利益相关者之间围绕流域使用问题的激烈冲突。在城市周边地区关于旅游产业和游憩产业的需求日益提升,在一些情况下,追求旅游与游憩用途的水资源使用者会与倡导建立生态保护区以维护水资源质量的群体产生冲突。在这个过程中,关于禁止进入的制度决策将对解决随之而来的利益权衡问题起到至关重要的作用。这将导致在许多情况下制度的制定将对利益的权衡造成影响。

在围绕水资源分配的决策制定过程中出现的一个值得关注的经验教训就是政治游说的重要性。回顾在旅游产业与游憩产业发展过程中,不同派系的利益相关者为确保提高自己所占份额的产出所做的诸多努力,我们可以确信这一事实。更精确地说,除了理解价值、权衡以及政策,对于这些知识之间相互关系以及水资源相关政策的了解也颇具价值。对于将旅游与游憩产业如何影响政策制定这一问题概念化在此具有关键意义。更宽泛地说,这个方法为将水资源政策制定问题概念化提供了有参考价值的替代视角。因此,现阶段出现的问题是,现阶段的实践活动对于政策的制定有哪些启示意义,我们应当如何扩充相关知识,并将其服务于相互竞争的利益相关者的利益诉求?

(四)可饮用水与旅游

关于淡水资源与旅游产业及游憩产业生产关系研究的文献通常缺乏完整性,并且囿于特定区域,经常会忽视重要的反馈回路以及水文学细微差别。上述研究显示出对于旅游产业及游憩产业与水资源的非消耗性关系的关注偏好,但是对于一些与消耗性关系相关的重要维度被忽略了。⑤鉴于此,值得一提的是,旅游者的水资源使用行为对于基础设施建设与计划制订具有不可小觑的启示意义。

从全球范围来看,这些关注点获得了研究机构的回应。大部分研究表明旅游者的人均用水量远远超过本地居民的人均用水量(Cullen 等,2003:18;De Stefano,2004;Gajraj,1981;Gössling,2001、2002;Stonich,1998)。然而奇怪的是,在澳大利亚对于该领域的研究却没有同样的热情。按照常理来说,鉴于澳大利亚复杂多变的水文学特征,对于这个领域的研究需求应该更加迫切,就此而言目前的状况的确非常特殊。这个问题将在第十二章中详细阐述。

在与水资源供给和污水处理相关的机构与管理者之中,可以找到一些制度化与政策研究的例证(Westernport Water,2009),然而鲜有研究是基于理论或者严谨的实证调研,这导致了水资源定价的实际方法与其他资源的定价结构和关税的政策目标以及研究结果存在出入(Crase 等,2008)。这些复杂问题将在第十三章得到进一步阐释。核心问题在于,旅游者水资源利用行为对于水资源基础设施,比方说嵌入城市供水系统的水资源基础设施有何启示意义?

三、研究对象

在澳大利亚持续不断的稀缺资源竞争背景下,一本旨在解决水资源在旅游产业和游憩产业中利用价值的书籍可谓是雪中送炭。本书不仅解决水资源在旅游产业和游憩产业中的利用问题,也博采众长,将成为调查一系列公共政策问题的行之有效的参考工具。

首先,水资源在旅游产业和游憩产业应用领域的问题的研究,将为分析在稀缺资源再分配,以及在许多情形下出现的过度分配过程中一系列驱动因素提供了可能。在墨累－达令河流域等地区,这些问题极为突出倍受关注。这些地区曾经是澳大利亚主要的农业生产基地,然而伴随气候变化,与其他资源相比农产品出口比率下降,主要农作物产区的地位受到威胁。由于水敏政策的制定需要顾及在各种背景下的水资源价值,就此而言对水资源价值的评估至关重要。评估水资源价值必须考虑到水资源价值的时间序列变迁,同时也要限制政府制度化的干预,这种干预使水资源价值的变化难以通过市场机制体现。

其次,从上述分析中我们可以获取重要的制度化经验教训。比方说关于水资源产权与产权对于不同参与者行为的影响。除此以外,因为旅游产业与游憩产业参与者通常以中小规模的经济实体为主,协调不同利益相关者之间利益诉求有关的制度化问题也必须纳入考虑范畴。

再次,在分析水资源与旅游产业及游憩产业关系时,我们还要积累政治科学经验,更具体来说,我们有机会思考水资源知识与政策的联系。在这个层面,将旅游产业及游憩产业对政策制定的影响机制概念化是一个关键问题。一般来说,这个方法将为水资源政策制定问题概念化提供了有参考价值的替代视角。

最后,一本关注水资源在旅游产业和游憩产业中利用领域的书将有助于分析旅游者与游憩者的行为维度,这将为一系列从业者和政策制定者提供宝贵的经验。

四、研究方法与研究结构

本书概述了与水资源管理相关的各类问题,探讨了水资源利用与准入许可的动态优先权利问题,我们试图回答由此引发的四个主要问题。

本书分为四个主要部分,第一部分概述了澳大利亚水资源管理,关注了澳大利亚旅游产业与游憩产业的发展状况,强调了各种水资源利用以及准入方式之间的冲突性与互补性。在第二章里,Simon Hone 讲述了澳大利亚水道河网的现状,讨论了囊括与气候变化、干旱、生态系统、污染等相关课题的"水科学"。在第三章中,Darla Hatton MacDonald, Sorada Tapsuwan, Sabine Albouy, 以及 Audrey Rimbaud 详细审视了价值的核心概念,包括对当前应用甚广的价值评估方法的概述,以及对墨累－达令河流域旅游产业与游憩产业价值评估的研究成果。对于这一部分而言,权衡的概念尤为重要。在第四章中,Pierre Horwitz 和 May Carter 介绍了将生态系统服务权衡概念化的框架。

文书第二部分阐述了水资源的制度化安排以及产权的重要性。水文学的显著性特征被再次重申,提出了一些关于不断提升的水资源变化性以及制度化设计经验的前瞻性分析。在第五章中,Lin Crase 和 Ben Gawne 审视了关于产权定义的一些难点。不可否认,澳大利亚处于水资源管理与制度制定的国际前沿。水资源市场的发展与水资源定价便是恰如其分的例证。无论在澳大利亚还是在国际背景下,旅游产业与游憩产业的重要性都在不断提升,本书第六章由 Brian Dollery 和 Sue O'Keefe 主笔,阐述了在此背景下,日益提升的合作共赢关系。在第七章中,Sue O'Keefe 和 Brian Dollery 更深入地探讨了这一主题,研究了诸如引入信托机制进行合作的具体实例。

本书的第三部分深入探讨了水资源政策的制定过程、科学在此过程中扮演的角色以及这一进程中政治维度的重要性。在第八章中,Fiona Haslam McKenzie 将西澳大利亚天鹅河信托公司的运营机制作为典型案例,进行了深入调查,解决了政治维度相关的问题。在第九章中,Michael Hughes 与 Colin Ingram 进行了更加深入的案例分析,对城市供水准入与游憩需求两者之间的关系给予了特殊的关注,权衡了两者选择之间的利弊得失。在第十章里,Sue O'Keefe 和 Glen Jones 着重强调了诸如舟船产业联合会等利益集团为了影响政策制定所进行的诸多努力。在第三部分的最后一章,第十一章,Ronlyn Duncan 通过对之前三个案例研究章节的总结,就知识建构概念化提出了有价值的建议,将有助于提升旅游产业与游憩产业在水资源政策制定领域的影响力。

　　本书的第四部分关注了旅游产业与城市供水需求之间关系的复杂性,探索了旅游活动的行为因素。在第十二章里,Bethany Cooper 讨论了为何在游憩活动或者旅游活动中水资源利用行为因人而异,并将话题延伸至旅游产业中基础设施设计、标记以及认证等环节的启示。Lin Crase 和 Bethany Cooper 在第十三章中讨论了水资源定价以及水资源关税的作用。Sue O'Keefe 和 Lin Crase 在本书的最后一章,即第十四章中将各个学者的研究成果做出总结,并对相关研究事项进行了综述。

注解

　　①更加全整的研究参见 Crase(2008)。

　　②1 澳元 =0.9978 美元,2011 年 1 月汇率。

　　③鉴于科学证据表明,如果想对河道生态环境状态产生可识别的生态影响,至少要回灌 15 000 亿公升淡水,因此环境学家也许会质疑这种做法是否会得不偿失。

　　④更多新兴的,基于流域层面水资源平衡概念化并将诸多复杂关系纳入考虑范畴的水资源会计方法正在不断涌现(Molden 和 Sakthivadivel,1999)。

　　⑤正如随后提到的,在水资源供给流域,基于可饮用水资源消耗性目的的管理方法,将对其非消耗性游憩利用管理有启示意义。随着人民生活质量的不断提升、服务经济的长足发展以及澳大利亚国内对于环境价值重视程度的不断增加,水资源在旅游产业和游憩产业中的利用也将获得突飞猛进的发展。

参考文献

1.　ABARE (Australian Bureau of Agricultural and Resource Economics). 2010. *Environmentally Sustainable Diversion Limits in the Murray-Darling Basin: A Socioeconomic Analysis.* Canberra: Australian Government Publishing Service.

2.　ABS (Australian Bureau of Statistics). 2003. *Framework for Australian Tourism Statistics.* cat: 9502.0. Canberra: Australian Government Publishing Service.

3.　——. 2008. *Year Book Australia, 2008.* cat: 1301.0. Canberra: Australian Government Publishing Service.

4.　——. 2009. *Agriculture Statistics Collection Strategy-2008-09 and Beyond.* cat: 7105.0. Canberra: Australian Government Publishing Service.

5.　——. 2010. *Year Book Australia, 2009-10.* cat: 1301.0. Canberra: Australian Government Publishing Service.

6.   Brennan, D., S. Tapsuwan, and G. Ingram. 2007. The welfare costs of urban outdoor water restrictions. *Australial Journal of Agrlcultural and Resource Economrcs* 51 (3): 243-262.

7.   Crse, L. (Eds), 2008. *Australian Water Policy: The Impact of Change and Uncertainty.* Washington, DC: RFF Publications.

8.   Crase, L., and R. Gillespie. 2008. The impact of water quality and water level on the recreation values of Lake Hume. *Australasian Jounal of Environmental Management* 15 (1): 21-29.

9.   Crase, L., S. O'Keefe, and J. Burston. 2008. Inclining block tariffs for urban water. *Agenda* 14(1): 69-80.

10.   Cullen, R., J. McNicol, G. Meyer-Hubbert, D.G. Simmons, and J.R. Fairweather. 2003. *Tourism, Water and Waste in Akaroa: Implications of Tourist Demand on Infrastructure.* Report No. 38. Canterbury, New Zealand: Tourism Recreation Research and Education Centre (TRREC), Lincoln University.

11.   Davidson, B. 1966. *The Northern Myth.* Melbourne: Melbourne University Press.

12.   Davies, P.,J. Harris, T.J. Hillman, and K.F. Walker. 2010. The sustainable rivers audit: Assessing river ecosystem health in the Murray-Darling Basin. *Marine & Freshwater Research* 61: 764-777.

13.   De Stefano, L. 2004. *Freshwater and Tourism in the Mediterranean.* Rome: WWF Mediterranean. Program.

14.   DIST (Department of Industry, Science and Tourism). 1996. Managing Australia's inland Waters: Role for science and technology. paper prepared by independent working group for the consideration of the Prime Minister. Canberra: Department of Industry Science and Tourism.

15.   Dwyer, G., P. Loke, S. Stone, and D. Peterson. 2005. Integrating rural and urban water markets in South East Australia: Preliminary analysis. paper presented at OECD Workshop on Sustainability, Markets and Policies, November 14-18, 2005, Adelaide.

16.   Frederick, K.D., T. VandenBerg, and J. Hanson. 1996. *Economic vahues of freshwaster in the United Ststes.* Washington, DC: Resources for the Future.

17.   Gajraj, A.M. 1981. Threats to the terrestrial resources of the Caribbean. *Ambio* 10 (6): 307-311.

18.   Gössling, S. 2001. The consequences of tourism for sustainable water use on a tropical island: Zanzibar, Tanzania. *Journal of Environmental Management* 61 (2): 179-191.

19. ——. 2002. Global environmental consequences of tourism. *Global EnvironmentaL Change* 12(4): 283-302.

20. Hall, C.M., and J. Jenkins. 1995. *Tourism and Public Policy.* London: Routledge.

21. Hall. N., D. Poulter, and R. Curtotti. 1994. *ABARE model of Irrigation Farming in the Southern Murray-Darling Basin.* ABARE Research Report 94.4. Canberra: Australian Bureau of Agricultural and Resource Economics.

22. Hillman. T. 2009. The policy challenge of matching environmental water to ecological need. In *Policy and Stratcgic Behaviour in Water Resource Management*, edited by A. Dinar and J. Albiac. London: Earthscan, 109-124.

23. King, M. 2004. Getting our feet wet: An introduction to water trusts. *Haruard Environmental Law Review*, 28: 495-534.

24. Laitila, T., and A. Paulrud. 2008. Anglers' valuation of water regulation dam removal for the restoration of angling conditions at Storsjo-Kapell. *Tourism Economics* 14 (2): 283-296.

25. Marcoullier, D. 1998. Environmental resources as latent primary factors of production in tourism: The case of forest based commercial recreation. *Tourism Economics* 4 (2): 131 -145.

26. Marohasy,J. 2003. *Myths and the Murray: Measuring the Real State of the River Environment.* Melbourne: Institute ofPublic Affairs.

27. McKean,J.R., D.Johnson, R.G. Taylor, and R.L.Johnson. 2005. Willingness to pay for non angler recreation at the Lower Snake River Reservoirs. *Joumal of Leisure Research* 37 (2): 178-194.

28. MDBA (Murray-Darling Basin Authority). 2009. *Issues Paper: Development of Sustainable Diversion Limits for the Murray-Darling Basin.* Canberra: Murray-Darling Basin Authority.

29. MDBMC (Murray-Darling Basin Ministerial Council). 2002. *The Living Murray: A Discussion Paper on Restoring the Healrh of the River Murray.* Canberra: Murray Darling Basin Committee.

30. Molden, D., and R. Sakthivadivel. 1999. Water accounting to assess use and productivity of water. *Water Resources Development* 15 (1/2): 55-71.

31. Morton, E. 2008. The challenge of reducing consumptive use in the Murray-Darling Basin. *Regional Water Conference* Lake Hume Resort.

32. NCC (National Competition Council). 2004. *Assessment of Governments' Progress in Implementing the National Competition Policy and Related Reforms*, Volume Iwo:

Water, Canberra, National Competition Council.

33. NWC (National Water Commission). 2008. *Updare on Progress of Reform-Input into the Water Sub Group Stocktake Report*. Canberra: National Water Commission.

34. Productivity Commission. 2006. *Rural Wafcr Use and the Environment: The Role of Market Mechanisms, Research Reporf.* Melbourne: Productivity Commission.

35. Randall, A. 1981. Property entitlements and pricing policies for a mature water economy. *Australian Journal of Agricultural Economics* 25 (3): 195-220.

36. Ribaudo, M. O., D. Colacicco. L. L. Langner, S. Piper, and G. D. Schaible. 1990. *National Resource and Users Benefit from the Conservation Reserve Program*. Agricultural Report 627. Washington: Economic Research Service, Department of Agriculture.

37. Richter, L.K. 1983. Tourism politics and political science: A case of not so benign neglect. *Annals of Tourism Research* 10 (3): 313-335.

38. Smith, D. 1998.*Water in Australia: Resources and Management*. Melbourne: Oxford University Press.

39. Smith. S. 1994. The tourism product. *Annals of Tourism Research* 21 (3): 582-595.

40. Stonich. S. 1998. The political ecology of tourism. *Annals of Tourism Research* 25 (1): 25-54.

41. Ward. F., and A. Michelsen. 2002. The economic value of water in agriculture: Concepts and policy applications. *Water Policy* 4: 423-446.

42. Westernport Water. 2009. *State Government Report Puts the "Oughta" into Water*. accessed October 10, 2009. from www.westernportwater.com.au/News/Details/?NewsID=145.

43. Wong. P. 2008. $8.6 million for research on 'win-win' water use. Media Release for the Minister for Climate Change and Water. Canberra.

44. Young. M. 2009. The effects of water markets. water institutions and prices on the adoption of irrigation technology. In *The Management of Watcr Quality and Irrigation Techologies*. pp. 227-249. Edited by J. Albiac and A. Dinar. London: Earthscan.

第二章　澳大利亚河道环境现状：基于生产系统视角

西蒙·霍恩（Simon Hone）

在最近的 10 年之中，澳大利亚许多地区都遭遇了非常严重的干旱，造成了水资源总量的急剧下降，可以用于环境及其他用途的水资源日趋紧张，与此同时，水资源管理已经逐渐成为备受争议的公共政策问题。温特沃斯忧思科学家联盟（Wentworth Group of Concerned Scientists）于 2010 年提出每年应将墨累－达令河流域约 30% 的年平均引水归还河道（加上之前已经从水资源回购与基础设施项目中获取的 10%）。该提议曾遭受许多乡村组织的反对，这其中包括澳大利亚国家农户联盟（National Farmers' Federation）。他们抗议："温特沃斯忧思科学家联盟的提议将砸掉澳大利亚的饭碗，这帮科学家被教条主义蒙蔽了双眼，鼠目寸光，只见树木不见森林"（2011）。

本章的关注点在于澳大利亚河道的环境现状，特别是人类干预对河道健康产生的影响。在此讨论的这个科学问题对于目前的政策争论来说至关重要，也为本书接下来的章节做好了铺垫。本章审视了澳大利亚河道与泛滥平原的生态健康问题及变迁，囊括了水资源的发展，以及对于水文学、水资源质量和栖息地的影响。一个简化的生态环境生产系统象征用以将生态投入与生态产出之间的一些联系概念化。对这些关系的审视是出于两方面的动机：第一，阐述澳大利亚河道与泛滥平原的生态健康退化的原因；第二，为生态产出（例如本地鱼类的数量）如何对政策干预（比方说为生态用途购买水源）做出回应。

因此，本章分为两大主要部分。第一部分概述了澳大利亚河道的环境现状；第二部分审视了澳大利亚河道生态健康退化的原因，并提出将生态投入（例如地表引水）与生态产出（例如生物多样性效益）关系概念化的框架模型。

一、现阶段澳大利亚河道系统

国民收入的计算通常基于国民生产总值与国内生产总值。然而与国民收入的科学、精确计算方式不同的是，现阶段并没有任何定量方法能用于衡量澳大利亚河流、湿地、湖泊的总体状态。依照澳大利亚环境状况报告："由于数据的缺乏，对于澳大利亚全国范围内的河道生态环境在过去的 5 年中是否好转、恶化抑或一成不变我们不得而知"（2006）。可靠数据的缺失在一定程度上是可以理解的。总体而言,评估一块湿地的生态产出（例如说鸟类繁殖或者水资源质量提升）所需的经费投入与测算一个制造工厂的产出相比相当高昂,加之市场价值的缺失,用以科学衡量不同类型生态产出的依据极其有限。尽管目前还没有国家级的河道健康状况评估,一些流域级别的河道健康状况评估已经完成。在 2005 年,维多利亚州政府率先开展了河道健康状况评估,开启了澳大利亚河道健康状况评估的先河。在 2008 年,墨累－达令河流域委员会（Murry-Darling Basin Commission）颁布了《可持续河流审计报告》（Sustainable River Audit）,汇报了墨累－达令河流域的生态系统健康状况（Davies 等,2008）。这些河道健康评估将在框 2.1 中讨论。

框 2.1　河谷等级生态系统健康评估

维多利亚州政府基于分别由 1999 年和 2004 年开展的调查颁布了河道健康状况评估。在这两个年份中,对全州大约 1000 个河段进行了调查,一些地点被随机选取为取样点。在 2004 年,依据水文学（包括低水位流量、高水位流量、零流量、季节性以及变化性）、水质（磷含量、浑浊度、盐度以及酸碱值）、河滨地区（宽度、纵向连续性、下层植被多样性等）、物质形态（河岸稳定性、大木、鱼道）,以及水生生物（大型无脊椎动物）5 类标准进行数据采集。

维多利亚州可持续性与环境部（2005）发现维多利亚州占该流域河道总长度 32% 的河道生态环境都处于差或者非常差的状况,47% 处于中等水平,21% 处于良好以及优秀水平。从空间分布而言,维多利亚州东部的河道流域状态普遍比西部要好一些。在 1999 年到 2004 年之间,维多利亚州绝大多数河道与支流的生态环境状态没有发生根本性的变化。不幸的是,由于取样点及评估方法的改变,很难获取关于单独河段或者径流的可靠的变化趋势。

在 2004 年与 2007 年之间,墨累－达令河流域委员会在该流域进行了同样的水域生态环境评估工作。戴维斯等（Davies 等,2008）主要关注点放在以下 3 个主题:水文学（低水位流量、高水位流量、季节性、变化性以及年径流量）、鱼类（预期性、本地性、品种数量、生物量）,以及大型无脊椎动物（预期性、对于干扰的敏感性,以及族群数量）。之所以选取这些指标在一定程度上是因为其在河道生态系统中的重要性以及对于人类活动干预的敏感性。一个用来估算鱼类与大型无脊椎动物这两大主题的条件指标在每个河谷中都得到了应用,选取一个介于 0 和 100 之间的数值,100 用以表示没有"明显人类干扰"估计状态,并把干旱列入考虑。水文学主题通过半定量的评估方式进行,在河道整体生态环境状况评估中所占比重较小。

根据 Davies 等(2008)的调查,有 1 个河谷的生态健康评为良好,2 个河谷为中等,7 个河谷较差,13 个河谷非常差,没有河谷处于极差的生态系统健康程度。从空间分布而言,北部河谷的生态系统健康程度相对优于南方河谷的生态系统健康程度,但河谷内部存在巨大的差异性。比如说,在新南威尔士南部的马兰比季河河谷,高地鱼类状况指标为 0,而低地鱼类状况指标为 42。大型无脊椎动物指标也体现了这种内部差异性,在高地的大型无脊椎动物状况指标为 40,而在低地该指标为 62。纵观墨累-达令河流域,普遍而言,高地与山地流域的生物状况指标比低地与坡地的分值要低一些,通常是由外来鱼类的入侵造成的。

很多案例研究已经分析了一些特定区域的环境状况(如 Coorong 和 Lower Lakes)或环境产生的某一方面(如大量的蛙类)。但从这些例子中很难推论出澳大利亚河道、湿地以及湖泊的整体状况。其一,这些案例的选择是为了说明各种各样的影响,而不是从文献中随机选取的。其二,这些文献往往侧重分析退化了的环境系统,使之显得尤为重要,然而这些出版物也可能存在偏见。下文讨论了泛滥平原的栖息地动物种群以及蓝藻水华变化的一些案例。

(一)泛滥平原植被

有证据表明在澳大利亚许多湿地存在着普遍的生态环境恶化现象。根据阿辛顿和普西(Arthington 和 Pusey,2003)研究,墨累-达令河流域大约 90% 的泛滥平原湿地已经不复存在。在新南威尔士,约 50% 的海岸湿地消失殆尽,澳大利亚西部的天鹅河岸平原约 75% 的湿地也已不复存在。更有甚者,约 35% 的拉姆萨尔国际湿地公约名单中的湿地"已经在生态特征方面发展了变化,或者有发生变化的潜在可能"(ASEC,2006)。

金斯福德(Kingsford,2000)通过对墨累-达令河流域 4 个湿地洪水泛滥状态下生态环境进行监测发现,人为干扰后的洪水泛滥期生态环境同自然状态下洪水泛滥期的生态环境相比发生了巨大的变化。墨累河岸的巴尔马-米勒瓦森林占地近 65 000公顷,坐落于维多利亚州与新南威尔士州的交界地带,以坐拥澳大利亚最大规模的赤桉树林闻名于世。巴尔马-米勒瓦森林在自然状态年份下的洪水泛滥频率约为80%,随着人类活动干扰的不断深入,洪水泛滥频率已下降至 35%。乔维拉泛滥平原坐落于南澳大利亚下游更远一些的地区,现阶段洪水泛滥的频率较以往自然状态下的频率下降了一半以上,从每 1.2 年泛滥一次下降到每 2.5 年一次,与此同时,乔维拉泛滥平原每 10 年内被淹没的概率由 77% 下降到 54%。

圭迪尔湿地坐落于新南威尔士州北部的圭迪尔河流的末端。在自然状态下,在洪涝期被洪水淹没的湿地范围约为 17%,然而现在仅为 5% 左右。在圭迪尔湿地的西南部的麦夸里河流域的麦夸里沼泽,在大洪水期占地接近 130 000 公顷,具有新南威尔士州北部最大面积的河床苇丛和赤桉树林。然而,自从在麦夸里沼泽开发水资源之后,沼泽面积下降了接近一半(Kingsford,2000)。

澳大利亚河网系统生态环境退化不仅表现在洪涝模式的变化,也体现在对河岸植被的影响。例如说,巴尔马 - 米勒瓦森林中植被种群的组成结构改变了。在一些地区,依赖于规律性洪水泛滥的植被,比方说莫伊拉草,已经被赤桉树替代,而原本分布在森林边缘的赤桉树则被黑盒树(black box)取代。在乔维拉泛滥平原持续 35 年未泛滥之后,原本在该地区广为分布的黑盒树林(black box trees)因为地下水盐碱化以及水压变化逐渐消失殆尽。在圭迪尔湿地,沼泽灯心草的分布地区已经由 2200 公顷缩减为 700 公顷,许多其他的水生植被逐渐被陆生植被取代(Kingsford,2000)。麦夸里沼泽也未能幸免,发生了一系列令人触目惊心的变化。从 1934 年到 1981 年期间,沼泽地内赤桉树林分布面积缩减了一半。从 1963 年到 1972 年期间,河床苇丛面积也缩减到原来的 50%。自 20 世纪 70 年代以来,数百公顷的澳洲胶树林灭绝了(Bunn 和 Arthington,2002)。从全国范围来看,从 1991 年至 2004 年期间,由河岸植被覆盖的河道长度有小幅增加(ASEC,2006)。

湿地系统的自然洪涝取决于漫滩流。在一些地区,受河道侵蚀和高水位事件概率减少的影响,自然洪涝的发生频率逐渐减少。高水位事件概率减少的诱因可以归结为两点。第一,正如下文中将要探讨的,由于引水工程的建设,以及水坝建设导致的水资源蒸发量的大幅提升,可以用于生态环境维持的水资源总量大不如前。第二,水坝的建设在一定程度上可以缓冲水压调节径流,因此减小了水流的波动,这将导致一种极端的结果,一些湿地接受到的水量减少,洪水淹没的可能性降低,然而与此同时,由于径流多变性的下降导致一些在以往间歇性被洪水淹没的地区常年被洪水淹没。在墨累 - 达令河流域,永久性的淹没成为湿地环境破坏的主要成因(Norris 等,2001)。在休漠大坝与惠灵顿之间约 37 000 公顷的沿墨累河湿地,已经由原有的定期泛滥的湿地系统变成如今的一片汪洋(新南威尔士 DPI,2010)。

(二)动物

有关澳大利亚河道与湿地动物物种研究比较深入。在墨累 - 达令河流域,本地鱼群数量大幅减少,将近一半左右的本地鱼类种群的生存受到威胁(Gehrke 等,2003)。1997 年一项在新南威尔士进行的调查发现,在墨累河地区几个常规取样点随机捕获的鱼类中仅有 20% 为本地鱼类。此外,尽管在 20 个随机取样点进行了为期两年的密集取样,在大量的样本中并没有墨累鳕鱼或者淡水鲶鱼。墨累鳕鱼和淡水鲶鱼以及一些本地品种在达令地区的丰富度较高(Harris 与 Gehrke,1997)。同样地,

Davies 等发现在墨累－达令河流域,本地鱼类仅占总量的 43%,印证了他们先前关于"在墨累－达令河流域本地鱼类数量急剧衰减"的预言(2008,62)。

与此同时,诸如鲤鱼、食蚊鱼、金鱼等外来鱼类的分布范围迅速扩大,总量大幅提升。在墨累－达令河流域管理局的可持续河流审计报告中指出,鲤鱼成为墨累－达令河流域最主要的淡水鱼类,占到了鱼类总生物量的 58%(Davies 等,2008)。我们举一个极端案例用以说明外来物种对生态环境造成的威胁,在上文中提及的在新南威尔士开展的调查中,研究者在博根河低水位位置取样证实,平均每一平方米的水表面积就会发现一条鲤鱼(Harris 与 Gehrke,1997)。

在一些地区,鸟类的数量也减少了。在巴尔马－米勒瓦森林中,包括澳洲鹤、彩鹳、小白鹭、须浮鸥在内的部分鸟类已经不再繁殖。其他一些种类虽然仍在繁殖,但是数量有所下降(Kingsford,2000)。在麦夸里沼泽北部地区,从 1983 年至 1993 年期间,物种数量有所下降(Kingsford 和 Thomas,1995)。

青蛙和其他一些无脊椎动物对水资源生态环境变化具有高度的敏感性。纵观澳大利亚,共有 27 个品种的青蛙成为濒危动物。自从欧洲移民在澳大利亚定居之后,澳大利亚大约 1/3 的河道(以长度计算)已经丧失了至少 20% 的水生无脊椎动物物种。在 1990 年到 2004 年之间,澳大利亚河流评估体系被用以检测覆盖澳大利亚所有州和领地的 4700 个监测点的大型无脊椎动物群落生境,大约 45% 的监测点发现大型无脊椎动物群落生境受损,这与环境污染或者栖息地退化等因素造成的环境压力缺失有关(ASEC,2006)。

根据盖尔克(Gehrke)等人的研究,"在墨累－达令河流域的许多地区,大型无脊椎动物群落发生了巨大变化,墨累河淡水小龙虾灭绝了,南澳大利亚州的许多淡水螺以及贻贝也不见了踪影"(2003,2)。同样有证据表明墨累河岸的巴尔马－米勒瓦森林中无脊椎动物的衰减,在 20 世纪 30 年代,为了医学用途每年都会收集超过 25 000 只野生水蛭。到了 20 世纪 70 年代以后,野生水蛭已经十分罕见(Kingsford,2000)。墨累河下湖区在过去的 50 年中,许多种类的淡水螺数量大幅减少,与 50 年前相比,现在只有 1/18 的淡水螺品种比较常见。其中,一种澳大利亚独有的名为 notopala sublineata 田螺品种在该区域已经灭绝,其他的两个品种只能在灌溉管道中幸存下来(Sheldon 与 Walker,1997)。

(三)蓝藻水华

蓝藻水华或者蓝绿藻在澳大利亚许多河流和湖泊爆发。在 1830 年,探险家查尔斯·斯特尔特(Charles Sturt)观测到达令河中蓝藻水华爆发的现象。1878 年,亚历山大湖蓝藻水华爆发导致水生动物的死亡(墨累－达令河流域管理局,2010a)。在适宜的条件下,蓝藻水华的爆发可以一触即发,并以水面大量绿色的泡沫浮渣为典型特征。除了对本地动植物物种造成威胁以外,蓝藻水华还可能诱发肠胃炎与皮肤感染,对人体健康造成威胁(Bowling 与 Baker,1996)。根据墨累－达令河流域管理局(2010a)发布的信息,蓝藻水华爆发的可能性越来越大。在 1983 年至 2009 年间,贯串墨累河 800 千米长的河道大部分地区均发生了蓝藻水华爆发现象,最大规模的蓝藻水华爆发发生在 1991 年,在其高峰期达令河约 1000 千米河道被蓝藻覆盖。在此期间,鲍林和贝克(Bowling 和 Baker,1996)发现卷曲鱼腥藻在许多地区非常集中,这种藻类通过实验证明具有毒性,并与牲畜死亡有关。

二、环境变化的原因

以上的案例说明澳大利亚许多河流、湖泊、湿地的生态环境正在日趋恶化。为什么会发生这些变化? 或者更确切地说,人类环境干预的影响是什么? 本章通过生产系统视角,采用波夫等(Poff 等,1997)将河流生态系统的基础组成要素定义为水文学、水质以及栖息地的分类方法(见图 2.1)。

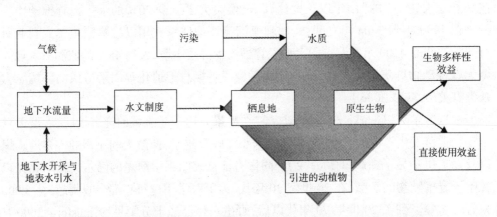

图 2.1　简化展示生态投入与产出之间的主要关系的生态生产系统模型图

在许多地区,水资源的利用对这些要素造成了巨大影响。大洋洲是一块干旱大陆,除了南极洲以外,大洋洲具有比其他各洲每平方千米降水量和径流量都少的特点(Arthington 和 Pusey,2003)。尽管澳大利亚 80% 以上的地方年降水量不足 600 毫米,澳大利亚海岸地区相对湿润,北昆士兰海岸平均年降水量超过 4000 厘米。与其他大陆相比,澳大利亚的河道径流变化量也较大(Kirby 等,2006)。的确,根据测量数据显示,在澳大利亚中部的库珀河与迪亚曼蒂纳河具有全世界最高的径流变化量(Arthington 和 Pusey,2003)。

在 1886 年,维多利亚州政府与出生于加拿大的工程师、灌溉规划师,加利福尼亚州灌溉基地的设计者威廉和乔治·查菲(William 和 George Chaffey)兄弟携手,在他们的激励下在墨累河流域的米尔杜拉建立了澳大利亚第一个农业灌溉基地。自从19世纪以来，澳大利亚各地建设了数千个流量调节工程，其中包括约450处大坝以及50处实体调水项目，澳大利亚具有全世界最高的人均水资源储备量。就空间分布而言，澳大利亚南部水资源建设项目比北部的建设项目更多。除了昆士兰海岸以及西澳大利亚州的奥得河之外，澳大利亚绝大部分的热带以及亚热带河流基本处于原始状态（ASEC，2006）。墨累-达令河流域具有3600处水坝以及其他水闸、防洪堤岸等水利工程（Arthington 和 Pusey，2003）。

　　一系列公共与私人水利设施的建设在一定程度上提高了水资源供给的稳定性与可靠性，使大型灌溉农业的发展成为可能。在墨累-达令河流域，主要用作灌溉用途的引水工程在20世纪90年代之前逐年增加（见图2.2）。为了遏制这一趋势，墨累-达令河流域部长委员会一致同意将该流域所有的引水工程限制在1994年的水平，以适应季节性的气候条件（生产力委员会，2010）。2010年一场大规模干旱导致了引水量锐减。

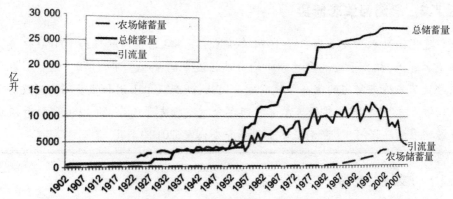

图2.2　1902—2009年墨累-达令河流域的储蓄能力及年度引流变化折线图
资料来源：生产力委员会（2010）。

　　由于频发的干旱和政府对于引水工程的限制，地表水资源成本愈发高昂，因此许多农民选择用地下水替代地表水。在较低马兰比季河区域，从1994年到2002年，地下水的使用已经从最初的1000亿公升上升到3000亿公升（Goesch 等，2007）。澳大利亚全国范围内，从1984年到1997年，地下水的使用量上升了88%（ASEC，2006）。

　　地下水与地表水的联系错综复杂。比如说，河流（失水河流）可以补给地下水源，地下水也可以补给河流（增水河流）。两者之间的联系性非常复杂，对于同一条河道来说，可能在获得地下水源补给的同时，也在补给地下水源，这取决于时间和空间条件（Goesch 等，2007）。在某些不规律的河流，来自地下水的水源补给可以高达75%（Kirby 等，2006）。因为地下水与地表水之间千丝万缕的联系，抽取地下水将对地表水造成深远的影响。不仅如此,这些影响有时会具有滞后性。在大区域地下水系统中,例如在澳大利亚中部的大自流盆地,水源流经整个地下水系统需要几千年的时间。与之不同的是,墨累－达令河流域东部的大部分地区地下水来自小型的或者局部的、孤立的断裂岩含水层。小规模的地下水系统对于人类活动干扰反馈相对较快,仅需几十年的时间就能造成可用水源生态环境的变化(Kirby 等,2006)。

正如上文讨论的,在 20 世纪 90 年代引入了旨在遏制墨累－达令河流域生态用水量储备和分配的新规定。到了 21 世纪,澳大利亚政府通过投资 7 亿澳元的墨累河生境倡议、31 亿澳元的生态平衡修复项目、58 亿澳元的可持续乡村用水与基础设施建设项目等一系列的政府项目,以实现可持续的增加生态用水分配的目标。[①]在 2010 年初,通过水资源回购与在墨累河生境倡议下建设的基础设施项目,约 4600 亿公升的淡水回灌到墨累河中。此外,通过生态平衡修复项目约 5300 亿公升的淡水回灌到天然河网(生产力委员会,2010)。不仅如此,一些小型的河流生态修复项目也在进行,例如在框 2.2 中讨论的一个案例。

框 2.2　思诺河生态修复

　　思诺山区水力发电项目于 1974 年完成,每年从思诺河转移约 10 000 亿公升的淡水资源,相当于金达拜恩湖平均自然径流量的 99%。不出所料,这些引水计划导致了一连串恶劣的生态环境问题。因此,新南威尔士州和维多利亚州政府通过回灌 21% 的平均自然径流量来挽回部分生态损失。迄今,约 1450 亿公升淡水资源回灌到思诺河中(新南威尔士州水务办公室,2010)。

(一)发展的影响

这一部分将探讨发展对于环境生产系统核心要素,即水文学、水质、栖息地的影响。

1. 水文学

水资源利用的发展改变了澳大利亚许多河流的水文特征。Poff 等(1997)讨论了下述关于径流的关键维度。

量级:在指定时间、区间内流经某一地点的水量。在图 2.3 中,2005 年至 2010 年的径流量通过曲线下方的阴影面积显示出来。

频率:在指定时间、区间内径流超过一个给定值的次数。在图 2.3 中,在 2005 年至 2010 年五年之间,有两次日径流超过了 100 兆公升。

持续性:与特定的径流状态相关的时间段。在图 2.3 中,两次日径流超过了 100 兆公升的径流都大约持续了两个月。

季节性或时令:特定的径流状态的规律性。在图 2.3 中,每年径流峰值与季节变化具有规律性与可预测性。

变化率:径流随时间变化的速度。在图 2.3 中,这项指标通过线条的坡度体现出来,线的坡度越陡峭意味着变化率越快。

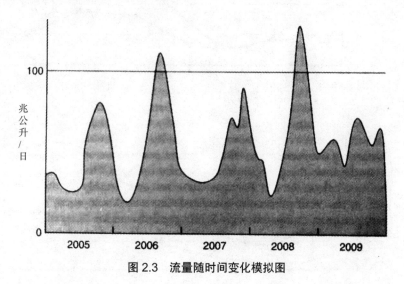

图 2.3　流量随时间变化模拟图

根据阿辛顿和普西(Arthington 和 Pusey,2003)的研究,这些水文学维度在澳大利亚许多大型河流中发生了巨大变化,包括墨累河、达令河、新南威尔士州与维多利亚州的海岸河,塔斯马尼亚岛的戈登河,以及西澳大利亚州的奥德河。总体而言,许多河道和溪流的径流量级大幅减少,径流的季节性模式或是不再显著,或是发生改变。这些变化在雅拉瓦加堰与墨累河水坝的自然状态下的模拟径流变化与现阶段开发后的模拟径流变化对比可见一斑(见图 2.4)(这些模拟假定了一种可识别的气候以更好地剥离水资源开发对平均月径流量的影响)。在上游地区,雅拉瓦加堰的模拟月平均径流量减少了 30%。墨累河水坝的模拟月平均径流量减少更为显著,大约 60%。雅拉瓦加堰的自然季节径流模式受到了严重的干扰,7 月到 10 月之间径流大幅下降,1 月到 4 月间有小幅回升,后者主要是由于灌溉用水引水造成的(生产力委员会,2010)。

上文提及的测量数据基于不同月份的径流平均值,而并没有提供关于年际流量变化的相关数据(在自然状态下)。这是因为墨累河水坝自然状态下的模拟径流与现阶段开发后的模拟径流的比例差值在枯水年会显著增长。比如说,在第 90 个百分位,现阶段开发后的年径流量是 3600 亿公升,而在自然状态下径流量约为 52 000 亿公升(Kingsford 等,2000)。

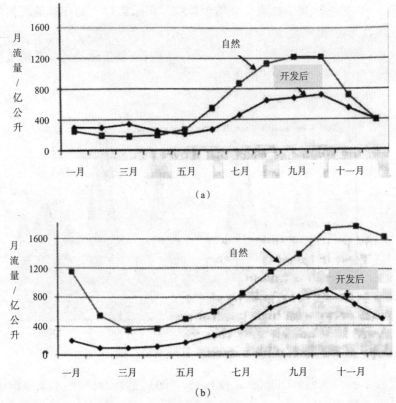

图 2.4 雅拉瓦加堰(a)和墨累河水坝(b)在"自然"和"开发后"条件下的模拟流量折线图
资料来源:生产力委员会(2010)。

Poff 等(1997:769)注意到径流是一个"主变量",能够"限制河流物种的分布和丰度,调节径流水资源系统生态完整性"。然而径流对于生态完整性的影响并非直接影响,而是通过水质、栖息地、能量源以及生物交互作用间接影响生态完整性。例如说,径流的增加会稀释盐负荷,降低含盐量。

2. 水质

许多澳大利亚河流是天然的咸水河,然而,由于灌溉和土地治理的影响,一些地区河流含盐量增加了。在 2001 年,国家土地与水资源审计报告(National Land and Water Resources Audit)调查显示,澳大利亚大约 1/3 的流域的河流含盐量超过了阈值。这些流域主要分布在墨累－达令河流域南部、东南海岸,以及西澳大利亚州西南部。自 20 世纪 90 年代以来,墨累－达令河流域 4 个盐碱化的流域的含盐量逐渐下降。并没有证据显示墨累－达令河流域北部河流含盐量有整体提升(Kirby 等,2006)。

澳大利亚的土壤通常含盐量较高。在西澳大利亚的一些地区,盐分通过气流由海洋传送到土壤中,而在其他地区,土壤中的盐分主要来自母岩、古流域以及内海。

灌溉和土地治理加剧了河流盐碱化。灌溉需要浇更多的水,土地治理需要减少地表水量,地下水用于灌溉作物(本地作物倾向于比一年生作物和牧草拦截和吸收更多的水分),在这些因素综合作用下,地下水位提高了。提高的地下水溶解了沉积在土壤剖面中的盐分。最终,这些地下水中的盐分在表层蒸发,并随降水汇入周边的河网中(AAS,2001;Pakula,2004)。

在特定地点,灌溉和土地治理的影响取决于地下水系统的倾斜度等因素,因为地下水系统的倾斜度决定了地下水的流动方向和流速。例如,如果地下水的倾斜度远离河道,那么它的影响就微乎其微;而如果地下水倾斜度是朝向河道的,其影响时间将受倾斜度以及距河道距离影响(Pakula,2004)。这会导致影响的延时效应。在南澳大利亚州河岸地区,土地利用方式变化对河道影响的延时效应有时可以长达50年(Barnett与yan,2004)。

灌溉对水质的影响也取决于盐分在灌溉水源中未归还河道的程度(也就是说,输入灌溉系统中的盐分滞留在灌溉系统中的比例)。盐分可以渗入土壤、浅层地下水、蒸发盆地或者流入湿地中。在克兰地区,因为灌溉系统建立在一个自然的地下水溢流地区,通常很少的盐分会滞留在灌溉系统中,这导致了在这一灌溉系统中盐分的输出是盐分输入的6倍(Kirby等,2006)。从自然生态系统中抽取水源用以灌溉将对盐负荷造成影响,这将导致径流的影响,除此以外,还会造成许多其他方面的生态影响,比如造成河流含盐量的增加。

在灌溉和土地治理增加了某些地区盐含量的同时,其他的一些人类活动,比如说盐分拦截项目的发展以及优化土地管理方式的实践,起到了与之相反的作用。根据墨累-达令河流域部长委员会的报告(2008),在2006年到2007年之间,如果没有盐分拦截项目的发展以及优化土地管理方式的实践等干预措施,摩根地区的河流含盐量将会比试行干预后高200—350导电率单位。

国家土地与水资源审计报告(2000)提及了关于评估水资源质量的其他3个维度:营养素、浑浊度以及酸碱值。其中,营养素是一个在61%的参与调查的流域中都出现的主要水质问题。在更加发达一些的地区这些流域营养素水平总体更高些。和盐分一样,营养素在某些受干扰地区会增加,在某些受干扰地区却会减少。在1991年达令河蓝藻水华爆发期间,在许多采样点磷元素的含量,远远高于澳大利亚与新西兰环境保护委员会(Australian and New Zealand Environment Conservation)"良好水质"指导方针规定的范畴(Bowling与Baker,1996)。浑浊度也是一个在61%的参与调查的流域中都出现的主要水质问题,16%的参与调查的流域中出现了酸碱度问题。浑浊度问题在澳大利亚许多河流中都有出现并且不断恶化,尤其是在维多利亚州内陆地区,碱性的增加成为威胁其他一些河流水质的棘手问题(ANRA,2000)。

这些水质的改变极有可能至少部分地源于人类干预。根据澳大利国家环境委员会"对多数河流而言,磷含量增加的最大源头是水渠和河岸侵蚀,氮含量的增加则主要来自化肥使用、动物垃圾和污水排放(2006:65)。由牲畜以及土地清整造成的沟渠和河岸侵蚀也会引起浑蚀度的增加(MDBC n.d.)。维多利亚河某些地区酸度的增加则是由土地退化引起的(ANRA,2000)。

3. 栖息地

水文学的变化也改变了河流和泛滥平原栖息地。根据 Poff 等(1997)的研究,河流栖息地涵盖沉积物粒度与异质性、河道形态以及其他地理形态学特征。栖息地很大程度上是由物理过程塑造的,特别是河道与泛滥平原之间的水流运动以及沉积物沉淀。大坝的建设几乎阻拦了所有流往河流下游的有益沉淀。1890 年至 1960 年间,澳大利亚超过 20 个公共水库出现了淤塞现象(Chanson,1998)。这些沉淀物被拦截后,缺失沉积物的水流会侵蚀下游河道的颗粒更小的沉积物,导致河床结晶粒粗大化。更有甚者,会引发河道侵蚀以及由河道冲刷引发的浑浊度增加、大坝与引水工程高水位事件的量级和频率。梳理相关文献,Poff 等(1997:773)认为这将导致一系列的地理形态学反应,包括碎石粉末沉积,河槽变窄、稳定化、河曲沙洲、辅助水道、U 字形弯曲形成概率的降低以及河道平台的变化。

水文学的变化会对栖息地造成其他影响。在艾尔登湖下游的古尔本河中的浅滩是许多无脊椎动物与鱼类种群的重要栖息地。浅滩栖息地是一片较浅的、水流湍急的地区。艾尔登湖与浅滩栖息地呈现出 U 字形弯曲。当水流流经浅滩栖息地时,每日约有 10 兆公升淡水流经一块 $4.5m^2/m$ 的浅滩地区,每日约 100 兆公升淡水流经一块 $6.5m^2/m$ 的浅滩地区,每日约 10 000 兆公升淡水流经一块 $1.5m^2/m$ 的浅滩地区。由于灌溉调水,现阶段夏季每日径流量约为 9000 兆公升,与自然状态下夏季每日径流量相比具有实质性的增加。在十二月到下一年的四月短短几个月的时间里,由于古尔本河的这种水文学变化,浅滩栖息地急剧缩减到十二月之前的一半(Cottingham 等,2003)。

除了水文学的变化,水坝建设、河道清理以及河流流域发展等人类活动使河流和河口地区输沙量增加,给鱼类游动增添了障碍,成为河道栖息地生态环境恶化的另一重要诱因。根据环境状态报告(ASEC,2006),在澳大利亚许多河道中都有严重的沉积物淤积现象,特别是在低斜坡度地区。大量泥沙和细小颗粒物的沉积抑制了低地河段河道内栖息地的形成,近期一些重建栖息地的技术正在探索中。

(二)环境生产系统

迄今为止,本章探讨了澳大利亚河流与泛滥平原的生态系统健康状况变化问题,以及水资源开发对于水文学、水质以及栖息地的影响。为了进一步阐明澳大利亚诸多河流与泛滥平原生态退化的原因,以及提供证据证实政策干扰对于环境产出的影响,图 2.1 显示了简化的一个生态生产系统模型,用以说明生态系统投入与产出之间的主要关系。

澳大利亚部分河流与湿地生态系统的环境退化显示了生态系统产出的变化,是伴随水资源用以灌溉农业及其他用途的开发,以及土地使用类型的变化而产生的。在概念层面,这可以被视作是人类社会发展与生态系统健康状况总体因果关系的证明。在人类开发自然栖息地与其他自然区域时,动植物受到了很大影响。正如上文所述,人类活动的干预改变了栖息地环境,澳大利亚河网系统中至关重要的自然要素——可变性也大大减低。

可变性是一个核心问题。Poff 等指出"经过几年、几十年的时间,一条河流可以持续产生一系列暂时的、季节性的或者是永久性的自然栖息地,这些栖息地的存在形式可能是浮水的、挺水的,甚至是无水的。这些河道内或者泛滥平原中栖息地类型的可预测的多样性促进了物种的进化。径流可变性维持着整个栖息地系统的平衡,使每一小块栖息地都得到淋漓尽致的生态应用。对于许多淡水物种而言,完成完整的生命循环从出生、繁殖到死亡需要借助于一系列不同类型的栖息地。正是径流动态维持着形形色色的栖息地,为淡水物种顺利完成生命循环提供可行性保障"(1997:772)。不仅如此,径流的可变性对于整个生物多样性以及生态系统功能也有重要作用,因为一些物种在湿地环境中能较好的繁衍生息,而另一些则需要干燥的环境。

上述观点由一些细化的研究支撑。比如说 Poff 等(1997:776)将强径流稳定性与季节性径流峰值的损失与以下的影响联系起来。

- 改变了的能量流;
- 外来物种入侵;
- 种子的干燥度与无效的种子传播;
- 鱼类产卵、孵化与迁徙的断续线索;
- 鱼类进入湿地与回水可能性降低;
- 水生食物网络结构的变化;
- 植物生长率降低。

并不是说所有的澳大利亚河道和湿地生态系统的健康变化都是由于人类干预造成的。自从 21 世纪以来,澳大利亚许多地区经历了严酷的干旱。2006 年至 2009 年间,墨累－达令河流域的输入流为每年 20 000 亿公升,而在往常的年份中,输入流约为每年 110 000 亿公升(墨累－达令河流域管理局,2010b)。干旱也是造成澳大利亚河道和湿地生态系统的健康状况恶化的主要元凶。

图 2.1 同时也揭示了尽管水文学特征对于生态系统健康有重大影响,却不是唯一的影响因素。比如说,我们剥离水文学特征的干扰,仅仅是外来物质入侵和水质变化也会影响本地动植物的生存。有证据表明在维多利亚州东北部的凯瓦河谷,虽然径

流的水文学特征没有受到人类活动的干扰的影响,本地鱼类种群仍然生境堪忧(Davies 等,2008)。

生态系统投入与产出的关系错综复杂,比如说以下几点。

● 延时性:理解地下水与地表水之间的关系是重中之重。如埃文斯(Evans)所述,"从抽水机开始抽取地下水到河流受到影响并呈现出来,这可能需要几个小时、几个星期、几年甚至几个世纪那么久。这二者之间存在延时效应,同理,当人们停止抽取地下水之后,河流同样需要几个小时、几个星期、几年甚至几个世纪来恢复到以前的面貌"(2007:7)。Kingsford(2000)讨论了水文学变化对生态系统影响的延时效应。

● 不可逆性:一项生态系统输入的变化可能会引发不可逆的生态系统产出变化。在墨累-达令河流域,35 种鸟类和 16 种哺乳动物相继灭绝了(DEWHA,2010)。这些物种对于生态系统的贡献与人类是紧密相关又饱受争议的话题,它们的灭绝无法用现有的科学技术补偿。

● 非线性:许多地理形态与生态过程的变化与径流变化并不呈线性相关性。正如 Poff 等所述,"释放一半的洪峰并不能带走一半的沉积物,一半的迁徙流不能刺激一半的鱼,一半的漫滩流并不能淹没一半的泛滥平原"(1997:781)。

● 互动性:一个地区湿地的生态系统产出可能与其他地区的生态系统投入有关,比如说与河流和泛滥平原的其他位置的生态系统投入有关。根据维多利亚州环境部门,"现在有一种将河流视作一系列孤立的财富或者是干旱庇护所(drought refuge 指能够为动植物的生存提供淡水和湿润环境的地点,在周围地区遭遇干旱时扮演庇护所的角色,在干旱爆发前保护生态系统和主要动植物使其幸免于难)。但是,如果想让一条河流繁荣兴旺,横向与纵向维度上的相互关联是至关重要的。换句话说,河流需要足够的水源以保证鱼类和其他动物能够畅游,确保河流与其所属泛滥平原的相互连接,泛滥平原也会将物质和能量反馈给河流"(生产力委员会,2010)。

生态系统投入与产出关系的复杂性使得对图 2.1 中各种生态关系的定量研究难以实现。不仅如此,由于实验的缺失,影响河流系统生态环境健康状况的各种变量,比如说引水工程和土地利用方式的转变通常相互交织,加之生态系统的延时响应,各变量之间的影响难以厘清。邦恩和阿辛顿(Bunn and Arthington)在其综述中提到"经常会听到这样的描述,因为诱发河流体系的生态变化的因素纷繁复杂,很难精确地将径流量的改变从诸多盘根错节的影响因素和相互作用中单独剥离出来"。他们总结"现阶段我们的能力有限,定量研究径流调节的生态响应"是优化水资源管理的主要压力(2002:505)。

显而易见,对于河流生态系统复杂关系的理解还任重道远,这也是我们制定更好的政策措施以平稳地提高河流生态系统产出需要克服的难点重点。旅游产业和游憩产业都在极大程度上有赖于河流以及其他水体提供的诸多便利,对于河流生态系统复杂关系认识的不足将营造一种令人堪忧的政策背景。本书以下的章节将着重讨论旅游产业和游憩产业发展将面临的诸多问题和挑战,以期增进人们对于水资源、旅游产业、游憩产业之间千头万绪的相互关系的理解。

注释

① 1 澳元 =0.9978 美元,2011 年 1 月汇率。

参考文献

1. AAS (Australian Academy of Science). 2010. *Salinity: The Awakening Monster from the Deep*, accessed September 29, 2010, from www.science.org.au.

2. ANRA (Australian Natural Resource Atlas). 2000. *Water Quality*, accessed September 29, 2010, from www.anra.gov.au.

3. Arthington, A.H., and B.J. Pusey, 2003. Flow restoration and protection in Australian rivers. *River Research and Applications* 19: 377-395.

4. ASEC (Australian State of the Environment Committee). 2006. *Australia State of the Environment* 2006. Canberra: Department of the Environment and Heritage.

5. Barnett, S.R., and W. Yan. 2004. *Groundwater Modelling of Salinity Impacts on the River Murray due to Vegetation Clearance in the Riverland Area of South Australia*. Adelaide: Department of Water, Land and Biodiversity Conservation.

6. Bowling, L., and P. Baker. 1996. Major cyanobacterial bloom in the Barwon-Darling River, Australia, in 1991, and underlying limnological conditions. *Marine and Freshwater Research* 47(4): 643-657.

7. Bunn, S.E., and A.H. Arthington. 2002. Basic principles and ecological consequences of altered flow regimes for aquatic biodiversity.*Environmental Management* 30: 492-507.

8. Chanson,H.1998.Extreme reservoir sedimentation in Australia: A review. *International Journal of Sediment Research* 13 (3): 55-63.

9. Cottingham, P., M. Stewardson, D. Crook, T. Hillman, J. Roberts, and I. Rutherfurd. 2003. *Environmental Flow Recommendations for the Goulburn River below Lake Eildon*, Canberra: CRC Freshwater Ecology and CRC Catchment Hydrology.

10. Davies, P.E.,J.H. Harris, T.J. Hillman, and K.F. Walker. 2008. *Sustainable Rivers Audit*

Report 1: A Report on the Ecological Health of Rivers in the Murray-Darling Basin, 2004-07. Canberra: Murray-Darling Basin Commission.

11. DEWHA (Department of Environment, Water, Heritage and the Arts). 2010. *Murray-Darling Basin,* accessed September 29, 2010. from www.environment.gov.au.

12. Evans, R. 2007. *The Impact of Groundwater Use on Australia's Rivers: Exploring the Technical, Management and Policy Challenges*. Canberra: Land and Water Australia.

13. Gehrke, P., B. Gawne, and P. Cullen. 2003. *What Is the Status of River Health in the MDB?* accessed September 29, 2010, from www.clw.csiro.au.

14. Goesch. T., S. Hone, and P. Gooday. 2007. *Groundwarer Management: Efficiency and Sustainability*. Canberra: Australian Bureau of Agricultural and Resource Economics.

15. Harris.J.H., and P. Gehrke. 1997. *Fish and Rivers in Stress: The NSW Rivers Survey*. Cronulla and Canberra: NSW Fisheries Office of Conservation and Cooperative Research Centre for Freshwater Ecology.

16. Kingsford, R.T. 2000. Ecological impacts of dams, water diversions and river management on floodplain wetlands in Australia. *Austral Ecology* 25: 109-127.

17. Kingsford, R., P.G. Fairweather, M.C. Geddes, R.E. Lester,J. Sammut, and K.F. Walker. 2009. *Engineering a Crisis in a Ramsar Wetland: The Coorong, Lower Lakes and Murray Mouth, Australia*. Sydney: Australian Wetlands and Rivers Centre, University of New South Wales.

18. Kingsford, R.T., and R.F. Thomas. 1995. The Macquarie Marshes in arid Australia and their waterbirds: A 50-year history of decline. *Environmental Management* 14: 867-878.

19. Kirby, M., R. Evans, G. Walker, R. Cresswell,J. Coram, S. Kahn, Z. Paydar, M. Mainuddin, N. McKenzie, and S. Ryan. 2006. *The Shared Water Resources of the Murray-Darling Basin*. Canberra: Murray-Darling Basin Commission.

20. MDBA (Murray-Darling Basin Authority). 2010a. *Blue- Green Algae in the River Murray*, accessed September 29, 2010, from www.mdba.gov.au.

21. MDBA (Murray-Darling Basin Authority). 2010b.*Annual Report*, accessed September 29, 2010, from www.mdba.gov.au.

22. MDBC (Murray-Darling Basin Commission). no date. *Water Quality*, accessed September 29, 2010, from www.mdba.gov.au.

23. MDBMC (Murray-Darling Basin Ministerial Council). 2008. *Report of the Independent Audit Group for Salinity 2006-07*. Canberra: Murray-Darling Basin Commission.

24. NFF (National Farmers' Federation). 2010. *NFF Slams Blinkered Group on Mur-*

ray-Darling Water Cuts, accessed September 20, 2010. from www.nff.org.au.

25. Norris. R.H., P. Liston, N. Davies,J. Coysh, F. Dyer, S. Linke, I.P. Prosser, and W.J. Young. 2001. *Snapshot of the Murray-Darling Basin River Condition*. Canberra: CSIRO Land and Water.

26. NSW DPI (New South Wales Department of Primary Industries). 2010. *Status of Aquatic Habitats*, accessed September 29, 2010, from www.dpi.nsw.gov.au.

27. NSW Office of Water. 2010. *Returning Environmental Flows to the Snowy River*. Sydney: NSW Office of Water.

28. Pakula, B. 2004. *Irrigation and River Salinity, in Sunraysia: An Economic Investigation of an Envirnmental Problem*. Melbourne: Department of Primary Industries.

29. Poff, N.L.,J.D. Allan, M.B. Bain,J.R. Karr, K.L. Prestegaard, B.D. Richter, R.E. Sparks, and J.C. Stromberg. 1997. The natural flow regime. *BioScience* 47 (11): 769-784.

30. Productivity Commission. 2010. *Market Mechanisms for Recovering Warcr in the Murray-Darling Basin*. Melbourne: Productivity Commission.

31. Sheldon, F., and K.F. Walker. 1997. Changes in biofilms, induced by flow regulation, may explain the extinction of gastropods in the Lower River Murray. *Hydrobiologia* 347: 97-108.

32. Victorian Department of Sustainability and Environment. 2005. *Index of Stream Condition: The Second Benchmark ot Victorian River Condition*. Melbourne: Department of Sustainability and Erivironment.

33. Wentworth Group. 2010. *Sustainable Diversions in the Murray-Daring Basin:An Analysis of the Options for Achieving a Sustainable Diversion Limit in the Murray-Daring Basin*, accessed September 20, 2010, from www.wentworthgroup.org.

第三章　墨累－达令河流域旅游与游憩产业价值评估的挑战

达拉·哈顿·麦克唐纳（Darla Hatton MacDonald）

索拉达·塔苏湾（Sorada Tapsuwan）　　萨宾·阿尔博（Sabine Alboy）

奥德丽·伦波德（Audrey Rimbaud）

墨累－达令河流域为日益发展的旅游产业和游憩产业提供了基础条件（Hassall 和 Gillespie，2004）。旅游产业和游憩产业由一系列多种多样的活动构成，既包括传统的猎鸭、垂钓、乘船等旅游需求，也包括新兴的生态旅游、生态游憩以及美食和酒水文化旅游。旅游产业、游憩产业与墨累－达令河流域的便利设施结合，为这一地区小型旅游经营者提供了从业机会和收入来源。

然而，墨累－达令河流域输入径流量的减少和现阶段的水资源产权归属安排为旅游和游憩产业的发展带来了挑战。在上述章节中，形成政策影响之前，对于价值的认识和评估是必要的先决条件。在第一章中我们讲到，对于水资源为农业和工业发展价值的评估相对直截了当，而由于其复杂性，对于水资源为旅游与游憩产业价值的评估则要另当别论了。在水资源管理决策中，市场价值很少被揭示，可以说在很大程度上被忽视了。[①]

从全球范围来看，对于游憩产业以及如何将游憩产业发展与水资源管理结合的问题得到越来越多的关注。[②]对于水资源在旅游产业、游憩产业以及便利设施中价值的评估，是评估现行的以及今后的水资源分享战略的关键步骤。特别是，2007 年出台的水资源法案（Water Act）要求水资源得到更好的管理，以提高社会、经济与环境产出。

本章梳理了现有的关于墨累－达令河流域旅游以及游憩产业及价值研究的相关文献。本章接下来将分为 4 个部分。首先，我们审视了经济价值的概念，梳理了关于评估旅游产业、游憩产业、便利设施以及非使用价值的经济价值的各种定量方法。其次，我们进行了一个探索，通过梳理文献中出现的各种价值类型，将整体经济价值的构想作为一种分类方式。再次，我们对 30 年来发表的相关文献进行综述，这一部分将在表 3.1 中总结。最后，我们总结了现阶段研究存在的不足，并为将来的研究提供了一些值得参考的方向。

一、价值的概念及评估方法

旅游产业和游憩产业的价值不仅仅是简单的旅游者支出的财政加和。一个惬意的午后垂钓也是有价值的。同理,一次俯瞰湿地饱览美景的酿酒厂之旅的价值超越了旅游者燃料支出与酒水消费的加和。这些价值是相互关联的,它们之间的关系在图 3.1 中通过相互嵌套的环形表示出来。这些价值相互重叠的属性将在案例中得到证实。在自然环境中度过的一段经历很有可能成为进行一项大型度假地产项目决策的信息收集。除非潜在的房屋持有者曾经在墨累河流域作为旅游者或者休闲游憩者度过一段时光,否则他们不可能在这一区域购置房产。与墨累河流域相关的非使用价值,也许与过去的家庭野营度假等直接体验有关,通过这些体验在离开之后产生地方依恋的情愫。图 3.1 相关的各个环形的大小和相互重叠状况均基于特定的情境。

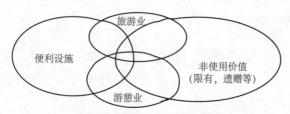

图 3.1　潜在价值叠加维恩图

对于价值最简单的定义莫过于"某种事物的质量,使这种事物对于人们来说更为渴求、更有用、更可估计或者更为重要,抑或起到相反作用"。通过这个定义,旅游和游憩产业具有一系列物质与非物质收益,这些收益可以总结为通过与景观相关联的市场或者非市场价值。因此,以赤桉树为例,它的价值也许是通过砍伐木材的价格体现的,但是除此以外,赤桉树还能提供远足、露营、观鸟等游憩机会。经济学的发展已经可以提供一系列的方法用以厘清以及评估这些市场以及非市场价值。

(一)市场价值

在国家层面上,国内生产总值是一个国家在一个给定年度内生产的所有产品和服务的总和。旅游产业对国内生产总值的贡献是由澳大利亚统计局发布的市场价值的集合。澳大利亚统计局估计,2007—2008 年度旅游与游憩产业对国内生产总值的贡献是 887 亿澳元。[3]旅游是劳动密集型产业,2007—2008 年度澳大利亚旅游产业直接雇佣人数高达 497 800 人(澳大利亚统计局)。

可计算的一般均衡模型:经济学家建构了一些诸如投入 - 产出模型(input-output,IO)与可计算的一般均衡模型(computable general equilibrium,CGE)等经济学模型用以验证政策变化的影响。一个典型的例子就是庞大地区模型（The Enormous Regional Model, TERM），由莫纳什大学政策研究中心（the Centre of Policy Studies, CoPS）为澳大利亚开发的多地区可计算的一般均衡模型。最初主要应用于澳大利亚东南部地区 2002—2003 年的干旱研究（Horridge 等，2005）。

庞大地区模型在旅游产业中的转化应用主要涉及水资源账目、亚地区产业数据以及墨累－达令河流域房产数据。为了举例阐释这个模型是如何应用的，扬等（Young 等，2006）探讨了城市供水脱盐项目与城市—乡村水资源贸易等澳大利亚城市水源供给项目的经济影响。在最小规模的人口涨幅下，因为气候变化的原因使东部地区水资源供给下降了 15%，如果没有替代性水源，那么由于水资源的高度稀缺性，到了 2030 年水价将上升 10 倍。换一种情况，如果出现了城市供水脱盐项目与城市—乡村水资源贸易等替代水源，那么通过庞大地区模型的计算，到 2030 年水价仅上涨 3 倍就可以达到供求平衡。

（二）非市场价值

仅仅通过国内生产总值或者一般均衡模型来衡量一个地区的经济发展是狭隘的，因为这些计算方式没有将有利于人类福利提升的活动考虑在内。例如，在市场经济之外的活动，比如说自愿者活动，就没有被计入国内生产总值中。再比如说，自然资产的生态系统服务功能的非使用价值，和在一个惬意的午后垂钓对于身心健康的诸多益处也未囊括在国内生产总值之内，国内生产总值仅仅计算了与活动有关的开销。一个健康的湿地生态系统对于人类的价值，以及在湿地系统支撑下的鸟类、植被以及其他动物族群多样性的价值也不在国内生产总值测算范围内。尽管"绿色国内生产总值"的提出在一定程度上获得了改善（Boyd，2007），但是具有普适性的、标准化的方法论尚未出现。

使用价值：使用价值从环境商品的实际利用或者消费中产生（Pearce 与 Moran，1994）。使用价值可以分为直接使用价值（例如采伐木材收获的价值），与间接使用价值（比方说树木对大气的净化价值）。直接使用价值又可以分为消耗性直接使用价值（例如收获燃料木材），以及非消耗性直接使用价值（例如视觉审美价值）。休闲利用就属于是自然资源的直接使用价值，但是与木材不同，休闲利用的价值并不直接参与市场交换（Costanza 等，1997）。

一种用于衡量非市场价值的技术——显示性偏好（revealed preference），在评估生态商品与服务的价值时得到了广泛应用。显示性偏好技术从相关商品市场观测到的行为发现人们赋予环境商品的价值（Hanley 等，2001）。两种最主要的显示性偏好方法分别为旅行费用法与享乐定价法。旅行费用法在衡量生态商品的游憩使用价值时，比方说一个自然公园是通过旅游者个体投入旅游活动的开销计算的。当游客对于某旅游地的旅游体验评价越高,他们就越能接受更远的旅游距离以及更高的旅行开支。

享乐定价法通过其他商品的市场价值来评估生态资产的价值。房产的出售价格通常被用作评估生态产品价值的参照。基本思路就是房产价值的制定不仅受其结构特征(比如说卧室、卫生间、占地面积)的影响,也受到其与生态地点(比方说公园、湿地)临近程度的影响。

非使用价值:非使用价值是资源固有的价值,它与现阶段环境商品的使用和消费并无直接关系,却关系到人类社会每个个体的生活福祉(Nunes,2002)。约翰·克鲁蒂拉(John Krutilla,1967)在其发表的名为《保护反思》中首先将非使用价值的概念引入主流经济学文献中。非使用价值涵盖存在价值、遗产价值以及选择价值(或者说期权价值)。存在价值是指公众赋予知晓某种事务存在的价值,比方说知道只要湿地没有干涸,湿地中的乌龟就还活着。遗产价值是指公众赋予环境资产保护,以满足后代需求的价值。商品与服务也同样,因为具有被后代使用并具有选择价值的潜力而被评估。它可以被视作是确保环境与游憩商品在今后可以供应的保险。人类社会或许愿意为了保存生物多样性、基因材料或者是与资源相关的潜在信息支付费用,以保证这些选择可以在将来利用。因此,选择价值与期权价值既是使用价值也是非使用价值。图 3.2 是一个关于这些要素如何构成整体,以及考虑到选择及期权价值的注意点的总结。

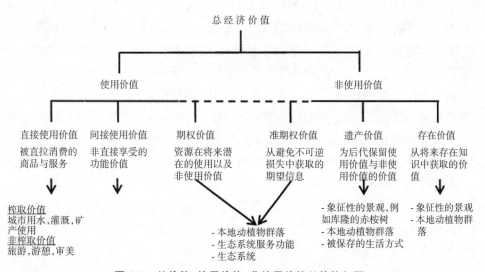

图 3.2 总价值、使用价值、非使用价值总体构架图

资料来源:基于 Rolfe(2010)。

因为一些环境商品和服务的非使用价值属性,它们的价值通常不会在市场上显示出来。因此,显示性偏好技术在此没有用武之地。陈述偏好技术假设了一个虚拟的市场环境,通过调查获取人们对于生态质量变化的支付意愿与补偿意愿。因此,陈述偏好技术能够全面获得生态商品和服务的使用价值与非使用价值。最主要的两种陈述偏好技术为条件价值法与选择模型,或者是选择实验法。

条件价值法通过一些访谈或者调查技术,询问被访者对于防止某一负面生态变化的支付意愿,比方说防止森林退化,或者说对于一些生态改善项目的支付意愿,比方说改善河流水质。或者,也可以询问被访者,他们是否愿意接受补偿而被剥夺某项环境商品或者服务。

选择模型或者选择实验方法也是基于调查以评估支付意愿的技术。调查问卷中的环境商品以属性和属性等级的形式呈现。例如说,墨累河的属性包括鱼类的数量和种群数量、洁净度以及水位。实验者要求被访者排序、赋值或者选出他们最偏爱的选项。将价格或者支出作为环境商品的属性之一,通过被访者给出的排序、赋值或者偏爱选项,可以间接地计算出其支付意愿(Hanley 等,2001)。条件价值法与选择偏好法(选择实验法)的区别在于,条件价值法只能同时测算一个或者两个可选项,而选择偏好法(选择实验法)可以同时就多个可选项进行测算。

二、价值的集合(总经济价值)

对于经济学家来说,环境资产的总经济价值由使用价值和非使用价值共同组成。它基本上是由所有的相关支付意愿共同构成的网络,是所有因环境商品和环境服务变化所导致的人类生活质量变化的支付意愿的集合,是超越时间、超越个体存在的(Bateman 等,2002)。通常非市场价值评估技术用以抽取使用价值与非使用价值的支付意愿,这取决于环境商品与环境服务的类别与数据的有效性。

通过非市场价值评估技术进行评估,通常估计的是边际效应,比方说支付意愿的调查。评估环境商品与服务的边际效应其实是评估环境商品与服务的微小变化给人类福祉带来的变化(Costanza 等,1997),而不是环境商品与服务本身的价值总和。评估价值的边际效应意味着仅仅是评估环境商品与服务状态的变化,而非它们的总体价值(Rolfe 与 Windle,2006)。

墨累-达令河流域的一些地点具有重要的象征性意义,无论人类是否在使用它们,都试图将它们保护起来。尽管安德烈奥尼(Andreoni,1990)提出了关于人们保护这些具有象征性意义的地点的各种动机,但是一些人愿意付出金钱保护这些地点并非出于私欲,而是出于利他主义的目的。支付意愿也会受到这种"温情效应"的影响,即人们通过这种支付行为以获取一定程度的道德满足感(Nunes 和 Schokkaert,2003;Kahneman 和 Knetsch,1992)。

非使用价值评估的进行和阐释有许多需要注意的地方,其中将使用价值和非使用价值的评估结合是理解一些资源管理问题量级的关键。衡量一条河道流域的总体经济价值需要全面掌握关于其使用价值与非使用价值两方面的信息。如果一条河流的水质、径流、生物多样性价值能够得到提升,或者是良好的维持,那么基于河流而开展的游憩活动具有给地方社区带来巨大经济效应的潜质。这些价值既有可能源于对河道的直接使用,也可能源于对河道的间接使用。在国际背景下有许多关于使用与非使用游憩价值的研究。

吉布斯和康纳(Gibbs 和 Conner, 1973)评估了佛罗里达州基西米河流域的使用价值与非使用价值。河流使用价值源于水游憩活动,包括垂钓、滑水、游船和游泳。研究调查了两种最典型的游憩活动:滨湖房产持有者的游憩活动以及旅游者的游憩活动。基西米河流域游憩活动的总使用价值估算值为 2920 万美元。非使用价值是基西米河流域游憩与审美价值,通过滨河房产将其资本化估算,估算值为 700 万美元。

桑德斯等(Sanders 等,1990)研究发现每年保护科罗拉多州 15 条河流的总价值是 12 000 万美元。在此之中,仅有 1/5 左右的价值与游憩的使用收益有关,其他 4/5 则是非使用收益。道格拉斯和泰勒(Douglas 和 Taylor,1998)评估了美国加利福尼亚州北部的垂尼蒂坝的生态影响,包括垂尼蒂河径流的减少以及大坝建设对于与河流相关游憩活动的负面影响。Douglas 和 Taylor 通过条件价值法和旅行费用法提高垂尼蒂河径流对于垂尼蒂河至太平洋沿岸房屋所有者的非市场价值。条件价值法用以评估对于实现一个近乎纯净的水质与良好垂钓区的支付意愿。而旅游费用法用以现阶段恢复河道与水源质量的效益价值。通过条件价值法技术测算出房屋所有者对于河道恢复的年支付意愿介于 1700 万美元与 4200 万美元之间,旅游价值法评估价值为每年 40 600 万美元。

在科罗拉多州丹佛市受损的普拉特流域,卢米斯等(Loomis 等,2000)测算了恢复生态系统服务功能的总体经济价值。被测算的生态效益包括稀释污水、控制侵蚀、净化水源以及改善湿地质量。通过条件价值法的计算,Loomis 和同事评估恢复普拉特流域生态系统服务功能的总体经济价值介于 1900 万美元与 7000 元美元之间。

最近,在南非克鲁格国家公园的鳄鱼河流域,图尔派和朱伯特(Turpie 和 Joubert,2004)测算了鳄鱼河流域旅游产业的价值,以及河流水位变化对于旅游产业价值的影响。现阶段旅游产业价值的计算包括通过旅游者在旅游地支出产生的直接税收、旅游者在旅游地和旅游地以外支出产生的经济贡献,以及通过消费盈余产生的游憩价值。通过联合或有评估法与联合评估法评估得出,通过在旅游地支出获得的克鲁格国家公园旅游产业价值约为 2050 万澳元,经济贡献约为 4000 元澳元,消费盈余约为 15 000 万澳元。[④]Turpie 与 Joubert 在文中指出,如果河流完全退化了,接近 30% 的旅游产业将会流失。

　　通过对相关文献的梳理,我们可以发现旅游与游憩产业作为水资源利用方式的巨大价值,以及为诸多水资源分享提案提供了研究背景。在墨累－达令河流域的研究也揭示了旅游与游憩这些产业常被忽视的价值。

三、墨累－达令河流域价值评估相关研究总结

　　为了识别关于墨累河流域价值相关问题理解的知识缺口。表3.1总结了关于墨累－达令河流域旅游产业、游憩产业、自然资产使用价值与非使用价值相关的研究。这些研究包括文献综述、地区经济模型、享乐定价模型、旅游成本模型以及陈述偏好模型。

　　文献综述是我们开启关于墨累－达令河流域价值评估研究的基础。哈索尔和吉莱斯皮(Hassall和Gillespie,2004)通过对墨累－达令河流域健康河道使用价值的文献的梳理,评估出这一流域使用价值为16.2亿澳元。

　　尽管有许多关于由环境引水导致的水位变化对于旅游产业影响的研究,却很少有关于水质和环境状况改善对于旅游发展的影响程度的研究。迪亚克(Dyack)与他的同事开展了一项研究关注了在墨累河流域,当生态流量为125 250升和500兆升时,由此导致的旅游地景观改善对于地区价值增长的潜力。通过墨累－达令河流域大部分地区供给与需求增长的简单假设,尽管由于环境调水导致了地区GDP的部分下降,但是这种损失可以通过旅游产业的发展得到弥补。

表3.1　墨累－达令河流域内部与外部研究汇总

研究者	技术	样本	研究地	估算价值(研究年份,澳元)
Sinden (1990)	旅游成本法	24个地点的休闲者	维多利亚州的欧文与金流域	一日游22澳元 宿营37澳元
Cater (1992)	旅游成本法	新南威尔士州,维多利亚州,澳大利亚首都领地家庭	新南威尔士州的东南部森林,维多利亚州的东吉普斯兰	每个旅游者8.90澳元 每个人43.50澳元
Stone (1992)	条件价值法	维多利亚州城市与乡村地区	维多利亚州,巴尔马	每人30澳元
Baker和Pierce (1998)	条件价值法	阿德莱德,墨累河	墨累河	非垂钓者43澳元(对本地鱼量增长一倍的支付意愿) 垂钓者159澳元(对本地鱼量增长一倍的支付意愿)

续表

研究者	技术	样本	研究地	估算价值(研究年份,澳元)
Bennett 等(1998)	条件价值法	新南威尔士州家庭	南澳大利亚州,蒂利沼泽	为避免损害每个家庭 130 澳元
		南澳大利亚州家庭	蒂利沼泽和库隆	为避免损害每个家庭 200 澳元
Morrison 等(1999)	选择模型	悉尼家庭	麦夸里沼泽,新南威尔士州	支持灌溉相关职业 0.13~1.14 澳元 每公顷湿地地区 0.04~0.05 澳元 增加每一年鸟类繁育频率 21.82~24.62 澳元 每种濒危动物与保护动物 4.04~4.1 澳元
Bennett 和 Whitten(2000)	条件价值法	当地居民	戈尔戈尔湖与戈尔戈尔沼泽	每个家庭为防止盐度提升的损害的支付意愿 9.93 澳元 有旅游意愿的个体每人 20 澳元
Whitten 和 Bennett(2001)	选择模型	堪培拉,沃加,格里菲斯,阿德雷德	马兰比季河,新南威尔士州	每 1000 公顷湿地 11.39 澳元 每 1% 的本地鸟类 0.55 澳元 每增加 1% 的本地鱼类数量 0.34 澳元 防止一个农民离开 5.73 澳元
Morrison(2002)	选择模型	麦考瑞山谷家庭	麦考瑞沼泽,新南威尔士州	额外的每 100km² 3.63 澳元 鸟类每一年繁育的频率 8.98 澳元 额外的每种濒危水鸟保护 5.23 澳元
Morrison 等(2002)	选择模型	悉尼,新南威尔士州	麦考瑞沼泽	支持灌溉相关职业 0.107 澳元 每公顷湿地地区 0.034 澳元 增加每一年鸟类繁育频率 24.15 澳元 每种濒危动物与保护动物 4.27 澳元
		悉尼,新南威尔士州	圭迪尔湿地,新南威尔士州	支持灌溉相关职业 0.218 澳元 每公顷湿地地区 0.039 澳元 增加每一年鸟类繁育频率 9.81 澳元 每种濒危动物与保护动物 3.21 澳元
		莫里,新南威尔士州	圭迪尔湿地,新南威尔士州	支持灌溉相关职业 0 澳元 每公顷湿地地区 0 澳元 增加每一年鸟类繁育频率 15.18 澳元 每种濒危动物与保护动物 3.86 澳元

研究者	技术	样本	研究地	估算价值（研究年份，澳元）
Morrison 和 Bennett （2004）	选择模型	5 个流域内样本	流域内样本	
			比加河	每 1% 的河道覆盖健康的植被 2.33 澳元 鱼类品种数量 7.23 澳元 适宜垂钓 100.98 澳元 适宜游泳 51.33 澳元 每个物种 0.88 澳元
			克拉伦斯河	每 1% 的河道覆盖健康的植被 2.07 澳元 鱼类品种数量 0 澳元 适宜垂钓 72.77 澳元 适宜游泳 46.63 澳元 每个物种 1.92 澳元
			乔治斯河	每 1% 的河道覆盖健康的植被 1.51 澳元 鱼类品种数量 0 澳元 适宜垂钓 73.88 澳元 适宜游泳 45.26 澳元 每个物种 0 澳元
			马兰比季河	每 1% 的河道覆盖健康的植被 1.98 澳元 鱼类品种数量 3.51 澳元 适宜垂钓 59.98 澳元 适宜游泳 29.93 澳元 每个物种 0 澳元
			圭迪尔河	每 1% 的河道覆盖健康的植被 2.15 澳元 鱼类品种数量 4.05 澳元 适宜垂钓 86.46 澳元 适宜游泳 28.75 澳元 每个物种 1.79 澳元
		2 个流域外样本	流域外样本	
			马兰比季河	每 1% 的河道覆盖健康的植被 1.98 澳元 鱼类品种数量 3.51 澳元 适宜垂钓 59.98 澳元 适宜游泳 29.93 澳元 每个物种 0 澳元
			圭迪尔河	每 1% 的河道覆盖健康的植被 2.15 澳元 鱼类品种数量 4.05 澳元 适宜垂钓 86.46 澳元 适宜游泳 28.75 澳元 每个物种 1.79 澳元

续表

研究者	技术	样本	研究地	估算价值(研究年份,澳元)
Bennnett 等(2008)	选择模型	古尔本河	流域内	增加 % 的鱼类品种 4.39 澳元 增加 % 的沿河植被 3.56 澳元 增加 % 的本地鸟类和动物 3.90 澳元 增加 % 的河道直接接触适宜性 2.12 澳元
			流域外乡村地区	增加 % 的鱼类品种 5.56 澳元 增加 % 的沿河植被 4.65 澳元 增加 % 的本地鸟类和动物 3.04 澳元 增加 % 的河道直接接触适宜性 0 澳元
			墨尔本	增加 % 的鱼类品种 4.47 澳元 增加 % 的沿河植被 5.53 澳元 增加 % 的本地鸟类和动物 3.35 澳元 增加 % 的河道直接接触适宜性 1.64 澳元
Crase 与 Gillespie (2008)	旅游成本法	乘船游客	休姆湖,新南威尔士州	每年将游憩产业效益从 50% 提升至接近 100%,130 万澳元
Hatton MacDon-ald 等 (in press)	选择模型	新南威尔士州	墨累河与库隆,墨累 - 达令河流域	一年内水鸟频率增加 13.64 澳元 本地鱼类数量增加 1%,2.50 澳元 健康植被数量增加 1%,2.88 澳元 改善库隆水鸟栖息地 146.48 澳元
		澳大利亚首都领地		一年内水鸟频率增加 15.99 澳元 本地鱼类数量增加 1%,3.58 澳元 健康植被数量增加 1%,4.42 澳元 改善库隆水鸟栖息地 198.25 澳元
		维多利亚州		一年内水鸟频率增加 12.00 澳元 本地鱼类数量增加 1%,2.28 澳元 健康植被数量增加 1%,2.87 澳元 改善库隆水鸟栖息地 126.63 澳元
		南澳大利亚州		一年内水鸟频率增加 15.96 澳元 本地鱼类数量增加 1%,2.15 澳元 健康植被数量增加 1%,3.88 澳元 改善库隆水鸟栖息地 169.188 澳元
		澳大利亚其他地区		一年内水鸟频率增加 18.64 澳元 本地鱼类数量增加 1%,1.71 澳元 健康植被数量增加 1%,3.31 澳元 改善库隆水鸟栖息地 187.09 澳元
Rolfe 和 Dyack (2010)	旅行成本模型条件行为法	景点游憩	库隆,南澳大利亚州	每个成年人游玩一天 111 澳元 增加 1% 可达性的支付意愿 17.20 澳元

研究者	技术	样本	研究地	估算价值(研究年份,澳元)
Dyack 等(2007)	旅行成本模型	景点游憩	维多利亚州,巴尔马森林	每个成年人游玩一天 149 澳元
墨累-达令河流域以外				
Whitten 和 Bennett(2001)	选择模型	阿德来德,南澳大利亚州纳拉库特,南澳大利亚州堪培拉,澳大利亚首都领地	上东南区,南澳大利亚州	每 1,000 公顷湿地地区每户 0 澳元 每 1,000 公顷残余植被每户 0.92 澳元 每个品种 4.81 澳元 猎鸭 0 澳元(平均每 1000)
Whitten 和 Bennett(2005b)	生产者盈余估算		上东南区,南澳大利亚州	新的或者扩展的湿地用途价值: 农家乐 128 000 澳元 专项旅游 206 000 澳元 小度假村 168 000 澳元 露营 1000 澳元 自助游 18 000 澳元
Whitten 和 Bennett(2005a)	旅行成本法	猎鸭者	上东南区,南澳大利亚州	每个旅游者 47.73 澳元 湿地与原始射击的价值 238 000 澳元
Rolfe 和 Windle(2006)	选择模型	布里斯班	康达迈恩河,昆士兰	1% 的泛滥平原健康植被 2.75 澳元 增加 1 千米的健康河道 0.08 澳元 增加 % 的保护原住民文化遗产 1.833 澳元 增加 % 的未分配水源 3.42 澳元
Rolfe 和 Prayaga(2007)	条件价值法旅行成本法	3 处昆士兰大坝的垂钓者	彼得森大坝,Boondooma 大坝,Fairbairn 大坝,昆士兰	改善 20% 垂钓体验的支付意愿: Bjelke-Petersen 大坝 19.02 澳元 Boondooma 大坝 43.03 澳元 Fairbairn 大坝 36.45 澳元 正常旅游者的区域旅游成本模型: 每人到 Bjelke-Petersen 大坝旅行一次 59.65 澳元 每人到 Boondooma 大坝旅行一次 348.22 澳元 每人到 Fairbairn 大坝旅行一次 904.40 澳元

研究者	技术	样本	研究地	估算价值(研究年份,澳元)
Zander 等（2010）	选择模型	澳大利亚南北部混合样本	彼得森河,戴利河,米切尔河	中等面积的状况良好的泛滥平原 54 澳元 大面积的状况良好的泛滥平原 124 澳元 三星级垂钓 74 澳元 四星级垂钓 126 澳元 对于原住民至关重要的状态良好的水潭 162 澳元 对于原住民至关重要的状态优秀的水潭 238 澳元 从灌溉农业中获得的低收入 96 澳元 从灌溉农业中获得的中等收入 35 澳元
Morrison 和 Hatton MacDonald（2011）	补偿性预算	南澳大利亚州	上东南区,南澳大利亚州	每公顷湿地 1098 澳元 每公顷草地森林 1228 澳元 每公顷灌木丛林地 1080 澳元
Hatton MacDonald 和 Morrison（2010）	选择模型	南澳大利亚州	上东南区,南澳大利亚州	每公顷湿地 1529 澳元 每公顷草地森林 1129 澳元 每公顷灌木丛林地 810 澳元

　　在分析中,通过环境调水,南威尔士州的墨累河统计部门以及维多利亚州的欧文-墨累统计部门遭受了最小程度的地区收入下降。在这些地区,如果农业收入下降了,那么旅游产业将是最有潜力弥补下降损失的产业。当然也有相反的情况,比如维多利亚州的马里统计部门与古尔本统计部门,以及南澳大利亚州的墨累土地统计部门统计发现,该地区因生态调水和环境修复遭受了最大程度的经济损失。为了拓展这项研究,我们需要了解更多关于地区经济、水文学、环境产出之间相互关系的信息。这项信息应包括降水、利用、生态用水、水库储备,以及地区经济的跨时期关系。

　　最新的关于墨累-达令河流域内部与外部的旅行费用法研究证实了游憩产业的价值差异很大,同一游憩用途在不同区域的价值千差万别。这在很大程度上取决于潜在的可替代游憩经历。罗尔夫和普拉亚格(Rolfe 和 Prayage,2007)评估了昆士兰墨累-达令河流域外部三处淡水大坝的年价值,研究发现 Bjelke-Petersen 大坝为 90 万澳元,Boondooma 大坝为 320 万澳元,Fairbairn 大坝为 450 万澳元。Bjelke-Petersen 大坝的年价值较低很大程度上是由于诸如 Boondooma 等潜在的可替代物造成的。迪亚克等(Dyack 等,2007)估算的库隆的年游憩价值为 5700 万澳元,巴尔马-彼得森的年游憩价值为 1300 万澳元。两地年游憩价值差异主要源自年游客量预期的差异,因为在这两个地区每个成年游客每次旅行成本是相同的。

　　根据哈萨尔和吉莱斯皮（Hassall 和 Gillespie，2003）研究发现，使用价值的最主要组成部分是自然资产的宜居价值。霍华德（Howard，2008）概述了与提高生活质量相关的内陆退休移民，以及与游憩价值相关的泛舟现象逐渐频繁。塔普苏旺等（Tapsuwan 等，2010）分析说明了宜居房产价值的增长已经超过了单纯的自然便利设施价值的增长。都市人口"归去来兮"，向农村迁移的趋势日趋明显，这种趋势被称之为"绿色变化"，基于城市人口向乡村迁徙、以寻求更为舒适惬意的生活方式的基本理念。如果事实如此，那么对于诸如内陆码头、国家公园，以及乡村湿地等生态便利设施的需求将大幅提升。需求的增加无疑会对乡村周边土地价格产生影响。Tapsuwan 和同事利用享乐价值法估算了南澳大利亚州墨累－达令河流域 2006 年到 2008 年期间乡村房产的价格。这项研究精确地估算了诸如自然保护区公园、河流、湖泊、湿地等自然便利设施对于房产价格的影响。研究发现房产到最近的自然公园等自然便利设施边缘的临近性，以及公园的面积等变量对于房产价格有很大影响。然而，一个公园"游憩吸引力"的等级也被证实是房产价格一项重要的潜在影响因素。对于自然便利设施游憩吸引力的衡量主要是基于其提供的游憩设施和游憩活动，比如说信息中心、卫生间、停车场、野餐及烧烤设备，以及露营、垂钓和泛舟设施。这项分析显示传统用于享乐估计法的解释变量，例如自然便利设施的距离，以及自然便利设施的面积，并不总是房产价值唯一性的预估指标。总而言之，这强调了旅游产业、游憩产业、自然环境质量的相互依存性在价值体系中的重要性。

　　澳大利亚联邦科学与工业组织正在进行的一项调查项目权衡了墨累河上下游之间的环境效益。研究表明了被访者愿意支付相当高的金额用于提升墨累河和库隆的水质。哈顿·麦克唐纳（Hatton MacDonald）的近期研究对于环境价值的估算高于之前学者在这一地区调查获得的估算值（比如说 Morrison 等，1999；Morrison 和 Bennett，2004）。总而言之，这说明了随着时代的发展，人们对于恢复河道生态健康的倾向也不断提升。

四、结论

　　旅游产业、游憩产业、适宜性的价值以及非使用价值至关重要，并会随着时代的发展不断提升。对于这些价值的了解将对政策的制定提供可以参考的信息，特别是如果水资源管理者试图在社会经济产出与生态效益之间择优选择。表 3.1 中总结的各种价值管中窥豹地揭示了方法应用与资产研究。例如说，对于中大规模有象征性意义资产的陈述偏好研究占绝大多数。在这一流域进行显示偏好研究寥寥无几。在 24 项非市场价值研究中，仅有 6 项用到了条件价值法，其中，仅有 1 项享乐定价研究。显然，显示偏好法在这一领域的应用还没有得到充分发挥。

就像在之前章节中提到的,在我们将这些价值应用到墨累－达令河流域水经济学建模,并依据这些价值对水资源的多种可选择的使用方式进行择优选择之前,一个重要的步骤就是厘清在消耗性效益与非消耗性效益之间权衡的本质,这是在河流规范与更自然的河道之间权衡的结果。此外,对于墨累－达令河流域系统下游主要环境资产,与系统上游环境资产、便利设施、游憩活动之间的权衡仍然较少涉及。

总而言之,对于价值空间属性的研究是有所欠缺的。澳大利亚所有的家庭似乎对墨累河的非使用价值有支付意愿,但是这些价值将因家庭的位置而有所不同。对于居住在墨累河附近的居民来说,与那些远离墨累河的家庭相比,他们通常具有更高的使用价值,但是我们同样不能忽略选择价值具有重叠的潜质。尽管在一个水资源有限的国度,对于游憩产业价值的评估困难重重,我们回顾霍华德(Howard,2008)的倡议,为了制定更科学高效的水资源管理决策,现在正是相关机构提高其对于使用价值与非使用价值评估、理解与融合能力的大好时机。

注释

①作为对比,森林研究的经验表明,将游憩价值纳入总体经济价值将改变资源的管理方式(Pearce 等,2003;van Kooten 与 Bulte,1999)。贝克和皮尔斯(Baker 和 Pierce,1997)证实了河流鱼类储备的网络社会价值远远超越了其市场价值 50 倍。

②例如说,沃德等(Ward 等,1996)阐释了由于干旱引发的河流水位下降对于游憩产业价值的影响。卢米斯和理查森(Loomis 和 Richardson,2001)说明了与自然环境保护相关的经济价值,特别是在美国的荒野地区,包括游憩产业效益、积极的使用效益以及补偿效益(比如说荒野地区房产价格的上涨)。

③1 澳元 =0.9978 美元,2011 年 1 月汇率。

④图中相关数据由南非货币(ZAR)转换而来,使用的是 2010 年 9 月份南非货币与澳大利亚货币的汇率,1 南非货币 =0.15 澳元。

参考文献

1. ABS (Australian Bureau of Statistics). 2009. *Australian National Accounts: Tourism Satellite Accounts*. cat. 5249.0. Canberra: Australian Government Publishing Service.

2. Andreoni,J. 1990. Impure altruism and donations to public goods: A theory of warm-glow giving. *Economic Journal* 100: 464-477.

3. Baker, D., and B. Pierce. 1997. Does fisheries management reflect societal values? Contingent valuation evidence for the River Murray. *Fisheries Management and*

Ecology 4: 1-15.

4.　Bateman, I., R. Carson, B. Day, M. Hanemann, N. Hanley, T. Hett, M.Jones-Lee, G. Loomes, S. Mourato, E. Özdemiroglu, D. Pearce, R. Sugden, and J. Swanson. 2002. *Economic Valuation with Stated Preference Techniques: A Manual.* Northampton, MA: Edward Elgar.

5.　Bennett,J., R. Durnsday, G. Howell, C. Lloyd, N. Sturgess, and L. Van Raalte. 2008. The economic value ofimproved environmental health in Victorian rivers. *Australasian Journal of Environmental Management* 15: 138-148.

6.　Bennett,J., M. Morrison, and R. Blamey. 1998. Testing the validity of responses to contingent valuation questioning. *Australian Journal of Agricultural and Resource Economics* 42: 131-148.

7.　Bennett,J., and S. Whitten. 2000. *The Economic Value of Conserving/Enhanang Gol Gol Lake and Gol Gol Swamp. A Consultancy Report.* Canberra: Gol Gol Community Reference Group.

8.　Boyd,J. 2007. Nonmarket benefits of nature: What should be counted in green GDP? *Ecological Economics* 61: 716-723.

9.　Carter, M. 1992. The use ofthe contingent valuation in the valuation of national estate forests in south-east Australia, in *Valuing Natural Areas: Applications afid Problems of the Contingent Valuation Method*, edited by M. Lockwood and T. De Lacy. Albury: Charles Sturt University, Johnstone Centre of Parks, Recreation and Heritage, 17-29.

10.　Costanza, R., R. D'arge, R. De Groot, S. Farber, M. Grasso, B. Hannon, K. Limburg, S. Naeem, R. O'Neill,J. Paruelo, R. Raskin, P. Sutton, and M. van den Belt. 1997. The value of the world's ecosystem services and natural capital. *Nature* 387: 253-260.

11.　Crase, L., and R. Gillespie. 2008. The impact of water quality and water level on the recreation values of Lake Hume. *Australasian Journal of Enviromnental Management* 15: 21-29.

12.　Douglas, A., and J. Taylor. 1998. Riverine based eco-tourism: Trinity River non-market benefits estimates. *International Journal of Sustainable Development and World Ecology* 5: 136-148.

13.　Dyack, B., E. Qureshi, and G. Wittwer. 2006. *Regional impacts of environmental water flows: Case study of tourism in the Murray River Basin*, paper presented at AARES Conference, February 8-10, 2006, Sydney.

14.　Dyack, B., J. Rolfe,J. Harvey, D. O'Connell, and N. Abel. 2007. *Valuing Recreation in the Murray*. Canberra: CSIRO Water for a Healthy Country Flagship Program.

15. Gibbs, K.C., and J.R. Conner. 1973. Components of outdoor recreational values: Kissimmee River Basin, Florida. *Southern Journal of Agricultural Economics* 5: 239-244.

16. Hanley, N.,J.F. Shogren, and B. White. 2001. *Introduction to Environmental Economics*. New York: Oxford University Press.

17. Hassall and Gillespie (Hassall & Associates Pty. Ltd. and Gillespie Economics). 2003. *Tourism and Recreation Economic Impact Scoping Study: The Living Murray Initiatwe*, report prepared for the Murray-Darling Basin Commission. Sydney: Hassall & Associates Pty. Ltd.

18. Hatton MacDonald, D., and M. Morrison. 2010. Valuing habitat using habitat types. *Australasian Journal of Environmental Management* 17: 235-243.

19. Hatton MacDonald, D., M. Morrison, J. Rose, and K. Boyle. In review. Valuing a multi-state river: The case ofthe River Murray. *Australian Journal of Agricultural Resource Economics*.

20. Horridge, M.,J. Madden, and G. Wittwer. 2005. Using a highly disaggregated multi-regional single-country model to analyse the impacts of the 2002 -03 drought on Australia.*Journal of Policy Modelling* 27: 285-308.

21. Howard,J. 2008. The future of the Murray River: Amenity re-considered? *Geographical Research* 46: 291-302.

22. Kahneman, D., and J.L. Knetsch. 1992. Valuing public goods: The purchase of moral satisfaction. *Journal of Environmental Economics and Management* 22: 57-70.

23. Krutilla, J. 1967. Conservation reconsidered. *American Economic Review* 57: 777-786.

24. Loomis,J., P. Kent, L. Strang, K. Fausch, and A. Covich. 2000. Measuring the total economic value of restoring ecosystem services in an impaired river basin: Results from a contingent valuation survey. *Ecological Economics* 33: 103-117.

25. Loomis, J., and R. Richardson. 2001. Economic values of the U.S. wilderness system: Research evidence to date and questions for the future. *International Journal of Wilderness* 7:31- 34.

26. Morrison, M. 2002. Understanding local community preferences for wetland quality. *Ecological Management and Restoration* 3: 127-132.

27. Morrison, M., and J. Bennett. 2004. Valuing New South Wales rivers for use in benefit transfer. *Australian Journal of Agricultural and Resouces Economics* 48: 591-611.

28. Morrison, M.,J. Bennett, and R. Blamey. 1999. Valuing improved wetland quality using choice modelling. *Water Resources Research* 35: 2805-2814.

29. Morrison, M., J. Bennett, R. Blamey, and J. Louviere. 2002. Choice modelling and tests of benefit transfer. *American Journal of Agricultural Economics* 84: 161-170.

30. Morrison, M., and D. Hatton MacDonald. 2011. A comparison of compensating surplus and budget reallocation with opportunity costs specified. *Applied Economics*, doi:1466-4283. January 28.

31. Nunes, P.A.L.D. 2002. *The Contingent Valuation of Natural Parks: Assessrng the Warm Glow Propensity Factor*. Northampton, MA: Edward Elgar.

32. Nunes, P.A.L.D., and E. Schokkaert. 2003. Identifying the warm glow effect in contingent valuation. *Journal of Environmental Economics and Management* 45: 231-245.

33. Pearce, D., and D. Moran. 1994.*The Economic Value of Biodiversity*. London: Earthscan Publications Limited.

34. Pearce, D., F. Putz, and J. Vanclay. 2003. Sustainable forestry in the tropics: panacea or folly? *Forest Ecology and Management* 172: 229-247.

35. Rolfe,J. 2010. Valuing reductions in water extractions from groundwater basins with benefit transfer: The Great Artesian Basin in Australia. *Water Resources Research* 46, W06301. doi:10.1029/2009WR008458.

36. Rolfe,J., and B. Dyack. 2010. Valuing recreation in the Coorong, Australia, with travel cost and contingent behaviour models. *Economic Record*, doi:10.1111/j.1475-4932.2010.00683x.

37. Rolfe,J., and P. Prayaga. 2007. Estimating values for recreational fishing at freshwater dams in Queensland. *Australian Journal of .4gricultural and Resource Economics* 51: 157-174.

38. Rolfe.J., and J. Windle. 2006. Valuing Aboriginal cultural heritage across different population groups, in *Choice Modelling and the Transfer of Environmental Values*, edited by J. Rolfe and J. Bennett. Cheltenham, UK, 216-244.

39. ——. 2009. *A Systematic Databasc for Benefit Transfer of NRM Values in Queensland*, accessed February 8, 2011, from http://content.cqu.edu.au/FCWViewer/view.do?page=2598.

40. Sanders, L.D., R.G. Walsh, and J.B. Loomis. 1990. Toward empirical estimation of the total value of protecting rivers. *Water Rcsources Research* 26: 1345-1357.

41. Sinden, J.A. 1990. *Valuation of Unpriced Benefits and Costs of Rier Managment: A Revicw of the Literature and a Case Study of the Recreation Benefits in the Ovens and*

King Basin. Melbourne: Department of Conservation and Environment Victoria.

42. Stone, A. 1992. Contingent valuation of the Barmah Wetlands, Victoria, in *Valuing Natural Areas: Applications and Problems of the Contingent Valuation Method*, edited by M. Lockwood and T. De Lacy. Albury: Charles Sturt University, Johnstone Centre of Parks, Recreation and Heritage, 47-70.

43. Tapsuwan, S., D. Hatton MacDonald, and D. King. 2010. Valuing natural amenities in the South Australia Murray Darling Basin: A site recreation index approach in hedonic property pricing, paper presented at the *Fourth World Congress of Environmental and Resource Economists*, June 28-July 2, 2010, Montreal.

44. Turpie,J., and A.Joubert. 2004. Estimating potential impacts of a change in river quality on the tourism value of Kruger National Park: An application of travel cost, contingent and conjoint valuation methods. *Water SA* 27: 387-398.

45. van Kooten, C., and E. Bulte. 1999. How much primary coastal temperate rain forest should society retain? Carbon uptake, recreation, and other values. *Canadian Journal of Forest Research* 29: 1879-1890.

46. Ward, F., B. Roach, and J. Henderson. 1996. The economic value of water in recreation: Evidence from the California drought. *Water Resources Research* 32: 1075-1081,

47. Whitten, S., and J. Bennett. 2001. Non-market values of wetlands: A choice modelling study of wetlands in the Upper South East of South Australia and the Murrumbidgee River floodplain in New South Wales. *Private and Social Values of Wetlands Research Report No.* 8. Canberra: The University of New South Wales.

48. ——. 2005a. Non-market use values of wetland resources. *Managing Wetlands for Private and Social Good: Theory, Policy and Cases from Australia.* Cheltenham, UK: Edward Elgar Publishing.

49. ——. 2005b. Private value of wedants. *Managing Wetlands for Private and Soaal Good: Theory, Policy and Cases from Australia.* Cheltenham, UK: Edward Elgar Publishing.

50. Young, M., W. Proctor, and G. Wittwer. 2006. Without water: The economics of supplying water to 5 million more Australians. In *Water for a Healthy Country Flagslnp Report.* Adelaide: CSIRO.

51. Zander, K., S. Garnett, and A. Straton. 2010. Trade-offs between development, culture and conservation-willingness to pay for tropical river management among urban Australians. *Journal of Environmental Management* 91: 2519-2528.

第四章 内陆水域的旅游：生态系统服务功能与权衡

皮埃尔·霍威茨（Pierre Horwitz） 梅·凯特（May Carter）

正如本书序中提过的，澳大利亚把水资源管理的重点放在了安全饮用水以及基础生产上。然而，正如 Hone 在第二章中提到的，不断恶化的干旱形式影响了澳大利亚许多地区，造成了河道系统生态环境的严重退化。在这个环境下，与水资源相关的社会与文化价值评估问题得到了更多的重视（Pigram，2006）。这部分一定程度上表明由于水资源分配和管理的权衡引发的社会问题会不可避免地浮现出来，以及水资源管理规划需要与其他资源管理的目标相一致（Hussey 和 Dovers，2007）。为水资源在工业、饮水资源质量保护、旅游及游憩活动许可的之间的分配获得某种程度的平衡，是澳大利亚许多地区淡水资源政府管理中浮现出的一个重要课题（DERM，2007）。伴随水资源管理发展的进程，水资源分配与许可的管理实践催生了许多新的合作模式，特别是在乡村地区，以及以农业和其他基础产业为地方支持性经济产业的地区。

本章探索了关于内陆淡水资源管理、旅游及游憩发展的几个主要问题。审视了旅游、生态系统服务功能、人类福祉之间的关系，并就产业环境与旅游体验的关系进行了探讨。其中，权衡是贯穿本章的核心理念，由此提出了一个思想框架，以阐释生态效益、社会效益、经济效益之间权衡产生的原因及过程。

本章开始部分提供了关于内陆淡水系统、旅游及游憩应用的简要的背景性描述，随后从生态系统服务的多种功能视角出发，提出了关于看待旅游发展问题的提议。接下来审视了生态系统服务功能的系统性特征，引入了生态系统服务功能的一些相关概念，以及关于资源利用相关决策制定时遇到的权衡问题，引入了一个关于水资源的旅游产业利用与其他利用方式的例子。这些概念在接下来被一一细化应用：我们通过一个表格描述了吸引旅游者的各种水资源环境，由此引入体验的分类和吸引旅游者的水生态系统的各种特征。接下来的一部分中，在一系列图表的帮助下，我们阐释了这些具有吸引力的水生态系统特征和设施是如何被支持的、为哪些主体提供服务、如何从特定的一系列生态系统服务功能中突显出来，以及这些生态系统服务功能之间是如何折中的。一旦需要折中时，就要在继续吸引游客和放弃吸引游客之间权衡。我们总结了一些关于为何要识别这些权衡，以及这些权衡之间是如何取舍的评述。

一、内陆淡水资源系统与旅游和游憩产业

正如在第一章中提到的，水资源对于审美以及基于水资源的旅游和游憩产业的功能性吸引至关重要（Curtis，2003；Pigram，2006）。能饱览河流与湖泊景观的旅游设施通常被视为首先的生态环境与极受欢迎的景观和文化旅游目的地（Wahab 和 Pigram，1997）。参与到基于水资源的户外游憩与旅游活动中能够提供个人满足感和愉悦感，有益于个体身心健康。

尽管基于水资源的旅游与游憩活动是水资源主要的非消耗性使用方式，然而在澳大利亚关于水资源的旅游与游憩使用者行为或者使用趋向的数据却寥寥可数（Pigram，2006）。第十二章的主题是旅游者行为的细微差别。人们关于淡水旅游对于旅游者社会文化以及健康影响的研究相当有限，同样，水位下降对旅游产业的影响研究也屈指可数。总体来看，人们关于旅游产业、游憩产业以及自然资源可持续利用的研究尚有很大欠缺（McDonald，2009）。

一个例外是关于允许在集水区开展旅游和游憩活动对于水质潜在的破坏性作用。事实上，人们关于旅游者是否能够进入饮水水源地周边的森林进行旅游和游憩活动展开了激烈的讨论（Davison 等，2008；Gray，2008；Hughes 等，2008；Krogh 等，2009）。准入旅游和游憩活动除了有可能因饮水水源地微生物污染引发公众健康风险之外，还有可能给水源地带来消极的生态影响。这些负面生态效益包括植被践踏、土壤侵蚀、野生动物伤害、外来昆虫和疾病引入，以及火灾（Krogh 等，2009）。

人造水源同样可以用于旅游和游憩产业。20 世纪早期兴建的许多饮用水库都在其堤岸上兴建了公园和花园，为人们提供了与水资源近距离接触的游憩机会。几十年后，在珀斯、堪培拉、墨尔本，以及悉尼林地中修建的水库起到了自然屏障的作用。为了对其进行进一步的保护，一些排他政策陆续出台以防止公众进入饮用水源区以及周边的森林地区（Krogh 等，2009）。然而，公众对于开放集水区以获得进入森林地区和环境的准入许可，并因此获得参与基于水资源的或者得益于水资源的旅游和游憩活动机会的愿望给权威机构带来的压力与日俱增（Pigram，2006）。现阶段，澳大利亚不同地区旅游与游憩产业对于淡水水源地以及其集水区的准入或者禁入的规定并不一致（Hughes 等，2008；休闲前景，2009）。这些方面在第九章中会详细阐述。这个背景为研究生态系统服务功能在旅游以及其他水资源利用方式之间的协调提供了可能。

千年生态系统评估阐述了生态系统服务功能的变化对人类健康的影响，提出了为"促进生态系统保护价值、可持续价值以及提升人类福祉"行动的倡议（2005ii）。

生态系统服务功能为人类提供了生态效益以及资源。这可能包括支持功能,如形成土壤和营养循环;产品功能,如提供淡水资源和食物;调节功能,如调节大气和净化水源;以及文化功能,如游憩、审美,以及精神利益(图 4.1)。

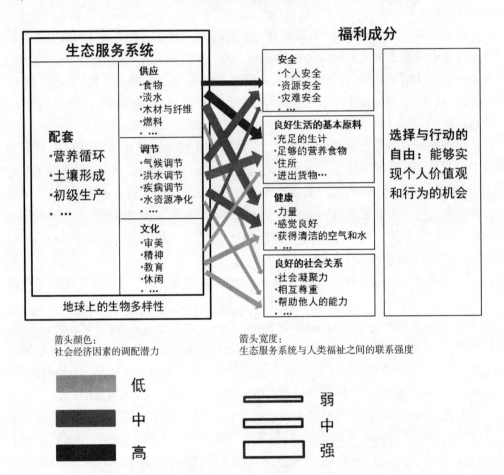

图 4.1   生态服务系统与人类福祉之间的联系关系图

资料来源:千年生态系统评估(2005)。

我们可以在千年生态系统评估中识别出 6 种生态系统的文化服务功能:文化多样性以及文化认同感、文化景观价值与文化遗产价值、精神服务、灵感(例如对于艺术与民俗)、游憩与旅游(千年生态系统评估,2005)。这些服务中的两项,文化多样性价值与文化景观、遗产价值与旅游产业有强烈的相关性及人类健康与生态系统健康之间的复杂关系值得思考(Chivian,2002;Neller,2000;Verrinder,2007;Wilcox,2001)。许多与健康相关的益处源自生态系统文化服务功能中的审美、欣赏、精神联系以及在教育和游憩活动中的参与。这些包括逃离人类文明欣赏自然、逃离责任与千篇一律的日程、创造力与自我提升、放松、社会接触与认识新朋友、寻找刺激、自我实现(自我提升与能力利用）以及挑战、成就和竞争（Ibrahim 与 Cordes，2008）。

　　接近淡水资源被定义为一项关键的生态系统服务功能，不管在目前还是在将来，对于水资源的利用现在被认为超越可持续水平（千年生态系统评估，2005）。旅游产业的发展依赖于可使用的良好水质，水资源丰富的地区具有较高的旅游吸引力（Pigram，2006）。高水平的旅游需求将导致高水平的水资源需求，因此也将导致水资源环境退化。与日俱增的旅游需求有可能会加重水资源匮乏的困境，这不仅仅将导致饮用水的减少，也有可能导致泳池、景观与高尔夫球场用水的匮乏。此外因旅游发展导致的水资源的匮乏还有可能降低旅游者对于高品质水源的期望产生一些潜在的问题，如：传统土地利用方式与社区对于有限水源供给之间出现争端和冲突、含水污染物的有限的可选回收处理方式问题、水污染以及地下水遭受污染。这些问题的全面讨论将在第十三章详细展开。

　　水资源消耗性使用方式和非消耗性使用方式之间以及消耗性使用方式和非消耗性使用方式内部的竞争，说明了生态系统服务功能使用的一些特征，一旦一些使用方式被优先考虑，就会以其他一些使用方式的忽略作为代价。即便在旅游产业内部，以及不同的旅行方式内部也始终存在权衡与协调的问题。

二、权衡、生态系统服务功能与旅游产业

　　在饱受水资源短缺困扰的地区，水资源权衡的概念已深入人心。权衡的广义概念可以理解为，当人类对于某种资源的需求超过了资源的供给，那么需要在不同的资源使用者之间协调，以决定哪些资源使用者有权利分享这一资源。为了获得这些通常情况下未明确说明的期望效益，一种效益的获得通常以另一种效益的牺牲为代价。

　　关于水资源分配和使用的权衡通常在消耗性使用（城市或者灌溉），环境使用以及旅游产业和游憩产业使用之间展开；同时也在为人类提供一系列服务的不同的土地利用方式（例如农业、森林、城市发展）以及维护生物多样性的土地利用方式之间进行择优。竞争通常在基于水资源的需求和基于陆地的需求之间展开，一项在竞争中获得了胜利，另外一项只能让步（Molden，2007）。本章对于特定利益权衡的核心范畴是生态系统备受争议的服务功能（为提升特殊的健康或者福祉水平），因为另外一系列的生态系统服务功能为了产出不同的健康与福祉收益而得到增强。一个明显的例证就是一项生产性功能（为了人类福祉从湿地地区调取水源，比方说为了农业、畜牧业以及食品生产从蓄水层抽取水源）的增强，将会以调节功能的削弱为代价（这有可能对人类健康造成负面影响，比如说因为水位下降导致的酸性硫酸盐土暴露，因此将重金属参与到食物链中，对人类健康造成直接损害）（Horwitz 等，2011）。

　　罗德里格斯等（Rodriguez 等，2006）沿三个轴线对生态系统服务功能的权衡进行

分类:空间维度,为了考察样品距离生态系统的远近对权衡影响的感知程度;时间维度,生态系统服务功能的权衡发生影响的是快还是慢;可逆性程度,如果管理者优先考虑其他的生态系统服务功能,那么某项生态系统服务功能会丧失或者可能返回到最初状态。在社会生态系统中,权衡是不可避免的,不同事件的复杂的模式将导致良性的循环(社会效益强化决策制定,因此会形成持续的良性社会效益)或者恶性循环(决策的制定使社会生态系统状况恶化,决策制定因此得到强化)。如果消极的反馈被忽略或者交易,一个良性的循环系统最终也将走向恶性循环。霍林和梅菲(Holling and Meffe,1996)最初提出的"自然资源管理病理学"就是一个很好的例子,自然资源相关政策的制定和发展最初获得了积极的效益,然而随着政策制定者和管理者更加注重效率,相关政策制定和资源利用也得到强化。通过这些强化举措,政策制定者和管理者变得急功近利又一叶障目,忽略了表征经济系统对此产生依赖性的信号,生态系统服务功能日益衰竭,生态系统变得更加脆弱,因此公众对于政策制定者和管理者的信心也消失殆尽,资源的崩溃或者其他的危机终将发生。一个良性循环的系统是否会走向恶性循环的道路主要取决于政策制定者和管理者是否有能力识别这些警示性信号,并对此做出正确的回应。这种能力并非能通过简单的程序化获得,而是需要灵活适宜的意识与反馈方法。

　　生态系统服务功能的权衡是一个复杂而审慎的问题,但是政策制定者与管理者却很少能全面地审视生态系统服务功能,也没有做出明智的抉择。生态系统服务功能之间存在着系统化的联系,没有任何一项生态系统服务功能是孤立存在的,并且它们之间的关系纷繁复杂,很少呈现出直接的线性相关性(Rodriguez 等,2006)。

　　埃塞克斯(Essex 等,2004)提出了关于在生态系统服务功能与旅游产业发展结合状态下的权衡机制的例证。西班牙马略卡岛度假村水资源供给问题意味着,为了维持旅游业发展水平,需要在经济、生态、社会效益之间进行权衡。西班牙马略卡岛气候温暖降水稀少,是典型的地中海大众旅游地,每年旺季吸引 550 万游客。这些自然环境状况导致了水资源困乏问题。与当地居民相比,游客较高的平均用水量又加剧了这一问题的复杂性。20 世纪 90 年代,水资源从西班牙进口,由于高昂的进口成本,和水源地埃布罗河谷居民的反对,这一水资源进口计划在后期夭折了。因为随后对埃布罗河谷湿地造成了环境损害,当地居民反对从自己的水源供给中取水。2001 年开始向游客征收"生态税"用于环境保护和修复。此外,当地还安装了海水淡化装置,改进了水资源管理政策,尤其是用于灌溉和高尔夫球场的废水回收利用政策,以及水资源计量、审计以及公众节水意识教育活动,从而在一定程度上缓解了马略卡岛旅游产业发展导致的相关水资源问题。尽管如此,还是有诸多隐患存在,比如从蓄水层持续的过度抽水导致海水入侵以及盐水对地表水源造成污染(Essex 等,2004)。对于此类事件的解读就是,以牺牲生态系统某些服务功能为代价而获取生态系统的某项服务功能,为了保持固定的游客量从而导致了恶性循环。

为了避免这样的情形再次出现,在旅游地规划的初期阶段,把旅游设施与服务发展相关的可用水量列入考虑势在必行(Pigram,2006);实施战略要强调经济、社会以及生态的可持续性(Essex等,2004);设计科学合理的生态环境信号检测调控能力(Holling和Meffe,1996)。为了科学系统地研究生态系统服务功能的系统性本质,以及生态系统服务功能之间的权衡,我们要做的第一步就是考虑吸引游客的水环境的多样性,以及在这些形形色色的背景之中,旅游者渴望从水生态系统服务功能中获得怎样的经历。这两种都将有助于识别旅游产业发展需要的生态系统服务功能。

三、环境与旅游者体验

淡水系统的旅游业发展会在许多方面对水质产生影响。保护水资源、防止因资源过度开发导致的生态损害是淡水旅游发展的题中之义。我们成立了一些保护区,或者对人类环境的干涉进行了种种限制,这些措施能在一定程度上维持生态系统某些方面的健康,然而,这些禁止准入政策会对当地社区造成许多意想不到的负面影响,比如说剥夺了当地人获取某种地方食品,以及对于社区来说具有重要社会文化价值的地点的权力(千年生态系统评估,2005)。

控制集水区准入或者为了减少河道侵蚀巩固堤岸、改善生态系统退化等介入措施,对于不同的旅游地来讲有可能会提高旅游吸引力,但也有可能削减旅游吸引力。对于一些旅游者来说,生态损害以及人类干涉造成的生态环境变化将持续地削减他们追求的旅游体验。然而对于另一些旅游者而言,旅游服务与旅游设施的建设将降低他们进入自然环境中感知到的风险,从而提高他们的旅游体验。

为了更好地对旅游地进行管理,一些水资源管理者已经将分类系统投入使用,这个分类系统能够评估景观外貌,对景观从未开发到已开发进行分类,以及评估旅游设施的完善程度(DERM,2007)。环境分类系统的设计是为了评估特定地区游憩机会的多样性和发展程度。我们已经得知,不同的旅游者对于特定旅游环境的旅游期望有所不同,不同的旅游者追求的旅游经历也不尽相同。确实,人各有所好,不同的环境会吸引不同的客源群体。

表4.1展现了不同的产业环境,从未开发到已开发;在不同的环境中旅游者的活动也大相径庭;旅游者的旅游期望与旅游设施和社会互动相关。此外,表4.1还描述了在各个环境背景下水生态系统特征对于旅游者的吸引力。

水生态系统的旅游经验受景观质量的影响,此外,很大程度上也取决于旅游地视觉、嗅觉、听觉以及触觉的多元感官影响,对追求自然体验与生态旅游体验的旅游者来说更是如此(Pigram,2006)。水资源质量、透明度以及温度的变化会因水位下降、水源变色或者浑浊对视觉审美造成影响。河岸植被的退化会影响沿岸景观,河道的侵蚀会对景点的可达性造成不利影响。水温的增加可能会使游泳运动变得更为舒适,然而水草、蓝藻的滋生,以及异味的蔓延对水质会造成毁灭性的破坏。野生动物的存在对于旅游产业的发展和旅游者的旅游体验来说同样是有利有弊,这主要取决于野生动物被定义为对人有吸引力的(比方说鸟类、小型哺乳动物)还是令人厌恶的(比如说蚊虫)。在另一层面来看,水量与水质的变化同样会对游憩活动的参与造成阻碍,特别是对乘船、泛舟、滑水、游泳等水上活动有较大影响(Hadwen 等,2008a、2008b)。从上述例证中我们可以总结得出,每一项旅游体验和水生态系统特征对于某种或者某几种生态系统服务功能来说都是各有利弊的。表 4.2 列举了水生态系统服务功能以及它们的文化、产品、调节或者支持属性;与旅游业的关系,以及湿地生态系统中与水资源特征的联系(表 4.3a),生物多样性(表 4.3b),以及旅游设施(表4.3c)。

表 4.1　旅游与游憩活动:水生态系统服务功能的产业环境

发展程度	未开发								已开发
	1	2	3	4	5	6	7	8	9
产业环境	野外及偏远地区	人迹罕至的访问受限地区	道路状态不佳的偏远营地	机动车道基本建成	有空白区的建成车道	完善的宿营地	公园、野餐庇护所	被旅游设施深度改进	城市、工业化的,没有游憩便利设施
游客活动	户外远足或者宿营,游泳,乘筏漂流,戏水,亲近自然			丛林徒步旅行,四轮驱动,戏水,小型游船以及垂钓,过夜宿营		过夜或者长期露营,乘船和垂钓,休闲漫步,登山远足,野餐,观光		游憩与/或者文化吸引物	
旅游设施及社会期望	可达性有限,疏离感,期待新的旅游设施和便利设施			交通可达性,期待遇见其他旅游者,有限的旅游设施和便利设施		容易到达,期待遇见其他旅游者,支持游憩活动的基础设施		容易到达,许多旅游者,完善的基础设施	

续表

发展程度	未开发								已开发
	1	2	3	4	5	6	7	8	9
吸引旅游者的水生态系统特征（见表4.3）	高度吸引 水质(可饮用水),清洁度(清洁),水温(季节性相关),景观,优质水质(淡水);无有毒物质和病原体(或者人类污染的迹象);河道植被,当地特有的动植物			高度吸引 水质(可饮用水),清洁度(清洁),水温(季节性相关),景观,优质水质(无异味),无有毒物质和病原体,挺水植物,浮水植物,河岸植被,当地特有的动植物,游憩垂钓(本地或者外来品种)		高度吸引 水温(季节性相关),景观,优质水质(无异味),无有毒物质和病原体,水体可达性(距离短,安全性高);路基基础设施(水源、洗手间、庇护所);其他旅游者,游憩垂钓(本地或者外来品种)		高度吸引 清洁度(清洁),景观,水质(无异味),无有毒物质和病原体,水体中没有树桩,水体可达性(距离短,安全性高),路基基础设施(水源、洗手间、庇护所),其他旅游者	
	有吸引力的却不是必须的;游憩垂钓(本地品种)			有吸引力的却不是必须的;水体可达性(距离短,安全性高)		有吸引力的却不是必须的;水质(可饮用水),清洁度(清洁),挺水植物,浮水植物,河岸植被,当地特有的动植物			

表4.2　水生态系统服务功能列表

生态系统服务功能	水资源特征(4.3a)	生物多样性(4.3b)	旅游设施(4.3c)
文化功能			
科学教育价值		●	
文化遗产和文化认同		●	
时代文化意义		●	●
审美与地方感价值	●	●	●
精神、灵感与宗教价值	●	●	●
水运动与游憩			
保护功能			
饮用水(人类或牲畜)	●		
工业用水	●		
人类食品		●	
其他资源与产品,包括基因材料		●	
调节功能			
地下水补给	●	●	
水质净化/污水稀释或处理	●	●	
病虫害生物控制机构		●	

续表

生态系统服务功能	水资源特征(4.3a)	生物多样性(4.3b)	旅游设施(4.3c)
洪水控制,洪水储存	●	●	
海岸线及河岸稳定及防风	●	●	●
其他水文学服务		●	
地方气候调节,气候变化缓冲	●	●	
碳储存与隔离		●	
生物化学过程的水文维护	●	●	
支持功能		●	
营养循环	●	●	
基础产品		●	
沉积物沉淀,稳定与土壤形成	●	●	

表 4.3a　与旅游产业相关的湿地生态系统水资源特征

水生态系统特征	特征改变过程(服务折中)	旅游体验与水特征改变关系	生态系统服务功能权衡
水			
无有毒物质	增加的有机碳溶解、沉积、集水区干扰导致的营养物	从净水大型植物主导向浑水浮游生物主导的变化潜质。如果伴随营养物或者河岸衰退,有可能因健康隐患认知提升风险认知	为了增强文化功能,出现了以牺牲支持和调节功能为代价的资源过度使用或者不当使用的情况;这可能在资源再分配过程中出现;用水质(调节功能)交换可达性(文化功能)
清洁度(净水)	超过同化和调节能力的释放,生物化学过程的改变导致有毒物质释放		
水质(无异味)	水量减少导致的干旱,早期厌氧生物沉淀	审美价值和吸引力下降导致旅游与游憩机会减少,特别是游泳者减少	这些权衡的后果有可能无法避免地导致文化功能本身的削弱,以至于游客转移(一个旅游目的地被另一个所取代,过程可能会一直重复下去)
水量(消费性可用水)	富营养化(营养传递和过度供应);因干旱和过度抽水导致的水源缺乏	水源匮乏导致旅游设施不可用,有可能导致基础设施向水景观较好的地区转移	
温度(季节性/季节相关)	沉积物传递——从亲水接触点和轨迹开始侵蚀,衰退的大型植物或者海藻滨河沉积物	滨河植被和阴影转移将增加水温,增加水相关活动的吸引力	如果水资源被过度抽取,产品功能将增强,而文化功能将会削弱
景观	上游水量过多(洪水控制/储存功能妥协)		调节功能之间会发生转换,一些功能以另外一些功能的削弱为代价得以增强,这将导致生态系统特征发生变化,一些特殊的生态系统状态被优先考虑

表 4.3b 旅游产业相关的水生态系统及湿地生态系统生物多样性特征

水生态系统特征	特征改变过程（服务折中）	旅游体验与水特征改变关系	生态系统服务功能权衡
		生物多样性	
缺乏带菌及水性病原体	滨水区域结构和功能转变，大型倒木移除	观鸟者和游憩垂钓者对水生植被（栖息地）和大型倒木以及相关栖息地的丧失出现消极反馈	权衡是多方向的，有特定背景的，在不同的生物多样性消费性与非消费性用途中产生
挺水植物、overhanging vegetation 以及滨水林荫	旅游者与资源管理者的 desnagging 活动	旅游者可能会对 desnagging 行为和水生植被的移除产生积极反馈，特别是当他们想参与到水活动中时	水栖息地和物种被人为的操纵以增加文化服务功能，一些调节功能（蓄洪，贮存土壤、沉积物和营养）相应增加，而其他功能作为代价被削弱了（水净化／水处理；物种营养互动）
	为了适应特殊形式旅游而产生的水栖息地变化		
水中树桩的出现或者消失	增加的营养负荷和径流变化，影响水生大型植物的生长与繁殖	随着鱼类数量的可持续增长而逐步上升的游客量，或者反之亦然；事件相关或者季节性的游客量；一些地区禁止垂钓导致游客数量减少	与垂钓相关的文化服务功能的增加意味着侵占（权衡）调节功能（特别是营养互动的物种，生物控制机构），甚至可能危及其他文化功能（比如说教育和自然学习）
地方特有动植物	因过度使用（过多旅游者）引发的扰乱，会减少物种多样性，对动物行为产生负面影响，导致水草等其他外来物种入侵		
	因鱼类数量增加带来的垂钓机会的上升	水质的改变可能会导致游客量的减少；特别是游泳者水量的大幅减少	如果物种入侵，在本地物种提供生态系统服务功能与外来物种提供生态系统服务功能之间需要进行权衡；增加鱼类的储备量意味着文化功能被用以交换几种支持和调节服务
	因过度垂钓导致鱼类数量的动态变化；改变的再生生产；群际互动（捕食、竞争、疾病）；分布方面的改变	旅游者被地区的自然特征吸引来到保护区，人类与野生动物的互动可以增加野生动物的丰度（某些种类的野生动物），但是生物多样性会随之下降；这些关系可能会有较强的季节性	
	新的生物关系可能导致涌现现象，包括人类行为的改变或者新的行为的产生		

表 4.3c　旅游产业相关的水生态系统及湿地生态系统旅游设施

水生态系统特征	特征改变的过程(服务折中)	旅游体验与水特征改变的关系	生态系统服务功能之间相互的协调
地型特征的侵蚀			
旅游设施通向水体的可达性(当需要时是短程且安全的)	通过地貌学特征(岩体、沉积物、水体,诸如码头、游步道等基础设施)的改变增进的可达性;改变水体沉积物互动,为其他有机体入侵提供可能的水体扰动	太少,刚好,或者过多:特征或者设施的提供,或者其他旅游者的出现,在达到一个由个体决定的阈限之前被认知为是积极的,一旦超过阈限,则过犹不及,认知转变为消极的	增加的游客数量可能会导致关键景点可达性(时间和空间维度的)提升需求的出现;生态系统服务功能支持与调节功能将让步于文化功能;可达性、需求以及游客数量增长的相互协调将在关键地点发生
	接入点的修正以及设施的改变影响关键景点的使用与游客负载量	热门景点可能会提供更多的旅游设施(厕所、淋浴、木栈道、停车场);当游客参与水上游憩活动时,陆基设施的提供至关重要	
其他旅游者,旅游地工作人员	由环境和设施的本质、被鼓励进入景点的游客或者缺乏对其他水体特征缺乏重视所塑造的反社会行为	一些旅游者会对可达性的改善产生积极的反馈,特别是对于游船而言	提升的可达性与游客数量的增长相互作用(主要交换生态系统文化功能:生态系统教育功能可达性的提升可能会削弱精神或者审美价值)
		景点的"硬化"将减少旅游用途对于核心景点的潜在影响;一些旅游者不喜欢"硬化"的景点,认为这将降低亲近自然的体验,然而尽管如此,为观鸟或者其他用途修建的木栈道是可持续管理的一项广受好评的应用	
	过多或者过少的景区工作人员使游客体验质量下降	一些前往保护区的旅游者更倾向于相对来说可达性较差的地方,所以可达性的改善有可能减少总体吸引力;扰动的程度越高(垃圾、水质等),游客选择其他替代景点的可能性也越高	
陆基基础设施建设		关键景点的空间利用范围和影响可能会响应游客负载量的增加而扩展,正如有些旅游者试图远离喧嚣的人群;社会情境可能成为令人满意一部分;被吸引前往特殊景点的游客和景区的工作人员在一定范围内对于安全性的考虑可能是积极的;对于某些游客而言,其他旅游者的数量无关紧要	

资料来源:部分表格(改变特征与旅游者关系的过程)改编自 Hadwen 等(2008a,2008b);支持、提供或源自特征的生态系统服务功能(如表 4.2 所示)。

四、旅游体验、水生态系统特征,以及生态系统服务功能

在许多案例中,可以将不同类型的生态失衡与旅游产业联系起来(Hadwen 等,2008a、2008b;Krogh 等,2009)。土壤与沉积物的破坏是由于人类进入造成的,当人们步行、骑行或者驱车前往自然环境中可能导致道路的加宽、变深以及侵蚀。宿营也有可能造成土壤压实与植被破坏。机动车辆和汽艇可能会通过燃料溢出,汽油或者机油泄漏以及发动机作业污染土壤与水生态系统。垂钓会使鱼类品种数量下降的情况恶化,河道与溪流中的鱼类放养可能会导致由外来物种入侵引发的生态失衡。任何性质的旅游都有可能带来垃圾和污染物排放。

一般来说,为了减轻旅游产业对生态系统的破坏,管理者通常会采用如下措施:控制特定景区游客进入量;提供规划好的游步道和交通路线以规避生态脆弱地带;建设观景台、码头、游步道等滨岸旅游设施;限制机动车和船只进入;提供垃圾桶和卫生间(Hadwen 等,2008a;Hughes 等,2008)。然而,一些直接或者间接对生态系统服务功能产生影响因素的管理困难重重。游客的进入以及生态系统的失衡加剧了河流浑浊度、富营养化、有毒物质排放、水草增殖,以及外来物种入侵。尽管并不是所有的影响都直接导致水质的变化,但是它们确实造成了生态系统脆弱性以及流域系统退化可能性的增加(Krogh 等,2009)。系统性的(负面的)反馈同样发生了:例如说,游客追求生态系统的文化服务功能效益,然而对于旅游地过度的使用带来了生态系统支持功能、产品功能与调节功能削弱的副作用,因此,久而久之,生态系统中与旅游产业相关的文化服务功能也将受到重挫。

表 4.3 列举了一些影响旅游体验的因素与生态系统服务功能变化之间有代表性的关系。重点放在了探索游客体验与水资源特征变化的关系上(表 4.3b),以及旅游设施的建设对游客体验的影响(表 4.3c)。每个表都展现了对生态系统造成威胁的过程,旅游者对于生态系统中各种折中选择的反应,哪些折中是出于选择的,以及需要说明的权衡关系。每项水生态系统的特征及旅游设施都由一系列生态系统服务功能支持,为特定的生态系统服务功能提供服务,或者源自特定的生态系统服务功能。在某些情况下,为了维持或者减少游客量需要做出一些权衡,这些生态系统服务功能可能被折中让步。我们提到的折中与权衡就是自然资源管理实践中必不可少的工作。这种折中与权衡可能是由景区管理者决策导致的,也有可能出于旅游者自发的选择,旅游者可能会因为旅游吸引力的下降而舍弃一些旅游地,转而前往那些能够满足他们旅游体验期望的旅游地。对于旅游地管理者和与旅游产业相关的自然资源管理者

来说,潜在的生命周期、过度使用、生态系统退化、人类干预,以及旅游者向新兴旅游地转移都是正在发生的、迫在眉睫的问题。

五、结论

在本章,我们提供了将旅游产业发展需求纳入水资源管理政策制定的分析框架。这个框架基于旅游环境、在每个环境中吸引旅游者的生态系统特征、每种情况下涉及的生态系统服务功能的分类。从广义的旅游产业视角,以及表 4.1 的概述来看,表 4.2 和 4.3 描绘了水生态系统至今为止相对独立的五个特征。

- 被认知到的,对旅游者具有吸引力的水生态系统特征;
- 符合这些被需求特征的,因此与旅游产业相关的生态系统服务功能;
- 改变这些特征的过程(通过生态系统服务功能折中),比如说环境影响或者社会影响;
- 旅游体验、旅游者行为以及水生态系统特征改变三者之间的关系;
- 与旅游相关的生态系统服务功能被折中后所导致的权衡问题。

这些特征可以应用于各种与旅游产业的环境背景,以及规划和政策制定过程的任何阶段中。旅游产业利益相关者全局的多元视角将丰富研究成果。

将相对抽象的权衡转化为管理回应会引发许多问题。这些问题将通过一些截然不同的机制克服,虽然其中的大部分内容超出了本章范围,但是这项分析的基本价值将集中于这些权衡系统性本质的基本了解,通过对权衡的认知描述决策,以及建构与之相关的市场与非市场评估方法。

一旦涉及权衡问题,对于政治家、管理者以及公众来说一个至关重要的问题就是了解选择一条道路之后对其他道路的选择产生的影响(Rodriguez 等,2006)。认知到权衡的潜质是理解这个问题的第一步,模拟由 Rodriguez 和同事概述的不同情境下可能的结果也有助于这一问题的理解。就像许多人提到的(Campell 等,2010),理解权衡并不是一个简单的问题。所以采取一个办法能够公正地协调种种权衡及其后果成为核心问题:让被边缘化的利益相关者发声,增加信息透明度,参与其他产业的核心追求将是这一办法的核心要素。正如达尔伯格和奥兰多(Dahlberg 和 Orlando,2009)所述,"为了使一项权衡能在长期被人接受,这个过程必须透明,协调的结果必须公正。这并不意味着所有的利益相关者对这项权衡的方方面面都感到满意,但是权衡的结果对于大多数人来说必须是公平公正的"。这类方法的理论与概念化内容将在第十一章深入讨论。

生态系统服务功能可以为此类问题的解决提供一种通用的模式;每当生态系统服务功能被过度使用,将权衡明晰化将有助于促成关于补偿措施以及排除导致生态恶化的因素(或者保持有利于生态修复的刺激因素)的有效协商。将这些负面效益转化为生态系统服务功能的非市场价值的赔偿金也成为可能。在湿地管理方面，生态系统服务功能的赔偿金能够通过补偿的方式调和不同利益相关者，从而解决棘手的协商问题(Wunder, 2007)，在此，协调发生的数量成为关键的问题。这些问题将在第六章中进一步探讨。

参考文献

1. Campbell, B.M.,J.A. Sayer, and B. Walker. 2010. Navigating trade-offs: working for conservation and development outcomes. *Ecology and Society* 15 (2): 16.

2. Chivian, E. (Ed.), 2002. *Biodiversity: Its importance to human health (Interim Executive Summary)*. Boston: Harvard Medical School.

3. Curtis,J.A. 2003. Demand for water-based leisure activity. *Journal of Enviromnental Planning and Management* 46 (1): 65-77.

4. Dahlberg, A.C., and C. Burlando. 2009. Addressing trade-offs: Experiences from conservation and development initiatives in the Mkuze wetlands, South Africa. *Ecology and Society* 14 (2): 37.

5. Davison, A., D. Deere, and P. Mosse. 2008. *Practical guide to understanding and managing surface water catchments*. Shepparton, VIC: Water Industry Operators Association of Australia.

6. DERM (Queensland Department of Environment and Resource Management). 2007. *Landscape Classificanon Sysfem for Visitor Management*, accessed September 7, 2010, from www.derm.qld.gov.au/services_resources/item_list.php?series_id=205386.

7. Essex, S., M. Kent, and R. Newnham. 2004. Tourism development in Mallorca: Is water supply a constraint? *Journal of Sustainable Tourism* 12 (1): 4-26.

8. Gray, N.F. 2008. *Drinking Water Quality: Problems and Solutions*. Cambridge, UK: Cambridge University Press.

9. Hadwen, W.L., A.H. Arthington, and P.I. Boonington. 2008a. *Detecting Visitor Impacts in and Aroumd Aquatic Ecosystems within Protected Areas*, Sustainable Tourism Cooperative Research Centre: Griffith University.

10. Hadwen, W.L., W. Hill, and C.M. Pickering. 2008b. Linking visitor impact research to visitor impact monitoring in protected areas. *Journal of Ecotourism* 7 (1): 87-93.

11. Holling, C.S., and G.K. Meffe. 1996. Command and control and the pathology of natural resource management. *Conservation Biology* 10: 328-337.

12. Horwitz, P., M. Finlayson, and P. Weinstein, 2011. *Healthy Wetlands, Healthy People: A Review of Wetlands and Human Health Interactions*: Ramsar Technical Report, Ramsar Convention on Wetlands, Gland, Switzerland.

13. Hughes, M., M. Zulfa, and J. Carlsen. 2008. *A Review of Recreation in Public Drinking Water Catchment Areas in the Southwest Region of Wesrern Australia*. Perth: Curtin Sustainable Tourism Centre, Curtin University.

14. Hussey, K., and S. Dovers. 2007. *Managing Water for Australia: The Social and Insitutional Challenges*. Collingwood, VIC: CSIRO Publishing.

15. Ibrahim, H., and K.A. Cordes. 2008. *Outdoor Recreation: Enrichment for a Lifetime*. Champaign, IL: Sagamore.

16. Krogh, M., A. Davison, R. Miller, N. O'Connor, C. Ferguson, V. McClaughlin, and D. Deere. 2009. *Effects of Recreation Activities on Source Water ProtectiOn Areas: Literature Review*. Melbourne: Water Services Association of Australia.

17. Leisure Futures. 2009. *Case Examples of Recreation in and Around Australian Public Drinking Water Sources and Their Catchmenrs*. Brisbane: Seqwater.

18. MA (Millennium Ecosystem Assessment). 2005. *Ecosystems and Human Well-being: Synthesis*. Washington, DC: Island Press.

19. McDonald, J.R. 2009. Complexity science: An alternative world view for understanding sustainable tourism development. *Journal of Sustainable Tourism* 17 (4): 455-471.

20. Molden, D. (Ed.), 2007. *Water for Food, Water for Life: A Comprehensive Assessment of Water Management in Agriculture*. London, Earthscan.

21. Neller, A.H. 2000. Opportunities for bridging the gap in environmental and public health management in Australia. *Ecosystem Health* 6 (2): 85-91.

22. Pigram, J.J. 2006. *Australia's Water Resources: From Usc to Management*. Collingwood, VIC: CSIRO Publishing.

23. Ramsar Convention. 2008. *Ramsar Convention*. Resolution X.15: Describing the ecological character of wetlands, and data needs and formats for core inventory: Harmonized scientific and technical guidance. Ramsar Convention on Wetlands, Gland, Switzerland.

24. Rodriguez,J.P., D.T. Beard Jr, E.M. Bennett, G.S. Cumming, SJ. Cork,J. Agard, A.P. Dobson. and G.D. Peterson. 2006. Trade-offs across space, time and ecosystem services. *Ecology and Society* 11 (1): 28.

25. Verrinder. G., 2007. "Engaging the health sector in ecosystem viability and human health: What are barriers to, and enablers of, change?," in *Ecology and Health: Peo-*

ple and Places in a Changing World, Edited by P. Horwitz, Melbourne, Organising Committee for the Asia-Pacific EcoHealth Conference 2007, 25-29.

26. Wahab, S., and J.J. Pigram. 1997.*Tourism, Development and Growth:The Challenge of Sustainability*. New York: Routledge.

27. Wilcox, B.A. 2001. Ecosystem health in practice: Emerging areas of application in environment and human health. *Ecosystem Health* 7 (4): 317-325.

28. Wunder, S. 2007. The efficiency of payments for environmental services in tropical conservation. *Conservation Biology* 21 (1): 48-58.

第二部分
产权与机构设置

第五章　产权的重要性

林·克雷斯（Lin Crase）　本·加恩（Ben Gawne）

澳大利亚水资源改革的重要成就之一就是成立了水市场。依照国际标准,这是一项重要的政策成就。与20世纪90年代水资源改革相比,那时的水资源产权和土地产权密不可分,例如一个灌溉农田的所有者,同时也获得一定量的、用于特殊用途的水资源产权。通常水资源与土地投入的关系也是管理的中心问题。比如说,园艺家需要一定量的水资源供给计划以满足他们的园艺作业,他们的水资源供给计划与种植一年生作物、奶制品生产等农业活动的水资源供给计划不同。只有核心的水资源管理者有能力针对不同类型的水资源需求者实际用水状况量入为出地制订合理的水资源供给计划,这些计划才能相对高效的执行。然而,在水资源总量有限、供给受到约束以及水资源的偏好和需求量因时而异时,制订合理的水资源供给计划就变得更加困难。

集中制订水资源分配计划以获得大量的信息,才能满足形形色色的水资源需求者。在澳大利亚水资源自然环境背景下,如本书第二章中提到的水资源本身在时间维度和空间维度的多变性属性,使这项任务更具挑战性。从另一方面来看,水资源计划过程中强势的政治干预是另一重要约束。用经济学术语来讲,计划制订对寻租敏感性强,因此个体或者利益集团试图通过非生产性活动,例如贿赂官员或者通过媒体宣传影响公众意愿,使计划执行的结果对自己更有利,从而获得更多水资源。

班尼特（Bennett）研究发现无节制的寻租行为可以被一些力量制约。这些理论有"受过良好教育的民众、言论自由的新闻舆论,以及积极响应的民主氛围"（2010:3）。结合关于不同资源分配问题中涉及的价值与偏好的核心知识,可以发现资源分配与透明的决策制定过程息息相关。

遗憾的是,保证高度民主、信息透明作为科学制订水资源计划的先决条件并非易事,即便是在澳大利亚这种地大物博、资源丰富的国度。公众即便受过良好的教育也有可能被错误的信息误导,新闻媒体也并非总是公正无偏见地传播信息,高效响应的政治机制代价高昂。

这些事实辩驳了经济评论家长期将水资源市场推崇作为有效改善资源配置手段的言论。水资源市场运行的优势就是将寻租机制推广至计划执行过程中,以确保所有利益相关者都有被惠及的机会。因此,资源使用者不必再为资源分配不足而扼腕叹息,他们可以在水资源原始分配的基础上对水资源产权进行交易,以更好地满足使用者的需要。简单来说,就是市场机制提供了水资源交易的机会,确保水资源流动到更需要的人手中。

水资源分配计划安排的另一个附加的、时常被忽略的好处就是价值和偏好都变得愈加明显。这再次制约了水资源分配计划制订过程中的寻租行为,在这个过程中,资源使用者通常煞费心机地夸大水资源对自己的价值以在寻租竞赛中占上风。

尽管资源市场运作大有裨益,然而在市场运作的实际过程中却频频遇到理论和实践挑战,特别是水资源市场更加复杂。这些问题大多与水资源产权细化、水资源调查、测算以及确保水资源交易有限性的执行活动有关。在本章,我们会着重探讨水资源产权制定过程中遇到的种种困难,以及澳大利亚经验。对于我们来说,核心问题在于为何旅游与游憩产业利益相关者对水资源市场的利用率如此低。

在本章,我们首先简要介绍产权的理论上的细微差别。接下来我们提供了一个澳大利亚各行政辖区水资源产权细化过程的概览。随后我们探讨了水资源产权细化过程中被忽略的水资源评估的维度,并将这些维度作为推测在可选择的资源拥有者背景下不同的水资源市场运作模式的依据。在这部分讨论中,我们谈及了环境用水问题用以阐释我们需要解决的问题,因为与旅游及游憩产业一样,环境用水也是非消耗性用水。再者,我们探讨了这对于旅游和游憩产业水资源使用者的普遍意义,最后给出了一些简要的总结性评述。

一、产权的理论差别

首先,非常重要的一步就是理解产权与所有权的差别。产权的概念是赋予个体或者利益集团对某种资源的控制权。因此,权利表面上是相互的,一个人或者团体对某一资源享有控制权就意味着限制了其他个人或者团体对这一资源的控制权(Bromley,1989)。这些限制涵盖一系列维度。例如说,斯科特(Scott,1989)将这些权利划分为六大部分:资源收益的排他性、利益可以被资源所有者积累的时间段、资源的可转让性、资源的可分性、产权所有者改变资源用途的灵活性以及头衔的质量,这与产权所有者描述资源的能力、规范约束力以及义务有关。

为了进一步理解权利是一系列超越其他个体或者团体的权势,我们需要明白很少有绝对的权利。权利更像是被优势群体限制或者削弱了。考虑到水资源权利的转让维度,比如说,州政府可能会禁止某些会导致下游水源盐度上升的水资源利用方式。在土地背景下,资源所有者很少能够随心所欲,他们通常被一系列由州政府或者地方管理部门制定的约束条件所制约。权利所有者能够独立使用的权利范围与这些权利的各个要素有关,其权利范围是变化的。

在所有与产权相关的学术成果中,科斯(Coase,1960)的开创性论文影响力最大。

罗纳德·科斯(Ronald Coase)提出给予产权问题更多的关注,将有望解决围绕资源以及资源使用者的种种冲突。科斯论证的中心论据是我们不应该想当然地把"溢出效应"的好处或者弊端视作外部性的,就像庇古经济规范一样。比如说,如果某一水资源使用者将污水排入溪流,庇古经济学家的标准反应就是将其视作市场经济的弊端,需要政府干预来减少溢出对于更广泛社会的伤害。不同的是,科斯响应是承认污染水源的权利,不再需要政府的直接干预。在这个例子中,重视清洁水源的水资源利用者会从污染者那里购买清洁水权,反之亦然,因此,减少或者增加污染的边际效用将通过双方的对立达到持平。

这个解决方案的优雅之处在于"减少污染计划"的限制被制约了。换句话说,一旦州政府介入污染减少计划之中,寻租的风险将接踵而至。那些重视污染的人将毫无疑问地想方设法影响集体决策,包括大工业生产的损失,而那些重视减少污染的人将千方百计地夸大成本。一个交易污染权利的市场,和所有的市场一样表面上看起来就是在揭示边际变化的价值,那些最重视价值的人将超越其他人竞得权利。

科斯分析的一个重要的告诫就是一个高效的产出取决于权利交易双方的交易成本有多低。在这种情况下,如果我们倾向于污染溪流的权利,只要相关利益集团(污染者与反污染者)能够交换这些权利而不招致其他代价,那么水资源所有权的最初分配很大程度上将和所谓的高效无关。然而,代价高昂的市场交换会减少不同利益集团交易的可能性,因为随着交易代价的上升,交易所带来的互惠就难以实现。换句话说,如果交易的代价高昂,最初的权利细化就显得十分重要,就有必要精确地匹配个体的需求以获得相对高效的产出。

回顾澳大利亚历史上的水资源与土地资源分配对农业收益的影响将有益于我们理解水资源原始分配的重要性。在许多案例中,澳大利亚公共灌溉项目设计的初衷是为了达到某些特定的社会目标。更精确地说,从战场上回来的士兵都会获得由强有力的水务局分配的带有水源的农业地块。在那时,通过衡量生产标准农业产出以及这些产出的现存经济价值所需的最小的土地与水资源量,来分配这些水资源和土地资源。结合这些信息源,就有了构成一个可行的农业实体的可能性。在一些行政辖区,由于假定定居时高昂的商品价值是可持续的,规划者犯了严重的判断错误,因此分配的土地地块小于最佳标准。随后,这些行政辖区里的农民长期遭受的贫苦生活成为产权原始分配失误程度的鲜活证明。并不意外的是,久而久之农民会逐渐地在许多这种行政辖区内聚集,尽管在此之前对一些行政辖区造成了巨大的伤害。

二、产权发展与水资源市场概览

澳大利亚水资源改革的核心要素在第一章中已经提及。在产权背景下,可能最值得关注的起点就是 1994—1995 年间改革早期阶段时将水资源产权与土地产权分离的决策。实质上,每个行政辖区都采取措施打破了水资源产权和土地产权之间的联系,将水资源交易从土地中剥离出来。值得一提的是,为了方便交易,水资源产权基本以体积为度量方式进行交易。这可能也在意料之中的,因为那一时期的关注焦点基本上是消耗性或者是抽取式用水,这一点本章随后会说明。

这些安排最初的(可以说是后见之明的好处)以及相对来说可以预测的结果之一就是未被充分利用的水资源产权随后可以被视作一种具有市场交换价值的资源。简而言之,先前只利用了一部分水资源产权的使用者有了将未充分利用的产权进行交易获得经济收入的机会。结局就是,这一阶段水资源抽取有了显著的增长。

为了唤醒产权意识,最初的产权细分不能被充分理解以转移对其他使用者的溢出效应。特别是,未充分使用的水资源产权的激活对于环境收益的影响,特别是在水资源改革的早期阶段,没有明确地提及环境用水的产权。

水资源改革的第二阶段开始于 2004 年的全国用水计划,全国用水计划进一步重申了限定水资源产权的必要性。每个州都以不同程度的热情践行了全国用水计划的目标,或多或少地取得了一些成就。这项举措在三个主要的灌溉州——新南威尔士州、维多利亚州以及南澳大利亚州获得了瞩目的成就。

在新南威尔士州,严重的干旱和联邦政府持续的政策摇摆导致水资源共享计划状况频出,尽管这些状况很大程度上因部长的干预出现了部分改观,水资源产权问题还是在一定程度上削弱了。在新南威尔士州,为了获得水资源利用权利,必须获得水资源进入许可证,以象征性地有权利用指定的某处水源地特定份额的净水资源。水资源进入许可证独立于其他任何和水资源利用相关的供给基础设施或者水资源产权的批准权。

为了解这些权利的运行层面,有必要理清经调节的水源和未经调节的水源。经调节的水源是由水坝控制的,能够存蓄水源并在下游水资源产权持有者有需要时实时地传递水源。与之截然不同的是,未经调节的水源可能还是以体积利用权的形式进行管理,服从于径流状况的约束而不是水资源储存量的约束。在未经调节的水源中,因为水资源产权持有者控制可利用水源的能力有限,除非他们能够自行选择特定的地点存蓄水源,换句话说,水资源产权的不确定性更高。在未经调节的水源案例中,水资源可以被取用时受一系列的规则所限制了,比如说,如果径流达到较低阈值,就要暂停抽水,或者在高径流期,可以照常抽水。由于大部分的水资源贸易都发生在经调节的水源,尤其是在墨累 - 达令河流域的南部地区,因此经调节水源是本章关注的重点。

在维多利亚州,水资源产权在 2007 年被分为三类,涵盖了代表可以从水源地取用的最大体积的水资源份额。水资源的可利用性体现在分配过程中,表面上来看是由水资源产权持有者在某个指定季节，或者某个制定季节的指定时期的储存水的份额体现出来的。就像在新南威尔士州，水资源的使用权利和准入权利（access right）是相互独立的。维多利亚州公共灌溉区水资源产权的差别在于，独立地转让基础设施的权利。简而言之，一个农民能够出售自己的水资源准入权利，决定不再继续利用水源，然而农田的土地所有者还有继续享受被分配的基础设施的权利。情理之中的是，产权所有者也会继续面对这些权利所对应的义务，向灌溉基础设施的管理者缴纳一定费用。

2009年，在南澳大利亚州，基础产业与资源部将之前改革时期颁发的单一的水资源执照分为四个独立的部分。第一，和其他行政辖区一样，水资源准入执照构成了对于某一水源永久的份额。第二，水资源工作许可将水泵、水表等拦截水源的基础设施合法化。第三，水资源使用的特定地点许可证。第四，分配被视作独立的分类定价的权利。

将水资源分配从长期的水资源准入权利与并不能精确地满足水资源产权持有者需求的水资源原始分配区分开来，促进了两种主要形式的行政辖区内以及辖区间的水资源交易。第一种水资源准入权利交易有时被视作授权交易或者永久交易。就像这些名称所显示的，这相当于长时间交易的可变水源供给的准入权利。第二种形式的交易被称作分配交易或者暂时交易。在这种情况下，交易的水资源产权与某个季节可利用的特定量的水源有关。

认识到水资源分配程序实际层面的操作对于理解水资源市场的运作以及内部关系至关重要。在经调节的集水区，水坝由一个集中的大坝管理者统一管理。水坝管理者的角色就是对照所赋的权力和其他责任测量输入径流以及校对可用水资源。比如说，为了进一步的评估大坝的消耗性授权，管理者可能需要一些基于法规的义务以保证最小传输流或者限制预期洪峰的安全空间。作为统一的规则，大坝也需要多种形式的管理授权。比如说，新南威尔士州有两种授权持有者：一种有高度可靠性的水源产权，另一种供给安全性较低。大坝管理者对于不同的产权持有者有不同的计算方式。

在澳大利亚最大的经调节河流——墨累河的案例中，上游输入流流入水坝开始于冬季，在春季达到峰值。因此，水坝管理者在初冬颁布水资源分配公告。分配公告表明了产权持有者在冬春季节能够使用的稳定的水源供给量。如果径流持续涌入大坝，管理者随后会颁布更新的分配公告。在雨季，授权持有者可以期待分配公告能够满足他们所有的水资源授权。因此分配公告成为了水资源抽取利用者生产决策的辅助信息。

在水资源分配市场和授权市场两个市场中，水资源分配市场具有压倒性的优势。在2007—2008年间，12 370亿公升水资源分配在墨累-达令河流域南部地区进行交易,在 2008—2009 年间,上升至 17 390 亿公升。不同的是,2007—2008 年间同时期的水资源授权交易为 6180 亿公升,2008—2009 年为 1080 亿公升(NWC,2009)。在一定程度上,两个市场水资源交易量之间的失衡状态与水资源授权交易市场成本高于分配交易市场成本有关。

布伦南(Brennan,2006)观察到水资源分配市场的一个重要要素是其能够在两方面调节水资源抽取者的能力。第一,水资源分配市场提供了一种成本较低的方式为不同的水资源利用者重新分配水资源以弥补不同的机会成本。如果一个种植多年生作物的园艺家水资源分配份额较少,又难以寻求到替代的水资源,他们就可以从奶牛饲养者那里购得水资源,随后奶牛饲养者就可以利用赚来的钱购买饲料或者谷物。作为一种选择,一个种植一年生作物的农民还可以在旱季停止粮食生产,出售水资源份额。水资源分配市场第二种重要的功能就是它准许水资源利用者调节不同的风险偏好。规避风险的农民面对较低的水资源分配公告时可以选择在灌溉期早早地进入水资源分配市场购得水资源,以保证在接下来的一整年都有充足的水源供给。与之截然不同的是,寻求风险的水资源利用者更加偏好忽略原始的水资源供给而保持较高的生产水平,或者在灌溉期较晚的时候进入水资源分配市场购买水源。换个角度看,可以将水资源分配市场理解为解决大坝管理者对于水资源分配与生产需求不合理之间的矛盾。大坝管理者与水资源抽取者的风险预测,以及产权持有者的优先权结构有很大差异。

澳大利亚水资源产权革新,尤其是以分类定价方式的革新还在进行。这在一定程度上反映了现存的产权形式并不在所有的情况下适用。产权的立法变化构成了一种认知:市场是一种代价高昂的、改变水资源产权原始分配的错误的分配途径。在此背景下,接转权的发展以及容量共享权利利益的扩大值得关注。

接转权是在经调节流域控制水资源的季节间转移的权利。就像之前描述的那样,水资源利用者能够在规定的季节内通过进入水资源分配市场管理水资源供应的多变性,或者将水资源配额变现。不可避免的,总有一些水资源利用者在灌溉季节结束时还有水资源配额剩余。比如说,规避风险的灌溉者在灌溉季初期购买了额外的水资源配额,到年尾的时候发现水资源有剩余,因此有必要同其他使用者进行社会化置换。特别是在接下来一年没有足够的空间储存剩余水源的情况下,这种社会化置换的需求就更为迫切。

接转权发展至今,总体上比其他的水资源产权更加薄弱,在一定程度上反映了减少第三方对于大坝使用者影响的努力。比如说,在维多利亚州,接转权和授权水资源不能够超过授权的 100%,否则水资源将列入"溢出水资源账户",在枯水年政府有时会根据旱情取消接转权的流转。这导致接转权比其他形式的水资源产权风险系数高,于是有赖于接转权获得经济收益的水资源利用者将面临额外风险。

接转权的一种替代选择是容量共享权。澳大利亚有两个典型的例子,昆士兰州圣乔治与 MacIntyre-Brooke 灌溉区。容量共享权的基本原则是产权所有者自行管理水坝储水,自行承担风险。容量共享权的出现使得分配公告有剩余,大坝管理者仅须简单地测算输入流,将持续水流计入账户贷方,把降低的水位计入账户借方,受制于水资源传输以及蒸发消耗。这个系统的好处就是水坝管理者的风险偏好不会影响容量共享权的管理,容量共享的交易可以在所有使用者之间使容量共享的收益最大化。尽管容量共享权好处诸多,以这个形式分配产权也有高昂的成本,尤其是那些存在权利的地区以及期望水资源准入的地区。

三、水资源的维度

就像在第二章中提到的那样,水资源除了体积特征之外,还有许多其他方面的维度。此外,之前的章节强调了针对水资源各要素的问题制定的相应权利。相对于水资源的维度来说,目前这些权利的制定还远远不足。我们之所以一直对水资源产权的体积要素给予高度重视,主要是因为迄今为止消耗性用水主导了水资源利用的话语权。就像旅游和游憩产业构成的非消耗性水资源利用方式,需要有针对性地制定产权政策以刺激现阶段相对空缺的市场参与。另外一种主要的非消耗性水资源利用方式是环境用水。环境用水扩大了水资源市场的活动范畴,但也存在一些难点。与水资源的自然特征相较,现有水资源产权制度还存在诸多欠缺,这一点从非消耗性水资源利用者视角来看尤其具有说服力。

澳大利亚水资源自然的多变性通常被理解为过度稀缺(DSE,2005)。事实上,澳大利亚内陆河网本质上并不稀缺,而是具有极高的可变性。早期殖民者与多变的水资源展开了斗争,他们将定居点建立在相对湿润的地区,以面对不可预测、严峻的环境以及占领之后的持续干旱(Cathcart,2010)。值得争议的是,现在灌溉农业也面临着同样的问题。澳大利亚水源抽取持续增加,尤其是在墨累-达令河流域,在20世纪40年代中期到80年代期间这一段降水相对丰沛的时期最为明显。与过去大约一个世纪的数据不同,特别是最近10年间,大多数流域的抽取水位逐渐超过了可持续发展所需的警戒水位(MDBA,2010)。

除了各年间的多变性,许多河道自然条件的日益变化和季节模式与现在的径流状况毫无相似之处。欧洲移民对于澳大利亚水资源可变性的最初反应就是激进地兴修水利调节径流。为了完成这项任务,大型水源储备区被开发,因此能够按需抽取水源。这项举措不仅减少了当地动植物群落的水资源供给量,也相当于规范了跨年度径流,减少了径流日变化,改变了径流规律,使得上游径流不再在冬季与春季达到高峰。以至于现在为了满足干旱月份灌溉等抽取用水的需要,径流在夏半年达到峰值。

　　由欧洲定居者所导致的径流量的变化一度成为环保爱好者和这一领域科学家焦虑的中心。径流量也决定了产权发展为了阐释径流量成为关注中心的原因,有必要引用 2010 年墨累－达令河流域水文学模型,这项模型的建立是墨累－达令河流域规划工作的一部分,模型显示每年最终到达墨累－达令河流域末端墨累河口的自然输出径流量下降了 41%,由 125 000 亿公升下降到 510 000 亿公升。自然输出径流量下降的一个重要后果就是墨累河口自 2002 年到 2010 年需要持续地清淤。

　　平均自然输出径流量的下降表明了需要额外回灌河道一定的径流量以获得可持续的生态产出。然而,仅仅关注径流量这一水资源维度掩饰了河道调节导致水资源可变性的丧失的问题。这一问题的重要性在于质疑了当前权利细分对于水资源径流量的高度关注。

　　正如上文中提及的,除了流量以外,水资源还有许多其他重要的维度,比方说在特定时间框架之间或者框架内的径流可变性,包括径流的季节性。除此以外,水资源还包含质量维度,比方说盐含量或者营养物负荷。特别是对于旅游和游憩产业来说至关重要,如果水质状况较差将极大地损害水相关游憩活动经营者的利益(Crase 与Gillepie,2008)。水温也是能起到相同的作用,特别是对本地鱼类的繁衍生息至关重要。

　　为了阐释由水资源产权规范不公正引发的问题,我们强调了在之前章节中提到的:日益改变的环境用水需求和当前大坝管理者实践引发的种种挑战。我们注意到许多游憩利益主体可能与环境用水管理者的利益一致,这一点在本书的其他部分有提及。[①]

　　在澳大利亚当前水资源政策安排环境下,水资源的大量挥霍,导致了关于水资源过度分配以及径流流失的忧虑日益加深,特别是在墨累－达令河流域。生产力委员会(2010)预言,在繁多的联邦计划的背景下,联邦政府机构向联邦环境用水持有者组织(Commonwealth Environmental Water Holder)收取管理环境用水费用,联邦环境用水持有者组织将持有约 25 000 公升的平均年径流授权。基奥(Keogh,2010)指出,25 000公升的平均年径流环境用水授权,相当于墨累－达令河流域所有抽取用水授权总量的 20%。

　　为了获得环境产出,联邦环境用水持有者组织将想方设法增加本地物种生存繁衍的可能性。最基本的,让本地物种有机会穿越径流是本地物种的保护的第一步。除此以外,径流其他水文特征的改变对于本地物种的生存繁衍也至关重要。比如说,将漫滩流引入滨河湿地是一项重要的环保举措,以此来弥补由于径流调节导致的径流等级下降的问题。同理,修正径流时间,使径流水位能够在冬季和春季上升也是重要的环境需求。

　　然而,澳大利亚现存的水资源市场机制或者水资源产权并不适于径流调节的需要。在枯水年,环境用水管理者也许会倾向于强调干旱周期,因此将许多用于分配的径流贮存起来。干旱阶段对于控制外来物种入侵和提高季节性湿地的生态健康程度来说至关重要(Gawne 与 Scholze,2006)。与此相反,环境用水管理者也许会更倾向于在丰水年释放更多的水源以制造漫滩流湿地。为了满足这种需求,能够在干旱的年份存蓄水源,在丰水年达到最大的水源存蓄量成为题中要义。然而,延滞水权的相对薄弱使得这一问题存在弊病。简而言之,因为超过授权量存蓄水源的权利并非独立界定或者通过显著的削弱来界定的,因此为了环境需求达成使水资源最优化的目标变得代价高昂。

对于延滞水权在这一问题上遇到的瓶颈,水资源分配市场的参与是一种替代选择。水资源分配市场的水资源交易可以在丰水年提供充足的径流。这项举措的好处在于丰水年的水资源分配的代价相对较低,因为按照常理丰水年的水资源交易价格会更低,而且在丰水年购置水资源的成本将会通过在枯水年出售水资源分配份额的收入对冲。然而在这一问题上存在许多实践以及政策层面的挑战。更确切地说,很明显,环境用水持有者不被允许进入活跃的水资源交易市场,起码在这一层面上的交易是被禁止的。

一项对于水资源产权结构同样的限制在径流季节性分配的背景下涌现而出。因为环境用水持有者已经支付了水资源授权,径流的释放取决于大坝管理条例的规定,因此在规定的日期之前获得释放的径流困难重重且代价高昂。我们早先注意到大坝管理服从于水资源分配公告,而水资源分配公告通常在灌溉季节的初期发布,并随着径流量的盈余而增加。理想的情况是环境水资源管理者更倾向于在灌溉季节到来之前获得径流释放,大概是冬季或者春季左右。但是因为水资源分配从灌溉期到来时开始计算,延滞水权又被削弱了,环境用水持有者在灌溉季节到来之前获得径流释放的愿望难以实现。在此背景下,水资源分配市场有可能得到应用,但是水资源分配价格在灌溉季节初期相对更高,同样使环境用水管理者同偏爱夏季用水的水资源管理者相比处于弱势地位。显而易见,偏好水资源维度中径流时间和可变性维度的水资源使用者,同偏好水资源维度中水量维度的水资源使用者相比处于弱势地位。

四、结论

环境用水持有者所面对的关键问题是现阶段被赋予的水资源产权并没有很好地满足自身的利益的需求。本质上来说,偏好非消耗性用水的利益团体的权利,与偏好消耗性用水的利益团体的权利相比处于下风。显而易见,这种水资源使用主体的权利现状似乎与澳大利亚诸多产业之间经济财富的转移趋势相违背。例如,许多学术研究证实:随着国民经济的发展和人民生活水平的提升,许多国家和澳大利亚一样,环境适宜性的提升价值也日益凸显。同样,旅游和游憩产业的价值也在不断提升。与此同时,灌溉农业作为与抽取用水利益相关最紧密的产业,继续经受着贸易量萎缩的考验。从表面上来看这种产业调整将引发与产业相关的不同水资源产权的剧烈调整,即使在分配初期许多水资源产权的分配有失偏颇。正如我们上文提及的,有可能利用水资源市场来克服水资源产权分配中的诸多问题,但是这种方式的代价高昂。不仅如此,考虑到如此大规模的生态利益用水的权利被错误分配了,我们饶有兴致地坐观一场水资源产权的再调整的风暴是否将要来临。

本书的其他章节强调了旅游产业在水资源利用方面利益表达的现存机制。在此背景下,我们有两项重要的发现。第一,旅游产业与游憩产业的利益相关者正在通过政治领域,通过影响与可市场化的水资源产权相关的政策和约束,努力对水资源分配决策产生对自身有利的影响。作为通用规则,进入水资源交易市场、支付水资源产权并非表达旅游产业与游憩产业水资源产权诉求的理想举措。第二,因为旅游产业与游憩产业水资源产权诉求千差万别,不同利益主体所追求的结果也不尽相同。有些利益与偏好生态产出的利益主体的诉求一致,然而其他的可能会更倾向于与灌溉农业利益一致的水资源管理领域。值得争议的是,还有一部分旅游产业与游憩产业利益主体的利益诉求既不同于生态用水主体的利益诉求,也与灌溉农业主体的利益诉求相去甚远。总而言之,对于为何这种利益并没有在现存的水资源市场中体现出来是一个值得深思的问题。

正如本章前文提到的,澳大利亚有两大水资源市场:一个是水资源分配市场,另一个是水资源授权市场。在两种市场体制内,都是以水量为计量方式进行水资源交易,对于径流和储存水量的管理的权利很大程度都被大坝集中管理的方式所削弱了。游憩产业水资源利用者本身通常和水量的利益相关性不大。他们的利益点在于承担他们休闲追求的径流和储存水量的可变性。比如说,游艇的拥有者对于水量的兴趣并不大,这不是简单地隔离一定量的水,确保游艇下面始终有一部分水源的问题。游憩拥有者更倾向于满足自己利益诉求的径流和储存水量。因此,如果通过现存的水资源市场机制来确保游艇使用者的利益,需要额外支付水资源费用,这超出了游艇使用者的利益诉求。事实上,游艇使用者需要从大坝购买水源。这就好比让一个乘坐大巴上下班的通勤者买下大巴以保证在一天不同的时间都可以乘坐大巴。

旅游产业与游憩产业利益参与水资源市场是可行的,但是目前而言,缺乏充分界定的权利。这意味着可以单独地细化和交易水资源的某些非消耗性元素,特别是径流和储存维度。在之前的章节中,我们注意到了为了促成径流和贮存流域水资源季节性的交易,对于产权和市场改革的呼声日益强烈。这是由水资源非消耗性要素环境利用的利益所驱动的,利用这种方式以获得生态产出。这一领域的进一步发展为旅游和游憩产业带来了希望。从根本上来说,旅游和游憩产业在这类市场中的贡献可以充分地支持澳大利亚水资源管理的一系列调整。例如说,一个农民如果同意将自己的水资源在适应其他利益相关者需求的特定时间段内拿出来交换,用特定时期的水资源使用权换取经济利益,这对于以极大热情参与进这种市场交换,以保证适宜的径流和储存量的游憩产业利益相关者和环境利益相关者来说有显而易见的好处。

　　总而言之,最初的水资源产权细化的确影响深远,特别是当市场调节的代价高昂时。在此背景下,与时俱进的水资源利益诉求,以及对于休闲和环境适宜性不断改变的偏好的重要性日益凸显。澳大利亚水资源市场的改革将对水资源产权界定提供值得借鉴的经验,也将展示一些被边缘化的利益相关者如何最终获益。然而,我们有必要理解,无论何时,当一项政策制定出台以后,无法避免地将有寻租行为接踵而至。出于这种考虑,市场将为缓解围绕水资源的竞争提供更大的希望。尽管如此,权利的细化代表了一系列的利益,包括旅游产业的利益,应该获得政策优先权。

注解

　　①这并不是说所有的旅游和游憩利益都与环境利益相一致。例如,那些试图在夏天把水储存起来供划船的人,与那些喜欢休闲捕鱼的当地物种比,他们对水坝放水的兴趣可能不同。

参考文献

1. Bennett, J. 2010. Informing tough trade-offs. paper presented at *Water Policy in the Murray- Darling Basin: Have We Finally Got It Right?*, October 21-22, 2010, University of Queensland, Brisbane.

2. Brennan, D. 2006. Water policy reform in Australia: Lessons from the Victorian seasonal water market. *Australian Journal of Agricultural and Resource Economics* 50 (4):403-423.

3. Bromley, D. 1989. *Economic Interests in Institutions: The Conceptual Foundafion of Publk Policy*. New York: Basil Blackwell.

4. Cathcart, M. 2010. *The Water Dreamers: The Remarkable Histoey of Our Dry Continent*. Melbourne: Text Publishing Company.

5. Coase, R. 1960. The problem of social cost. *Journal of Law and Economics* 3 (1):1-44.

6. Crase, L., and R. Gillespie. 2008. The impact of water quality and water level on the recreation values of Lake Hume. *Australasian Joural of Environmental Management*

15 (1):21-29.

7. DSE (Department of Sustainability and Environment). 2005. *Securing Our Watcr Future Together: Key Concepts Explained*. Melbourne: DSE. Fact Sheet.

8. Gawne, B., and O. Scholz. 2006. Synthesis of a new conceptual model to facilitate management of ephemera deflation basin lakes. *Lakes and Reservoirs: Research and Management* 11:177 -188.

9. Hughes, N. 2009. Management of irrigation water storages: Carryover rights and capacity sharing. paper presented at *Australian Agricultueal and Resource Economics Society Annual Conference*, February 10-13, 2009, Cairns.

10. Keogh, M. 2010. Background. In *Making Decisions about Environmental Water Allocations—Rescarch Report*, edited by M. Keogh and G. Potard. Surrey Hills, Australian Farm Institute, 3-5.

11. MDBA (Murray-Darling Basin Authority). 2010. *Cuide to the Proposed Basin Plan*. Canberra: Murray-Darling Basin Authority.

12. NWC (National Water Commission). 2009. *Australian Water Markets Report 2008-09*. Canberra: National Water Commission.

13. Productivity Commission. 2010. *Market Mechanisms for Recovering Water in the Murray-Darling Basin: Final Research Report*. Melbourne: Productivity Commission.

14. Scott, A. 1989. Conceptual origins of rights based fishing. In *Rights Based Fishrng*, edited by P. Neher and R. Arnason, N. Mollet. Dordrecht: Kluwer Academic, 11-38.

第六章　对于旅游与游憩产业中协作行为的制度化思考

布莱恩·多莉(Brian Dollery)　苏·奥基夫(Sue O' Keefe)

在历史的长河中,澳大利亚水资源政策的制定始终基于这样一种设想:淡水资源是内陆地区农业与工业发展过程中先决性的输入因子,因此水资源是支持地区发展的重要决定因素。出于这种观念,地区水资源政策被视作刺激地区经济发展的重要工具,为了实现这一目标,水资源产权的分配沿用了"由上至下"的分配模式。在联邦政府成立的第一个世纪,基于农业人口由海岸城市向乡村地区回迁、士兵重新安置等发展政策,为了支持内陆地区的农业发展,水资源的作用功不可没。然而在过去的30年中,对于支持区域经济发展其他要素重要性的观念逐渐觉醒,尤其是防止澳大利亚内陆地区环境系统健康程度衰退的观念,已经逐步成为塑造非都市地区水资源政策制定的颇具影响力的因素。

正如本书上文中所探讨的,在澳大利亚水资源政策改革过程中,基于新"管理"哲学,出现了所谓的"发展"假设。这种新"管理"哲学关注点在于解决一种更为成熟的、以现存淡水资源非弹性供给为显著特征的水资源经济。水资源的稀缺性,加之不同水资源使用者利益团体之间相互冲突的、复杂的利益诉求,迫使水资源政策制定者设定更为多元的水资源政策目标,包括经济的平稳高效发展、可持续发展、生态可持续等。这种思想转变的一个显著影响就是:水资源政策制定者试图平衡多方利益相关者的利益诉求,使得水资源政策的制定、实施及管理不仅变得更为复杂,有些时候甚至是相互冲突的。

总体而言,大多数学术研究将研究重点放在了如何协调以产业化大规模灌溉农业为代表的消耗性水资源使用主体,以及以环境保护为宗旨的非消耗性水资源使用主体之间相互冲突的利益诉求。然而,由于水资源使用利益主体的广泛性和多样性特征,在水资源政策制定过程中,一些重要的水资源使用者的利益诉求却被忽略了,而水资源分配的结果将对这些使用者和产业的发展产生重大的影响。例如,研究表明,尽管旅游产业和游憩产业取得了突飞猛进的发展,在国民经济发展中具有重大贡献,然而目前很少有学者关注旅游产业和游憩产业水资源使用者的利益诉求。

这种水资源政策制定的疏失是令人遗憾的。第一,旅游者与当地居民的游憩用水可以在很大程度上被视作在发展过程中发展与保护二元分歧的缩影,影射了国民经济发展中遇到的诸多困境。毕竟从本质上来讲,游憩产业与旅游产业用水同时具有生态可持续性,比如说生态旅游中消耗性用水的使用,或是旅游者以及其他游憩性水资源利用者直接的水资源消耗。第二,由于在旅游产业和游憩产业这种单一产业的内部,各种矛盾被集中展现,因此学者不必进行跨产业的研究,规避了许多可能会面对的复杂性问题。第三,由于澳大利亚许多地区正在经历产业经济转型,许多依赖于传统农业或者服务于传统农业的工业产业的地区正在经历深刻的转变,因此在澳大利亚许多地区游憩产业用水的重要性正在日益凸显,成为水资源政策制定过程中不容被忽视的要素。第四,游憩产业与旅游产业被引入水资源分配过程的考量因素之中,使得公共政策领域更为错综复杂,这将迫使政策制定者在这一崭新领域的艰难的抉择中更加具有冒险精神和尝试精神。出于以上几点原因,第五章的内容讨论了水资源政策制定相关的学术文献,特别是将水资源政策、水资源管理以及水资源利用相结合,关注了游憩产业与旅游产业中消耗性用水以及非消耗性用水诉求的一些案例。

和其他的许多国家一样,当代澳大利亚水资源改革的复杂性在于强调当前这种集权式"至上而下"的决策制定过程的诸多系统化弊病,这种集权式"至上而下"的决策制定过程也是导致 20 世纪一些社会主义国家解体的重要原因。不仅如此,一些关于自然资源管理的文献提及,澳大利亚"命令—控制"式的自然资源模式饱受抨击,因为这种模式加剧了一些资源依赖性社区的脆弱性,也破坏了环境发展的可持续性(Colfer,2005;Zerner,2000)。对于这种集权的决策制定体系缺陷的反思催生了一种新兴的决策制定范式,这种新兴的范式主要包含三项主要的基础。第一,广泛的参与是政策制定的基础条件,这将保证当地居民的知识体系和利益诉求列入考虑范畴。第二,存在一种拥护"知识,学习与适应性的社会来源,更新与转型"的诉求(Armitage等,2007:2)。第三,社会生态系统本质上蕴含着改变与不确定性,社会生态系统的这种特性导致一项重要的后果:对于自然资源管理来讲,多元的、协作的方法是处理自然资源复杂的、充满争议性的诸多问题的最优方法。

为了命名这种去中心化的、协作的自然资源管理方法,学者们创造了名目繁多的词汇(Conley 和 Moote,2003)。例如说,协作方法曾被描述为"资源搭档"(resource partnership)(Williams 和 Ellefson,1997)、"共 识 集 团"(consensus group)(Innes,1999)、"基于社区的协作"(community-based collaboratives)(Moote 等,2000),以及"可选择的问题解决方式"(alternative problem-solving efforts)(Kenney 和 Lord,1999)。同样,协作自然资源管理曾被命名为"分水岭管理"(watershed management)(NRLC,1996)、"合作保护"(collaborative conservation)(Cestero,1999)、"基于社区的保护"(community-based conservation)(Western 和 Wright,1994)、"基于社区的生态系统管理"(community-based ecosystem management)(Weber,2000)、"整体环境管

理"（integration environmental management）（Margerum, 1999），以及"基于社区的环境保护"（community-based environmental protection）（EPA, 1997）。除此以外，一些特别的概念模型被创造出来。比如说"协调的资源管理"（coordinated resource management）（Cleary 与 Phillippi, 1993），以及"协作学习"（collaborative learning）（Daniels 和 Walker, 2000）。尽管这些表达都声称了自身的不同之处，毫无疑问，它们拥有更多的共性特征。

本章开头审视了公共政策各个领域发生的政策制定的转型过程，包括自然资源管理政策，考虑到经济理念的转型时，许多学者意识到政府管理无所不在的缺陷，这些政策制定的转型基于一个普遍被认同的观点：中央政府的管控并不能交出令人满意的答卷。

一、政府的失误以及公共政策的制定

在过去的几十年中，环境管理的重点经历了巨大的改变。在澳大利亚环境管理的绝大部分时期，自然资源的管理由集权化的官僚机构主导，各种各样直接而强有力的州政府管理解决与自然环境相关的诸多问题，例如生物多样性、森林退化、荒漠化以及竭泽而渔似的掠夺自然资源。莱莫斯（Lemos）与阿格拉瓦（Agrawal）通过对这一领域的长期观察，指出"州政府官僚权威站在许多政策制定者与学术研究者的聚光灯之下，作为强调与自然资源使用相关的外部性的适宜方式"，通过"集权的干预"来"弥补市场化运营的弊病"（2006：303）。但是这种对于州政府解决社会问题以及环境问题的信心在过去的 30 年中受到了打击，这是由多方面的原因造成的，其中最主要的原因是，经过多年的观察证明，政府并没有能力提出解决经济和社会问题的优化方案。政府集权决策制定信心的幻灭对自然资源管理领域政策制定有着重大的影响，因此值得我们深思。

"公众利益"方法是一种基于市场机制失效的理念和一种理想化政府的观念暗示，巩固了自然资源管理中集权控制的模式。"公众利益"方法基于至少三种站不住脚的假设。一是，"公众利益"方法假设政策制定者能够精确地决定市场机制失败的程度。在自然资源管理与水资源政策领域，这项秘而不宣的假定主要是围绕政府有能力精确地计算消极的外部性程度，这是一种缺乏说服力的经验主义的假设。二是，"公众利益"方法预先假设了中央政府机构有能力高效地介入，以修正市场运行机制出现的失误。在澳大利亚自然资源管理以及淡水资源分配政策制定的过程中，这项假设意味着政策制定者有能力设计优化调节、税收、补偿等政策工具，以保证公共福利的稳步增加而不是日益减少。在这一问题上，这种假设显得过于理想化。三是，"公众利益"方法对于政策主体的假设是基于公共政策制定者在政策制定过程中能够站在一种利他主义的立场,与公众利益保持一致,然而现实的案例驳斥了这一假设,作为公共政策的参与者,政策制定者同样的参与进入这一政治游戏,很难保持客观中立的立场。即便你走马观花地翻阅一下当今澳大利亚水资源政策,也会发现这些假设的蛛丝马迹。

在 20 世纪 60 年代中期,"公众利益"方法中潜在的市场运行机制失效的思维范式,以及对完美的、全能的政府主体的英雄主义假设的出现,难以计数的学者对"公众利益"方法产生了质疑。这些质疑主要出现在四个方面,正如瓦利斯和多莉(Wallis 和 Dollery,1999)提到的。

● 批评家抨击了"公众利益"方法的假设:州政府能够精准地评估由于市场机制运行失效而导致的公共福利损失的量级,继而应用优化的政策手段力挽狂澜。正如在《法律、立法与自由》一书中,哈耶克(Hayek)将这种假设称为"福音书似的幻想",或者一种"方方面面的信息都被一个人知晓,因此这个人有能力通过这些全面的信息来建构一种理想的社会秩序的痴心妄想"(1973:14)。由于我们对于经济过程的理解是有限的,因此存在能够全面掌握充分信息、从而对政策制定过程进行理性干预的州政府机构的设想希望渺茫。

● 反对者质疑政府有能力对公众利益进行有效的干预。他们识别了象征中央政府有能力全面有效回应公民利益诉求的若干要素。

● 观察者反对了"公众利益"方法暗含的利他主义行为假设,支持一种基于标准的在研究消费者和生产者关系时广为应用的"经济人"的利己主义模型。唐斯(Downs)提出如下论断"即便是我们能够界定社会福利,也找到了有效的办法能够使社会福利最大化,可是问题在于,谁能够确保政府有意愿来实施这些方法,以达到社会福利最大化?"(1957:136)。

● 利普西和兰开斯特(Lipsey 和 Lancaster,1956)提出了"次佳理论",驳斥了期冀政府介入以达到经济状态最优化的观点。从"次佳理论"来看,即便是政府有能力准确地评估市场机制运行失误导致的社会福利下降的量级,有能力高效的介入,并且在政策制定过程中本着利他主义原则做到客观中立,也不能使得经济状态达到最优化。这种论断的基本理论依据在于次优范式强调如果市场失误在国民经济的一个领域中出现了,如果政府介入进行控制,继而由于刻意地违背国民经济其他领域高效运行,社会公共福利将获得更大的损失,而不是政府高效有力的控制使国民经济保持在市场失误之前的原初状态。

这种对国家干预范式的认知上的转变对经济、环境和社会政策产生了深远的影响。早先的观点认为,市场失灵时需要公共政策干预是为了能够创造经济效益,因此决策者在创建使社会福利最大化所需的最佳条件并使其不受市场影响摇摆的行为可以被解释为一种善意的尝试。现在取而代之的是一种新的、更具怀疑性的观点,它强调了与政府干预有关的问题以及这种干预背后的自利动机。在这一政策范式中,公共政策显然无法实现社会最优的结果,被称为"政府失灵"。该观点认为,政府失灵所带来的成本应该与旨在改善市场失灵的干预措施的收益相挂钩。这种观点催生了对政府失灵的大量文献,主要分为两类:政府失灵的实证理论和规范政府失灵的范式研究(Wallis 和 Dollery, 1999)。一般来说,通过假设政治家和公务员针对"经济人"假设条件所采取的行动与生产者和消费者是相同的,这一文献否定了市场失灵范式的"仁政"概念。鉴于制定政策所处的环境发生了重大变化,这类文献值得更详细研究。

在政府失灵的实证理论研究方面,这种现象最早的现代化研究方法是由斯蒂格尔斯(Stiglers)起初开发的规制"捕获"理论(1971)中提出的,他认为,行业监管是被监管行业"捕获"并且是"为利益而设计和经营的"(1975:114)。佩尔兹曼(Peltzman, 1976)扩展了 Stiglers(1971)的模型,他认为,监管是政治家为了应对代表消费者和生产者的利益集团寻求最大化选票而建立的。就环境规制和澳大利亚水资源的矛盾而言,这一理论观点的主旨是,监管过程可以被工业利益所捕获,并被该利益集团操纵而从中获利。

然而,公共选择理论为政府失灵提供了最重要的现代途径。在本质上,公共选择理论为非市场政治过程的基本政策的制定和实施提供了经济人的适用标准。这种方法已经引起了各种类型的政府失灵,针对现实世界的政策辩论的分析是有用的,包括涉及水资源配置的环境政策辩论。最早的一个贡献由奥多德(O'Dowd, 1978)改进,他认为所有形式的政府失灵可分为三类:"内在不可能性""政治失灵"和"官僚失灵"。O'Dowd 这样描述这些类别:第一类是政府试图做一些根本无法完成的事情;第二类是尽管尝试的东西在理论上是可能的,但是政府运作的政治约束,使得政府采取必要的政策并保持必要的一致性和持久性,以达到既定目标的做法在实践中无法实现,然而第三种类型涵盖的案例表明尽管政府的政治首脑能够形成并坚持执行政策的真正意图,但他们所支配的行政机构根本无法根据其意图实施它(1978:360)。

最近,多莉(Dollery)和沃利斯(Wallis)提出了一个密切相关的三方分类,在这个系统中"立法失灵"是指经济效率低下,这源于"公共物品的过度供给,因为政客们奉行最大限度地增加他们连任机会的战略,而不是追求促进共同利益的政策"。即使制定了社会福利政策,"官僚失灵"也会抑制这些政策的有效实施,因为"公务员们缺乏有效执行政策的充分动机"(1997:360)。最后,由于政府干预几乎总是涉及财富转移,因此,寻租不可避免地伴随着这种干预,并伴随着有社会危害性的后果。

韦斯布罗斯(Weisbrod, 1997)发展开拓出了政府失灵最全面的类型,这是一个四边形的分类:其中有在 Dollery 和 Wallis 的模型中有类似含义的"立法失灵";"行政失灵"是基于"任何法律管理必然要求的自由裁量权"和"信息的结合和激励行为会影响自由裁量权行使的方式"这样的命题;"司法失灵"是指法律制度未能提供司法的最佳结果以及"执行失灵",定义为非最理想状态的"强制性或非强制性的司法、立法、行政指令"(1978:36-39)。

与这类积极理论形成对比的是,学者们为构建了一个规范的政府失灵理论进行了各种尝试,最值得关注的是沃尔夫(Wolf,1979a、1979b、1983、1987、1989)、勒·格兰德(Le Grand,1991),以及瓦伊宁和韦默(Vining 和 Weimer,1991)。首先,Wolf 构建了一个理论框架作为市场失灵范式的概念类比,通过发展和应用"非市场"理论来纠正对市场和政府缺陷的标准经济处理中的不对称性——这就是政府失灵,从而使市场与政府之间的比较更系统化,并使在两者之间做出的选择也更为明智(1987:43)。于是,在"正如某些类型的奖励行为助长市场失灵,根据对市场效率和分配公平优选性相同的标准,太多的影响特定非市场组织的激励措施,可能导致行为和结果与较好的结果背道而驰"的前提下,他的模型,通过将各种非市场失灵,归咎于那些在潜在的"需求"和"供给"条件下的特质,来反映市场失灵理论(Wolf,1979b:117-118)。

在此过程中,Wolf 定义了四种"非市场失灵"的一般类型(1979b:117-118)。

● "内在的和私人的目标",指的是组织内部的分配和公共机构的评估程序或其"内部的价格体系"。不同于市场组织的"内部标准",非市场组织通常会与"外部价格体系"紧密联系在一起,往往具有与最佳性能很大程度上无关的内在性。这可能意味着一个公共机构的实际行为可能偏离其预期或理想的角色定位。例如,环境政策制定和执行时,现场视察人员可根据视察人数而不是访问的实质情况来测定生产力指标(即偏重于过程而不是结果)。

● "冗余和成本上升"代表了另一种非市场失灵,因为虽然市场过程把生产成本和产出价格联系起来了,但是这种关系一般不存在于收入来自非市场资源的非市场活动,如政府的税收收入。因此,"如果维持一项活动的收入与生产成本无关,那么就可以用更多的资源来生产给定的产出,或者更多的非市场活动可能被提供,从而在一开始就承担起最初市场失灵的起因"(Wolf,1989:63)。在环境政策执行方面,与其他公共部门活动一样,这可能意味着代理资源没有有效利用。

● "衍生的外部性",是指政府为了改善市场失灵而采取的非预期的、意料之外的后果。因此,在市场关系产生的共同外部性中,这些成本和收益都不被经济主体所考虑,因此衍生出的外部性在非市场领域是"不被负责创建它们的机构所实现的副作用的体现,因此也就不影响这些机构的算盘或行为"。在环境政策的制定和执行方面,这种情况往往会产生意想不到的后果,例如在许多发展中国家禁止 DDT 之后,蚊子疟疾疫情日益严重。

● 不利的分配后果,在这种情况下,人们对于市场的不平等都发生在权利和特权条款上有所争议,然而分配市场的失灵通常表现在收入和财富差异上。关于新南威尔士州土地使用政策的争论就是类似的案例,那里的农民被任意强制停止使用他们的土地进行耕作生产,使得他们破产。

基于 Wolf 的模型,Le Grand 开发了另一种市场失灵模型,它比传统理论"分析更精确、更全面"(1991:424)。Le Grand 的政府失灵模型由政府干预市场经济的三方分类组成,从经济效率和公平标准两方面来衡量评价。Le Grand 认为,政府可以通过三种途径参与经济、环境和社会活动:供给、税收或补贴以及管制。

与 Le Grand 相同,Vining 和 Weimer(1991)基于对 Wolf 方法的批判,提出了一种新的政府失灵规范模型。在政府生产方面,Vining 和 Weimer 假定"可竞争性供给",这涉及一个政府公共机构的产出所面临的竞争。鉴于在监测复杂服务的供应方面存在困难,他们认为"信任"是健全公共政策制定的一个关键因素。Vining 和 Weimer 这样阐明他们的论点:"当由不遵守合同的代价与机会所决定的机会主义风险很高时,信任就成了生产优良产品的一个重要特殊资产"(1991:6-7)。在这种情况下,物品的供给是不可能出现竞争的,并且当机会主义风险较高时,政府生产是一种合适的组织安排。政府生产的可竞争性公共产品的第二个属性体现在可竞争性股权或"组织所有权转让威胁的可信度"(Vining 和 Weimer,1991:6-7)。从实证经济学角度看,在供给和所有权都具有高度竞争性时,经济效益和价格将反映边际成本,承包将是最有社会效率的供应方式。相反的结论则适用于竞争程度低的情况,在那些情况下,政府生产将更具有社会效益。

从这个简短的概要性的文献回顾中我们可以很明显地看出,关于政府失灵的不断演变的文献伴随着长期的市场失灵范式而存在。在公共政策制定领域,包括一般的自然资源管理特别是澳大利亚的水资源政策,公共政策的整体概念应该包括这两种范式,它们迫使政策制定者在确保经济、环境和社会目标安全的前提下考虑市场和非市场机制的比较优势。尽管已经有了这些见解,但是,一旦决定采取市场或非市场的手段,运用哪种或哪些市场工具,或是非市场工具才是实现政策目标最有效的方法?对于这种问题的看法与见解仍然有限。例如,在决定直接采用政府失灵相关文献中提供的用分散权力下放来管理水资源的方法时,它还需要进一步思考什么样的公众群体、个人和非营利参与者应该参与进来,以及如何做出决策。

二、权力下放与资源管理

前面的讨论清楚地表明,过去 40 年来,民主市场经济中公共政策制定的概念基础发生了结构性转变。要认识到以高度集中的指挥和控制的治理模式为中心的国家大型政府机构,在广泛的自然资源管理方面,政府失灵范式中是实际存在的,特别是其中的资源具有显著的空间维度,而且地区差异是显而易见的。这使得在分权治理方面产生了大量的学术成果。特别是,共同财产制度和替代政治结构的工作开始着眼于小型地方社区管理自然资源的能力。这有助于为自然资源的共同管理、以社区为基础的自然资源管理和环境政策的权力下放提供知识基础（Ostrom,1990）。

莱莫斯（Lemos）和阿格拉沃尔（Agrawal）认为,这些大量的成果完成了这一转变,"说明有效的环境治理形式不被'政府'和'自由市场机构'"等术语所穷尽。他们还认为资源的使用者往往有能力自我管理以及管理这些资源。此外,"通过观察数千个独立的长期治理资源的实例,同时突出强调外部支持可以改善地方治理进程的案例地,发现研究公共财产和政治生态学的学者为环境治理的权力下放做了充分准备,奠定了基础。"其结果是,"自20世纪80年代中期以来,通过下放权力来管理的可再生资源,如森林、灌溉系统和内陆渔业等,开始积聚成一股势头"直到它成为"20世纪后20年和21世纪初再生资源管理的一个鲜明特征"（2006:303）。

虽然人们普遍不承认,因为环境治理权力下放的案例大量借鉴了奥茨（1972）早期关于财政联邦主义经济学的研究。虽然政府失灵的文献在提醒公共政策制定者他们必须在市场和政府之间不可避免地在"不完美选择",并在选择方面发挥了不可估量的作用（Wolf,1989）,但是对联邦政府中各级政府应如何做出决定的见解却少得可怜,尽管这篇文章已经开始出现关注多层次政府间竞争的萌芽（Breton,1995）。不过,在多层次的政府系统中分散权力和提高效率,可以为解决这个棘手的问题提供一些启发（Ahmad和Brosio,2009;Oates,1999）。

在财政联邦主义的文献中,援引辅助性的原则,有人认为,通过向下级政府分配税收和支出职能来实行财政分权能提高公共政策制定的效率,并且这可以通过两个主要机制来实现。第一,在需求方面,"偏好匹配假说"认为,分权可以提高经济效率,因为较低层次的政府系统可以提供与当地偏好更相匹配的公共产品和服务。第二,在供给方面,权力下放可以改善公共服务的供给。原因有以下几个方面:它使选民对政客和官僚有更大的控制力,从而可以减少寻租;它鼓励地方政府之间对效率与红利进行竞争;它抑制了利益集团的游说,从而减少了政策扭曲和开支浪费;并且它允许对当地有更深入、更广泛了解地方公共机构对地方财政支出有着更多的控制权。显然,这一思路与关于自然资源治理的思考有实质性的关联。

遵循财政联邦主义理论的这些见解,在环境治理领域,对分权治理的倡导一般援引三个命题（Hutchcroft,2001）。首先,有人认为地方政府单位和其他参与进来的公共实体、非营利组织以及社会团体之间的竞争会使分权治理产生更高的效率。就澳大利亚水政策这一思考而言,它表明了如果允许不同的利益相关者团体自己制定办法解决当地水分配问题,那么就可能出现很多种有关水分配问题的解决办法。事实上,这种真实的"实验室"是建立在不同的团体独立努力地去寻找解决水问题方法的基础上。其次,他们认为分权治理可以使决策更并接近那些受影响最密切的人,从而提升更高的参与度和更大的责任感。最后,决策者可以利用丰富的地方性知识来挖掘和关注当地特有的自然资源。

在环境决策中,当不满于自上而下的"命令—控制"时,集中决策的方法和寻求改善自然资源问题的分权方法有着两大主要作用。第一,环境政策设计试图纳入激励机制以改善个人行为使其能够与预期结果相一致。在实践中,这涉及市场过程和激励措施的采用。第二,自然资源政策的重点是建立新的更适合分散的环境治理的结构。

三、权力下放和环境激励手段

环境政策设计思想演变的一个关键因素,是在交易或市场关系中通常采用激励机制。采用这种方法的基本思想是利用个人奖励,通过修改与特定环境战略相关的成本和收益来改变个人行为。为了重新校正应对环境问题的决策能力,政策制定者引入了激励机制来确保改进成果。

在概念层面,可以定义出三种通用类型的环境管理工具。

● 直接管制,通常采用技术限制的形式,如达到规定的纯度标准、强制性的减排控制或恰当的废物管理;

● 在监管机构、污染者和受害者之间分享信息的合作机构,从而了解其外在性的程度及后果;

● 针对提高环境退化的成本并为其预防提供利好的市场激励机制。

其中第三种通用的环境管理工具,即市场激励手段,可被细分为三大类。

● 价格配给,通常以排放量或排污收费的形式;

● 定量配给,通常以许可证和可交易排放的形式;

● 责任制,强制执行征收标准并惩罚违反这些标准的行为,如违规收费、押金返还制度,或履约保函制度。

从本质上讲,这些市场手段相比直接调控和其他环境控制方法有三大优势。首先,市场工具,如(服务性)收费、税收和可交易的工具,允许生产者和消费者以最低成本方式减少不良的交易活动,从而达到"最佳"(最合理)的污染水平。其次,以市场为基础的激励措施会不断激励人们持续改进产品和工艺。最后,在公共财政方面,政府能够通过这样的环境政策提高收入。

在这种理论背景下,可以在一个广阔的范围内,确定那些被发展用以协助分权治理的工具,包括生态税和生态补贴,它们往往是公共监管与个人动机、贸易许可证、自愿协议、生态认证计划和产品信息要求(如"生态标签")的混合产物(Tews等,2003)。相比之下,类似核心指挥和控制机制的政策工具都停留在对个体动机的"经济人"假设上。

在分权程度最高的政府部门,也就是大多数国家中的典型地方政府部门,环境税和相关收费通常作为对环境不良行为的价格配给形式被征收。一般来说,三种类型的税收和费用在这类环境政策工具中占主导地位:排污费、环境费和产品费。排污费是指向外部环境排放污染物的费用,旨在改善当地环境的质量。地方政府层面,在澳大利亚的威斯敏斯特模式中,通常向生活和工业废物征收排污费。通过这些费用筹集来的收入可以用来支付城市垃圾场等的仓储成本费用,以及对废物的处理从而减少其有害程度。一般来说,这种排污费是合理的,理由是必须对生活和工业废料进行处理和储存,以达到规定的环境标准,而且向用户收费是最合理和公平的筹资方式。

当由于信息不对称而引起道德风险导致不能征收排污费时,就可以征收环境费。举个例子,在一个特定的区域,监管当局可能只获得空气污染物总浓度的准确信息。因此,也就不能切实告诉每个家庭或公司分别排放了多少空气污染物。然后,监管当局可以实施一个环境收费方案,即平等地奖励或惩罚所有参与进来的家庭和公司。其中一个例子是澳大利亚对家用木材生火取暖引起的烟雾的收费。因为对每个家庭烟囱单独进行监控的成本太昂贵,而且监管部门只知道总的木烟污染水平,这种情况下不能征收排污费。因此在澳大利亚,地方议会有时会向住户提供补贴,以拆除老式的木材加热器,并用更有效的现代木材加热器甚至煤气供暖系统来代替它们。然而,地方环境中有关环境收费方案法律具有复杂性,以及在实施环境方案时通常涉及政治障碍,这种方法也不会经常使用。

产品费是指在当地环境中对人有害的投入物或产出物征收的费用或税款。这一费用可在产品周期的任何阶段征收,包括它们的生产、使用和处理。它们也可以因为污染物的特殊属性而被征收产品费,例如污染物随时间存在的持续性。因此,产品收费的类型和变化是多种多样的。例如,在南非的超市里,塑料袋会被征税以劝阻消费者减少使用,如若使用则必须承担额外的费用。

可交易许可证是对消极外部环境问题的另一种分权方法。与环境税和其他相关收费一样,可交易许可证试图通过迫使消费者和生产者考虑其行为的全部代价或成本,从而将这种外部性内化为消费者和生产者的行为。交易许可的概念基础取决于Coase(1960)提出的命题,即只有在法律和制度安排允许资源流入其最高市场使用价值的情况下,才能通过市场交换提高资源分配的经济效率。通过出售这种许可证和配给可供贸易的数量,管理当局不仅可以提高收入,而且可以限制它们对环境的损害。在澳大利亚,水资源交易许可证已经成为一种在竞争用户中分配水资源的关键方法。

自愿性环境协议通常涉及大公司,让它们承诺实践自愿制定好的环境目标。但这往往会导致共同垄断法律法规,有人认为只有维持法律管制的威胁,这种协议才会是有效的(Segerson 和 Miceli,1998)。环境标志和环保认证方案是自愿协议中更通用的代表。在这些方案下,生产商通常会同意规定的环境标准,并根据在市场营销活动中采取的"环境友好行为"向公众传递这些协议。在实践中,主要行业企业,如咖啡、能源和海鲜生产商,经常会采用环境标志与认证方案。

四、权力下放与协同管理

除去为了鼓励权力下放后的环境决策而发展的,以奖励为基础的政策工具外,确定一批新的制度安排也开始成为可能,它们是为了促进分权下的环境治理而发展起来的。与以往在自然资源管理方面的经验相比,当下在该领域的发展则是很大程度上培育出了跨越社区、市场和国家之间传统界限的混合治理模式。Lemos 和 Agrawal(2006)在对这些新模型的复杂性做评价时提出了一个实用的说明性方法,具体如图 6.1 所示。它实际上是一张把社区、市场和国家相结合的环境治理策略分类方法的示意图。

从图 6.1 可以看出,三种有关环境政策和自然资源管理方面的混合分权治理模型已经出现。

- 共同管理,涉及公共机构和地方性或区域性的社区之间的关系;
- 公私伙伴关系,包括政府部门和私营企业之间的关系;
- 私人—社会伙伴关系,由个人实体与地方或区域社区之间的关系构成。

另一种类型的模型并未显示在图 6.1 中,它包括了三个核心社会类别即社区、市场和国家之间的伙伴关系。

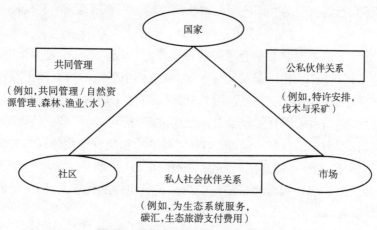

图 6.1　分权环境治理的混合模型

资料来源:Lemos 和 Agraswal(2006:310,图 I)。

经济学家在试图区分经济、环境与社会问题的可替代制度性解决方案时,往往以新制度经济学传统中的杰出思想家所给予的出发点为重点,如科斯(1937)和威廉姆森（1985），将市场和等级体系作为与特定类型的交易成本相关的不同治理机制。这一传统在后续的发展中为这一管理体系增加了第三个类别。不同的三方协调机制也因此不断涌现：市场、等级体系和网络（Thompson 等，1991）；社区、市场和国家（Streek 和 Schmitter，1985）；市场、官僚体系和家族（Ouchi，1991）；价格、权威和信任（bradrach 和 eccles，1991）；市场、政治、和团结（Mayntz，1993）等。所有这些分类本质上都和博尔丁（Boulding，1978）提出的有关交换、威胁、一体化关系的特点并把它们作为社会的三个主要协调机制相似。

在分权环境治理领域，如图 6.1 所示的环境治理的混合形式也体现了对 Hayek（1973）"概要性错觉"意义的认识，因为没有一个单一的个体能够具备解决复杂、多方面环境问题的能力、知识与智慧。因此，需要依靠混合型的伙伴关系来谋求增强能力和深化认知水平，以期能够找到解决这些复杂问题的方法。

分权混合治理机构的成因相对较容易解释，但也许有一个更为突出的问题，它是围绕着环境伙伴关系模型的有效性而展开的。虽然包含多方参与的环境决策无疑增强了做出决策时打下的知识基础，并且也为这些决定提供了更强大的合法性，但是混合治理模式，就如同其他各种形式的集体主义的尝试，也会受到个体或群体动机问题的影响，比如大家所熟悉的"囚徒困境"。

在任何集体决策领域，混合型伙伴关系的主要特征可能在其潜在的"资源依赖性结构"中被找到（Rhodes，1988）。这是因为有可能属于他们的团体和组织控制着不同数量和类型的资源，如权威、合法性、金钱、信息等。通过调动和汇集分散的资源生成一个横向协调的系统，他们因此可以从审议、妥协和谈判的过程中获益，也使得"集体的（或类似的）行动可以为共同政策的解决而被精心策划"（Kenis 和 Schneider，1991：36）。

不过有两个主要问题似乎会阻碍这种合作的出现。第一个是囚徒困境，或讨价还价的、进退两难境地，相比于顺从与承诺，从合作中背叛的行为对于理性投机者来说更有价值时，这种情况便会出现，因为有被欺骗的风险（Scharpf，1991）。有些行动者可能会保留他们本来同意贡献给合作伙伴的资源，并试图"坐享其成"其他各方为促进共同目标所做出的贡献。例如，2009 年哥本哈根气候变化会议的失败就是这种问题的典型例子。第二，博泽尔（Borzel，1998）所称的"结构性困境"应运而生，因为参与伙伴关系决策的行为者通常是他们声称代表团体的代理人，因此他们还需承受来自相关负责人的压力。

所有集体混合伙伴关系在分权环境决策中面临概念上的困难时都试图提供有价值的线索，来表明这样的合作伙伴关系在实践中如何运作的，但现实经验才是洞察力更重要的来源。浩如烟海的文献资料和数以千计的案例研究（如 Conley 和 Mooce，2003 的简要回顾）反映着过去 20 年来合作与环境决策越来越快速的增长。尽管这些文献为合作决策提供了大量的支持(Dukes 和 Firehock,2001),但批评者仍然比比皆是,并迫使参与者重新评估这些合作环境决策(Kenney,2000)。不过到目前为止都还没有进行相关明确的研究,并且不幸的是,现有的研究材料也并没有使用可靠和一致的评价尺度(Leach,2000)。简而言之,怀疑越来越多,事情也都还没有定论。

五、结论

当我们在等待基于混合伙伴关系模型的分权环境决策的有效性,及更确切的实验证据时,是什么使得澳大利亚水资源政策辩论中的参与者认为,包括人们普遍认可的游憩和旅游用水在内的水资源问题很紧迫?首先,应当强调的是,在现有知识的基础上,对于把混合式合作伙伴关系的模型当作能解决包含了各种"赢家"与"输家"的棘手环境问题的灵丹妙药,我们其实并不能抱以太大的信心。因为在这种高度紧张的政策辩论中,需要根据对利益集团政治实力的判断来做出最终的政治决策。然而,与"命令—控制"层次结构形成鲜明对比的是,分权下的混合伙伴关系模型在地方层面上能够在更广泛问题上生成本地信息具有明显的优势。因此,至少应该采用合作的混合伙伴关系来收集和评估分权的信息。

其次,奥斯特罗姆(Ostrom,1990)关于共用资源如渔业、森林和牧场的开拓性研究,对澳大利亚的水资源环境仍然有重要的实用价值。在本质上,Ostrom 强调的是人类生态系统相互作用的多面性,并且反对任何单一的所谓"万能式方法"去解决生态资源利用问题。然而,她确实为针对这些问题的分权解决方案的设计提供了可操作的原则,而当代澳大利亚水资源政策制定者应该铭记在心。因此,一个制度结构应提供明确的界限,来决定谁能参与决策,并切实有效地排除没有足够参与权的外部人员。此外,关于使用普通水资源的任何规则都要考虑因地制宜。同时,集体性的选择安排必须允许潜在的水资源使用者参与决策过程。这需要对与水资源使用者相关的代理商进行有效跟踪监测,而违反既定用水规则的使用者也必须面临制裁。为了最小化因纠纷引起的冲突成本,Ostrom 提出了一种既便捷又具有高进入性的,以当地就业来解决冲突的机制。最后,为了确保分权决策主体的活力,上级主管部门须对当地社区的自主决定权给予认可。

参考文献

1. Ahmad, E., and G. Brosio. 2009. *Does Decentralization Enhance Service Delivery and Poverty Reductionl*? . Cheltenham, UK, Edward Elgar Publishers.
2. Armitage, D., F. Berkes, and N. Doubleday. 2007. Introduction: Moving beyond

co-management, in *Adaptive Co-Management*, edited by D. Armitage and F. Berkes, N. Doubleday. Vancouver, UCB Press, 1-15.

3. Borzel, T.J. 1998. Organizing Babylon: On the different conceptions of policy networks. *Public Administration* 76:253-273.

4. Boulding, K.F. 1978. *Ecodynamics*. New York, Sage.

5. Bradrach,J., and R. Eccles. 1991. Price, authority and trust: From ideal types to plural forms, in *Markets, Hierarchies and Networks: The Co-ordifiation of Social Life*, edited by G. Thompson and J. Frances, R. Levacic, J. Mitchell. London, Sage, 365-381.

6. Breton, A. 1995. *Competitwe Government*. Cambridge, UK, Cambridge University Press.

7. Cestero, B. 1999. *Beyond the Hundredth Meeting: A Field Guide to Collaborative Coniservation On the West' s Public Lands*. Tucson, Sonoran Institute.

8. Cleary, C.R., and D. Phillippi. 1993. *Coordinated Resource Management*. Denver, Society for Range Management.

9. Coase, R.H. 1937. The nature of the firm. *Economica* 3: 386-405.

10. ——. 1960. The problem of social cost.*Journal of Law and Economics* 3 (1): 1-44.

11. Colfer, C.J. 2005. *The Equitable Forest: Diversity, Community and Resource Management*. Washington, DC, Resources for the Future.

12. Conley, A., and M.A. Moote. 2003. Evaluating collaborative natural resource management. *Society and Natural Resources* 16 (5): 371-386.

13. Daniels, S.E., and G.B. Walker. 2000. *Worlking through Environmental Pollcy Conflicts: The Collaborative Learning Approach*. New York, Praeger.

14. Dollery, B.E., and J.L. Wallis. 1997. Market failure, government failure, leadership and public policy. *Journal of Interdisciplinary Economics* 8 (2): 113-126.

15. Downs, A. 1957. *An Economic Theory of Democracy*. Harper and Row, New York.

16. Dukes, E.F., and K. Firehock. 2001. *Collaboration: A Guide for Environmental Advocates*. Charlottesville, University of Virginia.

17. EPA (U.S. Environmental Protection Agency). 1997. *Community-Based Environmental Protection: A Resource Book for Protecting Ecosystems and Communities*. Washington, DC, U.S. Environmental Protection Agency.

18. Gray, GJ., M.J. Enzer, and J. Kusel. 2001. *Understanding Community-Based Ecosystem Management in the United States*. Haworth Press, New York.

19. Hayek, F.A. 1973. *Law, Legislation and Liberty*. Chicago, University of Chicago Press.

20. Hutchcroft, P.D. 2001. Centralization and decentralization in administration and politics: Assessing territorial dimensions of authority and power. *Governance* 14: 23-53.

21. Innes,J.E. 1999. Evaluating consensus building, in *The Consensus Building Handbook*, edited by L. Susskind and S. McKearnan,J. Thomas-Larmer. Thousand Oaks, CA, Sage, 631-675.

22. Kenis, P., and V Schneider. 1991. Policy networks and policy analysis: Scrutinizing a new analytical toolbox, in *Policy Network: Empirical Evidence and Theoretical Consideratrons*, edited by B. Marin and R. Mayntz. Frankfurt, Campus Verlag, 293-412.

23. Kenney, D.S. 2000. *Arguing about Consensus*. Boulder, Natural Resources Law Center, University of Colorado.

24. Kenney, D.S., and W.B. Lord. 1999. *Analysis of Institutional Innovation in the Natural Resources and Environmental Realm*. Boulder, Natural Resources Law Center, University of Colorado.

25. Leachm, W.D. 2000. *Evaluating Watershed Partnerships in California: Theoretical and Methodological Perspectives*, PhD diss.,. Department of Ecology, University of California-Los Angeles.

26. Le Grand,J. 1991. The theory of government failure. *British Journal of Political Sciences* 21 (4):739-757.

27. Lemos, M.C., and A. Agrawal. 2006. Environmental governance. *Annual Review of Environmental Resources* 31: 297-325.

28. Lipsey, R.G., and K. Lancaster. 1956. The general theory of the second best. *Review of Economic Studies* 24 (1): 11-32.

29. Margerum, R.D. 1999. Integrated environmental management: The foundations for successful practice. *Environmental Management* 24 (2): 151-166.

30. Mayntz, R. 1993. Modernization and the logic of interorganizational networks, in *Societal Change between Market and Organization*, edited by J. Child and M. Crozier, R. Mayntz. Aldershot, UK, Ashgate Publishing, 3-18.

31. Moote, A., A. Conley, K. Firehock. and F. Dukes. 2000. *Assessing Rcsearch Needs: A Summary of a Workshop on Community-Based Collaboratives*. Tucson, University of Arizona.

32. NRLC (Natural Resources Law Center). 1996. *The Watershed Source Book*. Boulder, University of Colorado, Natural Resources Law- Center.

33. Oates, W. 1972. *Fiscal Federalism*. New York, Harcourt Brace Jovanovich.

34. ——. 1999. An essay on fiscal federalism. *Journal of Economic Literature* 37 (3):

1120-1149.

35. O' Dowd, M.C. 1978. The problem of government failure in mixed economies. *South African Journal of Economics* 46 (3): 360-370.

36. Ostrom, E. 1990. *Governing the Commons: The Evolution of Institutions for Collective Action*. Cambridge, UK, Cambridge University Press.

37. Ouchi, W. 1991. Markets, bureaucracies and clans, in *Markets, Hierarchies and Networks: The Co-ordinarion of Social Life*, edited by G. Thompson,J. Frances, R. Levacic, and j. Mitchell. London, Sage, 131 -142.

38. Peltzman, S. 1976. Towards a more general theory of regulation. *Journal of Law and Economics* 19 (2): 211-240.

39. Rhodes, R. 1988. *Beyond Westminster and Whitehall*. London, Unwin Hyman.

40. Scharpf, F. 1991. Political institutions, decision styles and policy choices, in *Political Choice: Institutions, Rules, and the Limits of Rationality*, edited by R. Czada and A. Windhoff-Heritier. Boulder, CO, Westview Press, 241-255.

41. Segerson, K., and T.J. Miceli. 1998. Voluntary environmental agreements: Good or bad news for environmental protection? *Journal of Environmental Economics and Management* 36 (1): 109-130.

42. Stigler, G.C. 1971. The economic theory of regulation. *Bell Journal of Economics* 2 (1): 137-146.

43. ——. 1975. *Citizen and State: Essays on Regulation*. Chicago, University of Chicago Press.

44. Streek, W., and P. Schmitter. 1985. *Private Interest Government*. London. Sage.

45. Tews, K., P.O. Busch, and H. Jorgens. 2003. The diffusion of new environmental policy instruments. *European Journal of Political Research* 42 (4): 569-600.

46. Thompson, G., J. Frances, R. Levacic, and J. Mitchell (Eds.). 1991. *Markets, Hierarchies and Networks: The Co-ordination of Social Life*. London. Sage.

47. Vining, A.R., and D.L. Weimer. 1991, Government supply and production failure: A framework based on contestability. *Journal of Public Policy* 10 (1): I-22.

48. Wallis, J., and B.E. Dollery. 1999. *Government Failure, Leadership and Public Policy*. London, Palgrave.

49. Weber, E. 2000. A new vanguard for the environment: Grass-roots ecosystem management as a new environmental movement. *Society and Natural Resources* 13 (3): 237-259.

50. Weisbrod, B., 1978. Problems of enhancing the public interest: Toward a model of

government failures, in *Public Interest Law*. edited by B. Weisbrod,J. Handler and N. Komesar Berkeley, University of California Press, 30- 41.

51. Western. D., and Wright, R.M. (Eds.). 1994. *Natural Connections: Perspectives in Community- Based Conservation*, Washington, DC, Island Press.

52. Williams, E.M., and P.V Ellefson. 1997. Going into partnership to manage a land-scape. *Journal of Forestry* 95 (5): 29-33.

53. Williamson, O.E. 1985. *The Economic Institutions of Capitalism*. New York, Free Press.

54. Wolf, C. 1979a. A theory of non-market failure: Framework for implementation anal-ysis. *Journal of Law and Economics* 22 (1): 107-139.

55. ——. 1979b. A theory of non-market failures. *Public Interest* 55 (2): 114-133.

56. ——. 1983. 'Non-market failure' revisited: The anatomy and physiology of govern-ment deficiencies, in *Anatomy of Government Deficiencies*, edited by H. Hanusch. New York, Springer-Verlag, 138-151.

57. ——. 1987. Market and non-market failures: Comparison and assessment. *Journal of Public Policy* 6 (1): 43-70.

58. ——. 1989. *Markets or Governments*. New York, MIT Press.

59. Zerner, C. 2000. *People, Plants and Justice*. New York, Columbia University Press.

第七章　不同利益的合作协调：水利信托基金的经验教训

苏·奥基夫（Sue O'Keefe）　布莱恩·多莉（Brian Dollery）

　　第六章对公共决策文献进行了调查，并介绍了水利政策在管理和使用方面的合作模式。其中发现了许多自上而下的环境问题缺陷，并引入了多种合作模式，其中包括团体交叉合作模式。本章从本质上对市场化协作的具体形式考察进行了分析。

　　旅游和游憩产业适合运用合作模式，澳大利亚水利政策的影响十分微小，这在很大程度上取决于精准的行业界定和其所代表的不同利益关系。此外，如前所述，在本书中，对水文系统修改影响的理解尚不完整，消费者和非消费者之间存在矛盾性和互补性。因此，政策制定者可能认为直接影响利益的是供应的减少，而供应减少反映了被揭示的市场价值、完整的知识体系以及政策表中最引人注目的利益。正如第一章所述，这大大排除了旅游和游憩产业。

　　澳大利亚的水利政策背景受到资源的空间和时间变化的严重影响，这导致需要大量的努力才能使供水更可靠或更安全。如前几章所述，农业与环境需求之间的紧张关系使得需要对自然状态下的径流进行整治且花费不菲，这对生态系统构成严重威胁。尽管如此，由于流量流动知识的增加和公众对过度分配导致的环境影响的关注，人们逐渐认识到流量流动的益处，政府也正积极参与购买墨累-达令盆地的使用权，以实现更为良好的环境效果，并将水质提升到更可接受的限度。目前，政府的129亿澳元未来水资源计划，预计在未来10多年投入31亿澳元主要致力于回购水资源权益，未来几年将有很大可能为环境指定水。[①]事实上，澳大利亚农场研究所（Bennett等，2010）收集的文件中表明，英联邦环保水持有人将控制高达20%的提取物水权，成为墨累-达令盆地中最大的单一水源。根据联邦政府恢复平衡计划（生产力委员会，2010年）显示，截至2010年2月，澳大利亚已获得约797个水利权利。

　　澳大利亚的水利情况与美国西部面临的情况相似，在美国西部大面积改革、建立和发展水资源市场以及公众对环境价值观的支持日益增多的背景下，人们越来越关注以市场为基础来实现环境效益的战略。这种转变被称为"市场环境主义"（Anderson和Leal，1991）或"特别保护"（Del Alessi，1999），可以看到在市场活跃的水利信托基金影响下，环境与娱乐利益之间的不断联盟，确保了流量流入的增加。在美国西部，个人水利信托基金增强了环境和娱乐相互作用的效果，也揭示了非消耗性用水的市场价值。

在本章中，我们借鉴澳大利亚境内的水利信托基金和澳大利亚类似土地保护领域机构的经验，研究旅游和游憩行业的潜在合作模式。本章从美国和澳大利亚环境的简要概述开始，接下来是对市场环境主义观念的研究，重点关注美国的水利信托基金业务和澳大利亚的土地政策与环境信托基金。

一、澳大利亚和美国的背景概述

如第五章所述，在供水极端变化的背景下，水权的定义、监测和执行变得至关重要。合理运用水权有助于高效利用水资源，并持续向更高价值的用途转变。产权明确有助于实现经济、社会和环境利益之间的平衡（Libecap等，2009）。澳大利亚和美国水市场的建立和发展提供证据表明，水权和市场可以提供关于当前消费模式、替代价值、激励措施的调整使用以及在竞争性需求下更平稳地重新分配的信息（Libecap等，2009）。在这两个国家，我们都看到了水权和市场在加强对流量流动保护方面的作用。[②]

虽然澳大利亚和美国的权利制度不同，但利比卡（Libecap）及其同事在其历史背景下注意到几个相似之处，包括气候变化、伴随的水库需求对供应可靠性的保障和跨境水务管理的需求，大多数分配到日益加剧的灌溉农业、环境、游憩和城市住宅的竞争，以及加强这些用途分配的贸易潜力。除此以外，在每个国家，环境运动和更广泛的服务经济转型将保护目标转向游憩和生态系统保护，并且已经注意到流量流动的重要性（King，2004；Libecap等，2009）。

在澳大利亚和美国，水资源的所有权归属于某一个州时，其他州在遵守国家强加的某些条件下也有使用权。在墨累－达令盆地，法定权利制度普遍存在，而在美国西部，水权市场有专有权利制度，以下各节简要说明这些权利。

（一）墨累－达令盆地的水权

历史上，澳大利亚各州认为水权主要是一种发展灌溉农业的手段，他们一般自由分配法定水权，通常分配1英亩和各州资助的灌溉基础设施。然而到20世纪80年代，权利的过度分配迫使土地权利与水权剥离以允许贸易。后来南澳大利亚、新南威尔士州和昆士兰州及维多利亚州分别在1982年、1989年、1991年建立了水市场（MDBC，1998）。1994年，澳大利亚政府联盟已把所有土地与水权分离，"水改革"也总体承认需要保护水生环境，并称是为了每个州能分配水（Postel和Richter，2003）。尽管如此，所有州还是制定了预防或限制州际或跨流域转移的规定。"2007年水法"规定，英联邦环境水持有者负责管理英联邦目前在墨累－达令盆地的恢复平衡计划

（水权购买）以及可持续农村用水与基础设施方案的机构。

虽然在"水法"预示着联邦拥有更大控制力并且其为实现改革制定了统一管理框架的情况下，每个州仍然保留了管理细则差别，这也使得政策和市场环境更加复杂。尽管这些措施的用处往往被夸大，但在流行媒体中仍普遍呼吁统一性。例如，站不住脚的证据表明，水政治在国家层面的问题要比在州或地区层面的问题低。而且，正如第六章所指出的那样，自上而下的方法得到了充分的证明。

在"国家水行动计划"的原则中，存在一种法定权利的统一形式。更具体地说，所有司法管辖区都同意，任何消耗性使用水应有作为资源消耗池的永久份额的权利被写进立法中。③但是，权利的优先权在各司法管辖区之间可能会有所不同。例如，新南威尔士州拥有高安全性和相对安全性较低的担保权，而在南澳大利亚，大多数权利的优先性相对平衡。

（二）美国的水权

专用权利涉及水权与土地所有权的分离，而在美国西部，它们是基于"先到先得"的规则。其结果是"权利阶梯"（Kwasniak，2006），权利最高级受益最多。权利持有者有权转移一定量的水用于有益用途，但转移量取决于流量和水库的大小。那些最早从事水源的人通常是灌溉者，具有最高优先权，而随后如城市用户这样要求权利的人，优先权较低或仅拥有初级权利。在这种情况下，贸易允许具有初级权利但是高价值用水的城市用户（城市用户是这方面的典型例子）从具有较低价值用途但是优先权较高的地方租赁或购买水。其所产生的分配是优势互补的效果。

有益用途的要求历来被视为是通过物理转移测量的消费用途的代名词。应用有益用途测试的不良结果为用户创造了一种低价值的方式来保存自己的权利（King，2004）。保存或抢救水不会被视为有益用途的做法，因此鼓励灌溉者"使用它或丢弃它"。

直到最近，环保用途或河道内流入不被认为是有益的用途，其显然不利于鱼类种群、娱乐和其他环境价值。金（King，2004）确定了几个引入流量价值的必要先决条件：水市场的存在、先进的科学知识、有效的制度和政治环境。保护本地流动的立法承认了环保设施的公共利益，这为诸如俄勒冈水务信托基金等私人和半公共组织进入市场、保持流量流动、保护游憩和环境利益铺平了道路。

两国之间的相似之处提高了重要可能性。据称在每个国家，环保用水都是由政府购买的，但它发挥的作用跟私营组织和私营机构是不同的。美国通过采取一种市场环境主义的形式，消除了一些政府采取回购行动有关的阻碍，使环境利益和游憩利益得到了提高，但澳大利亚在这方面的行动一直不突出。然而，生产力委员会（2009）最近在思考私人代理活动对于确保环境服务的适用性时，强调了私人信托基金基于利他主义动机和水娱乐价值存在的潜力。最近 Bennett 等（2010）也强调了在环境方面做决策的潜力，以及信托基金在澳大利亚分配环境用水方面发挥的潜在作用。以下部分简要概述了市场环境主义的概念，为评估澳大利亚的相关性提供了背景。

二、私人保护 / 市场环境

第六章描述了三种通用类型的环境管理工具，其中特别侧重于分散化环境管理的市场激励模式。市场经济优势被充分记录下来，越来越多的市场化手段正在被开发和应用于环境保护工作。市场环境主义的依据是市场基于自然资源的有效配置，市场主张者质疑政府有效应对信息成本和第三方效应等市场失灵的能力（Anderson 和 Snyder，1997）。支持者认为，土地或水资源信托基金等私人组织可以将环境、慈善和娱乐利益结合起来发挥重要作用（Binning 和 Feilman，2000；Del Alessi，1999）。根据戴尔·阿雷西（Del Alessi，1999）的观点，政府普遍采取的政策是建立在"创造更多的冲突而不是解决冲突"的政治构思之上，因为与有利于各方自由贸易的市场相反，政治是一场零和博弈的游戏，其中一组的收益必须以牺牲另一组为代价。有人认为，私有制改变了人们所面临的激励机制，并产生了更多创造性的解决方案。

在澳大利亚，这种方法在景观保护方面应用最广，其中也涉及非政府部门采购土地。然而在美国，私人水市场交易越来越多地被用来确保改善环境、游憩和旅游利益。私人水权制度利用市场交易来确保在高度重视的环境保护和游憩服务情况下的环境流动（Katz，2006），结果显示生态基流的市场价值超过农业的市场价值（Colby，1990）。

（一）美国的水利信托基金

直到最近，人们认为所有水流都被浪费了，但对流入式用途的认可仍为美国西部地区发展水利信托基金铺平了道路。"水利信托基金是以加强流域保护为目的的获得水权的私人非营利组织"，并在恢复、维护和提高水生生态和河岸生态完整性方面发挥着重要作用（King，2004）。在华盛顿和俄勒冈等州，私人组织可能会获得流动性水权，但是禁止自己单独持有，这些权利必须是由国家移交并持有（King，2004）。从本质上讲，这个系统可以从农业中获取或转让流动使用，从而有利于环境和游憩用户。在激励的保护下，采用基于市场的方法来解决环境问题。King 认为水利信托基金是一个促进渔业、水质、栖息地和游憩等养护的有效工具。

水利信托基金的设立初衷是偏向于直接购买权利以实现永久转让（Landry，1998），但转让权利受制于许多硬性规则（生产力委员会，2009）。例如，加利福尼亚州宪法规定，指定某人有权享有水权是非法的，虽然这样做的影响因公共信托基金的环境价值观、游憩和美学原则的扩大而降低(生产力委员会,2009)。向州政府转移权利可能涉及长期的法律程序,在许多情况下租赁更切实可行。结果是,大部分已完成的交易实际上都是租赁,这致使水权形成短暂重新分配的形式。卢米斯等(Loomis等,2003)认为租赁有几个优点:它们是临时性的,这为双方提供了灵活性;权利持有人对流量流动市场的想法可以是自在的,并有机会看到租赁如何影响他们的用水需求;租赁机构可以通过评估出租量来保护流量流动的有效性;重要的是,观察家有机会确定农业用水的转移是否真的对农业社区产生了不利影响,这是贸易对手中最大的威胁之一。此外,还可提供各种租赁方案,以满足买卖双方的需求,这些包括标准的年度租赁或多年租赁以及干旱年租赁,其中包括在干旱年份(类似于期权合约)获得水权的事先安排以及允许一部分水在本年早些时候用于灌溉,其余的在夏季用于补偿恢复内流的分季租赁权利(Landry,1998)。与俄勒冈州需要多年的永久转让(生产力委员会,2009)相比,租赁能够快速地转移水资源。因此,水利信托基金限制使用税收优惠,因为只有水权的永久转让才符合税收减免(King,2004)。

依靠水资源的自愿转移,可以补齐州流量流动计划,而且与规范或强制收购的"指挥和控制"相比,带来了实质性的好处。信托基金很可能会克服资金不足、执法力度低下、初级权利采购的困难,规避缓慢而昂贵的官僚程序,并通过其运转速度、灵活性和创造力提高项目的敏捷性(King,2004)。他们还能够从在非营利部门工作的人那里获得比政府部门更多的筹集资金,提供以人员、机构、基础设施和资金等形式的资源,但同时会带来社会资本风险(O'Neill,1989)。

当公共机构未能成功保护径流时,水利信托机构提供了可能的解决方法,并且在制度上规避了许多(对政府,尤其是农业利益集团的)反对和敌视意见。King(2004)也认同水利信托基金与国家之间的共生关系,信托提供大量的具体知识和基础,而国家提供法律、体制和物质基础设施来确保水权的转移。

购买水权以保护流量流动的动机体现在慈善、法律和货币方面。塔洛克和内格尔(Tarlock和Nagel,1989)指出,自我利益和公众接受度都是这些活动的重要元素,而King(2004)则认为利他主义以及由于失效使用而免于充公是作为参与市场的特别激励。如果农作物无利可图或天气条件不利的话,出售或租赁水资源也会产生良好的经济意义,货币补偿在某些情况下将赞助改善灌溉。

淡水信托是美国知名的水利信托基金之一。该公司于2009年通过俄勒冈水务信托(OWT)与俄勒冈州渥太华(Oregon Trout)的合并而组建。俄勒冈水务信托(OWT)于1993年成立,是美国首个非营利性私营水务信托基金,目的是在以最大生态效益为目标的地区采用基于市场的合作解决方案恢复地表水流量。旧金山早在1983年就有一群由钓鱼保护主义者组成的以保护和恢复原生鱼类及其生态系统为宗旨的组织。淡水信托机构采取"综合创新的方式来恢复淡水生态系统——从恢复河流建筑到与土地所有者合作,以更多的水流流动来教育儿童淡水养护的重要性"(淡水信托,2010)。其通常通过灌溉者购买、租赁或捐赠水权来实现目标,然后利用所获得的水恢复特定场地的设施,以造福于环境、游憩和社区。值得注意的是,此信托基金使用市场化的激励措施,把科学知识和管理专业知识结合在一起,将其章程添加至教育里。这被广泛引用为基于市场解决的潜在水分配问题或基于激励的保护问题的例子(King,2004;Kwasniak,2006)。

在俄勒冈州依靠个人和团体购买环境水权,然后依法捐赠给国家政府的现象特别突出(生产力委员会,2009)。因此,俄勒冈州政府不直接购买或租赁水资源,而是依靠淡水信托基金和德尚河流域保护组织等组织的捐赠,尽管这些团体通常由州和联邦政府资助。2006年,淡水信托基金每天通过向土地所有者捐款或付款获得约390兆公升的流量,其中245兆公升是从土地所有者或灌溉区租用来的,剩余的是采购来的(生产力委员会,2009)。信托机构的大多数采购来自个别土地所有者,但也从灌溉地区租赁。

与直接接触土地所有者相比,通过与当地的保护组织合作向有意出售水资源的人士介绍淡水信托基金(生产力委员会,2009),取得了更大的成功。大部分收购都经过协商并根据土地所有者的情况提供了很多灵活性处理方法,因为农民对环境或游憩目标以及具体的流量需求是显然的。这致使在制定分季租赁等机制时达成协议,使得灌溉流程的时间安排将环境资产成本降到最低。淡水信托基金也为水资源使用干草"实物"付款。

(二)基于激励机制的澳大利亚环境主义

King(2004)在分析美国水利信托基金运动的基础时指出,这是建立在土地信托运动的成功基础之上的。King指出,土地信托运动的三个核心是将其成功应用于环境挑战的基础:第一,利用基于激励机制的保护理论;第二,土地信托运动会永久运转;第三,土地信托作为公共—私营的伙伴关系运作。澳大利亚的土地信托运动也存在这三个因素,这些因素在努力保护生物多样性和确保生态安全方面起了很大作用。以下将简要介绍澳大利亚市场保护的一些关键因素。

澳大利亚野生动物保护协会(AWC)是澳大利亚最大的非政府土地持有者(Totaro,2009),其拥有21个保护区,占地面积250万公顷,如昆士兰北部、金伯利、新南威尔士州西北部和北部、澳大利亚西南部的森林(AWC,2009)都为它持有。它不仅关注购买土地,还着重于公共教育和地表扶持,这得到了大量研究重点的支持。澳大利亚野生动物保护协会旨在确保其保护区成为更多景观规模保护工作的"催化剂"。因此,其保护工作与邻国密切合作,以促进每个澳大利亚野生动物保护协会保护区对边界的保护。

　　布什遗产最初由鲍勃·布朗（Bob Brown）设立，以保护塔斯马尼亚的老森林，并在澳大利亚开发和管理高度保护价值的土地。它还通过与其他土地所有者建立伙伴关系，并从个人捐赠中获得其资金的55%，其他相对较少的部分从其他公司、遗产和赠款获得（Bush Heritage，2010）。

　　这些例子表明土地信托基金在澳大利亚的作用越来越大，但水利信托基金却不这样。有许多原因可以解释这一点，这些原因在整本书中都有所提及。可能的解释为：土地市场与相对较新的水市场相比更成熟；对流动制度和时序影响的认识不足；只在数量上规范水权，不一定能简单计算出环境和游憩效益之间的重叠程度；以及最近认识到存在水环境和游憩利益的非消耗性价值。尽管如此，澳大利亚水资源信托基金与土地信托基金的成功可能给澳大利亚水务公司未来建立和发展私人组织带来希望，例如澳大利亚的一些环保组织如"健康河流组织"接受了水权的捐赠，并在整体环境流动市场中发挥了适度的作用。生产力委员会的建议可以解释澳大利亚与美国之间的差距：第一，美国信托基金的成员有可能通过例如休闲钓鱼活动获得改善环保成果的大部分益处；第二，提供环境服务的规定也有可能历来是政府的管辖领域。生产力委员会将进一步注意政府在市场上的活动潜力以尽可能排挤私人参与（2009）。

　　尽管有这些障碍，观察家最近也注意到了澳大利亚信托基金的潜在优势。例如，扬（Young，2010）认为，环境水资源储备应该被指定为当地的环境信托机构或类似机构所拥有可以用于转让和持有的权利。中央持水机构将被限制使用由当地实体合理管理的权利。Young指出，这些安排的基本原理是辅助性原则，在本书第六章中有所讨论。在政权下，当地的信托机构（如灌溉者）每年都会知道他们有多少水资源并可以通过分配水资源来实现目标，这可能包括买卖分配，虽然这种方法仍处于萌芽状态，但是在澳大利亚已有几条安全的供私人活动的环境和游憩水流，"澳大利亚健康河流水资源银行"和"墨累湿地工作组"提供了一些有用的见解。

　　澳大利亚健康河流的目标是建设全国最大的环境水资源银行（HRA，2010b），其中包括多种来源的捐款和受捐赠的水资源以及用金钱购买的水资源。这是一个非营利性且独立的会员制组织，与社区合作共同恢复河流健康。水务银行持有环境水资源信托基金项目，主要是为改善水资源的质量或数量和本土动植物环境。免税金融捐赠不通过政府经手而由社区成员委员会直接管理。2008年，水务银行尽管设定了自己的目标并具有相应的发展潜力，但其环境保护成果只有4兆升。但该组织在税收减免方面实现了突破。虽然这种激励现在已经存在于土地保护组织之中，但以前并非如此。2010年6月，澳大利亚健康河流组织帮助一名新南威尔士州拥有灌溉许可证的持有人在墨累州临时捐赠48.4兆升水（HRA，2010a），用于湿地恢复和鱼类的重新投产，获得了16 900澳元的税收优惠。此外，澳大利亚健康河流组织在本季节的最后两周忙碌于接收水资源，因为灌溉者意识到他们不大可能找到少量水的替代用途，所以澳大利亚健康河流组织在 2008—2009 年度获得了 59.75 兆升水（HRA，2010a）。

新南威尔士州墨累湿地工作组织（MWWG）的目标是恢复湿地降水，并改善墨累州和达令盆地（Lower Darling）流域的湿地管理（Nias，2010）。新南威尔士州墨累湿地工作组织于 1992 年成立，是墨累州和达令盆地流域水资源管理委员会的倡议，其成员包括私人灌溉者、土地所有者、议会、流域管理机构、淡水研究中心、州和联邦政府部门以及独立生态学家，重点采取有针对性的保护方法以最大限度地提高效益。新南威尔士州墨累湿地工作组织是一个拥有自己宪法并已制定组织活动章程的集团。然而，最近一个新的集团墨累达令湿地（Murray Darling Wetlands）有限公司已经成立为一家私人公司，性质类似于美国的水利信托基金组织或澳大利亚灌溉信托基金组织。这项倡议允许用捐款替代缴税。以前不鼓励这些组织进入水利市场，主要是因为水权转让的许多限制性规定，但是今后这些规定有希望被放宽。旅游和游憩产业已经对新南威尔士州墨累湿地工作组织感兴趣，因为其成员们清楚地认识到这与美国相关经历的水资源利益有一些类似与融合。企业部门正在进一步探索市场，并像众多组织支持植树的方式一样，进军企业的环境可持续发展运动。若转换为私人实体经济将允许企业合伙人拥有免税额度。与政府计划相比，信托基金模式提供了更大的灵活性，并为在团体内建立相互关系提供了很大的潜力。

新南威尔士州墨累湿地工作组织最近的一项倡议是与其他五家非政府组织一起建立水利信托基金联盟，以加强工作组织在确保澳大利亚河流的环境成果方面的作用。水利信托基金联盟将作为当地水利信托基金的国家级高峰机构，提供协调水利信托基金模式、水权、信托基金收购和管理方面的最新信息和最优做法。联盟通过广泛地与地区政府、土地所有者、企业和社会团体建立战略关系，将使水利信托模式能够提供有效的环境水资源管理办法（ACF，2010）。

三、结论

将水市场活动推广延伸到包括旅游休闲利益以及环境利益似乎为改善流量流动提供了一定的空间。这种保护方法在美国是确定的，而在澳大利亚，主要以土地或自然保护信托基金的形式存在。然而，水市场计划的精确运作和设计与特定的制度和法律背景密切相关，因此美国西部的这些组织在运作中会存在差异，而在澳大利亚管辖范围内可能会有不一样的障碍和有利因素。这些特征降低了跨辖区制度安排的简单转移的可能性。

在澳大利亚，政府回购计划解决了过度配置和相关环境退化的问题。然而，这引起了农业界的广泛批评，最近也引起了生产力委员会的批评（2009）。尽管政府保证只会从自愿卖家那里为环境购买水资源,但因为一些灌溉,社区遭受严重破坏,农业界对其表示担忧并采取了更有针对性的做法。从另一个角度来看,澳大利亚保护联合会等环境保护主义者更愿意采取有针对性的方式来确保任何购买环境用水资源的价值影响最大。相比之下,相互认同的市场贸易使双方更好,避免了国家干预水资源再分配的"分化、耗时"的问题(King,2004)。在这种情况下,非营利私营机构可能会更努力去地改善生态影响结果。这些组织活动比政府行动有好几个优势,但并不是说他们更有可能得到不信任政府干预的灌溉区的支持。显然,澳大利亚的水利资源信托基金发展将给予游憩和旅游业一个机会——通过在水市场上的直接行动来影响水资源分配的范围,而不是在已经拥挤的政策格局中再进行间接的政治游说。

从休闲产业的角度来看,与市场上不能观察到的游憩价值现状相比,参与水上市场的优势在于揭示游憩的市场价值。迄今为止,可通过采用一些非市场价值评估技术获得有关游憩和环境价值的信息。在美国,如果在水利信托基金发生市场活动的某些情况下,游憩用水的经济价值至少是农业的四倍(Ward,1989)。Ward认为游憩利益具有进一步潜力,即使没有游憩产业组织直接购买水权,灌溉区也可能首先从对边际游憩利益贡献最小的水库中排除。灌溉需求的有效时间将最大限度地减少区域经济的游憩收益。

尽管在澳大利亚发展水利信托基金方面存在潜在的优势,但仍有一些问题尚待解决,其中许多问题在本书其他章节中有详细论述。第一,对于环境水资源需求与各种游憩价值之间的互补性的知识描述是不完整的。第二,公共机构和立法安排需要做进一步调查分析,以确定澳大利亚水利信托活动的潜力。第三,缺乏对市场潜力的公众认知和意识。第四,以容量限制权利的规定影响了水权购买对环境和游憩目的的潜在效益。第五,目前禁止的跨界转移水资源严重限制了改善环境和游憩用途的潜力。为解决这些问题而加强研究工作和对其他机构结构的仔细审查都是为了更充分地了解旅游和游憩产业的参与潜力。

注释

① 1 澳元 =0.9978 美元,2011 年 1 月汇率。

②还值得指出的是,也出现了一些不正常的结果,由于可预测的激活了"枕木和推土机水权"是指尚未使用或只是偶尔使用的水权。这些权利的交易导致了开采量的增加,同为以前不活跃的权利被出售和激活。

③国家水倡议,第 28 页。

参考文献

1. ACF (Australian Conservation Foundation). 2010. *Water Trust Alliance to Strengthen Role of Community*, accessed October 5, 2010, from www.acfonline.org.au.

2. Anderson, T.L., and D.R. Leal. 1991. *Free Market Environmentalism*. Pacific Research Institute for Public Policy. Boulder: Westview Press.

3. Anderson, T., and P. Snyder. 1997. *Water Markets: Priming the Invisible Pump*. Washington DC: Cato Institute.

4. AWC (Australian Wildlife Conservancy). 2009. *What Does AWC Do?* accessed October 19, 2010, from www.australianwildlife.org.

5. Bennett,J., R. Kingsford, R. Norris, and M. Young. 2010. *Making Decisions about Environmental Water Allocations*. Surry Hills, New Sourh Wales: Australian Farm Institure.

6. Binning, C., and P. Feilman. 2000. *Landscape Conservation and the Non-government Sector*. Research Report 7/00, Canberra, Environment Australia.

7. Bush Heritage. 2010. *About Us*, accessed October 24, 2010, from www.bushheritage. org,au.

8. Colby, B. 1990. Enhancing instream flow benefits in an era of water marketing. *Water Resources Research* 26 (6):1113-1120.

9. 1999. *Private Conservation Markets, Politics and Voluntary Action*. Hal Clough Lecture for 1999. Edited by M. Del Alessi. Melbourne: Institute of Public Affairs.

10. Freshwater Trust. 2010. *About Us*. accessed October 24, 2010, from www.thefreshwatertrust.org.

11. HRA (Healthy Rivers Australia). 2008. *Annual Report* 2007- 2008. accessed September 10 from www.healthyrivers.org.au.

12. ——. 2010a. Personal communication with the authors, September l, 2010.

13. ——. 2010b. *Water Bank*, accessed October 19, 2010, from www.healthyrivers.org. au.

14. Katz, D. 2006. Going with the flow: Preserving and restoring instream water allocations. In *The World's Water: 2006-2007*. Chicago: Island Press.

15. King, M. 2004. Getting our feet wet: An introduction to water trusts. *Harvard Environmental Law Review* 28:495-534.

16. Kwasniak, A. 2006. Quenching instream thirsts: A role for water trusts in the Prairie

Provinces. *Journal of Environmental Law and Practice* 16 (3):211-237.

17. Landry, C. 1998. *Saving Our Streams through Water Markets: A Practical Guide.* Bozeman, MT: Political Economy Research Center.

18. Libecap, G.D., R.Q. Grafton, C. Landry, and J.R. O'Brien. 2009. *Markets—Water Markets: Australia's Murray-Darling Basin and the US Southwest.* Working Paper No. 15. Prague: International Centre for Economic Research.

19. Loomis, J.B., K. Quattlebaum, T.C. Brown, and S.J. Alexander. 2003. Expanding institutional arrangements for acquiring water for environmental purposes: Transactions evidence for the western United States. *Internatronal Jorrnal of Water Resources Development* 13 (1):21-28.

20. MDBC (Murray Darling Basin Commission). 1998. *Managing the Water Resources of the Murray-Darling Basin.* Canberra: Murray Darling Basin Commission.

21. Nias, D. 2010. Personal communication with the authors. August 21.

22. O'Neill, M. 1989. *The Third America: The Emergence of the Non-profit Sector in the United States.* San Francisco: Jossey-Bass.

23. Poste, S., and B. Richter. 2003. *Rivers for Life: Managing Water for People and Nature.* Washington, DC: Island Press.

24. Productivity Commission. 2009. *Market Mechanisms for Recovering Water in the Murray-Darling Basin: Draft Research Report.* Melbourne: Productivity Commission.

25. ——. 2010. *Market Mechanisms for Recovering Water in the Murray-Darling Basin: Final Research Report.* Melbourne: Productivity Commission.

26. Tarlock, A.D., and D.K. Nagel. 1989. Future issues in instream protection in the West, in *Instream Flow Protection in the West*, edited by L.J. Macdonnell, T.A. Rice, and S.J. Shupe. Boulder: Natural Resources Law Center. University of Colorado School of Law, 137-155.

27. Totaro, P. 2009. Flannery takes conservation plea to Europe. *The Age* :7 October 9.

28. Ward, F. 1989. Efficiently managing spatially competmg water uses: Ncw cvidence from a regional recreational demand model.*Journal of Regional Science* 29 (2):229-246.

29. Young, M. 2010, Managing environmental water, in *Making Decisions about Environmental Water Allocations*, edited by J. Bennett, R. Kingsford, R. Norris, and M. Young. Surry Hills, New South Wales: Australian Farm Institute, 1-80.

第三部分
实际挑战和政策制定

第八章 天鹅河：可望而不可即

菲奥娜·哈斯拉姆·麦肯齐(Fiona Haslam McKenzie)

世界许多地方,在更广泛的经济结构调整的背景下,城市内河系统被重新诠释为具有游憩和旅游价值的资源(Marzano 等,2009),但在珀斯不是这样。几乎每一位游客在游览过程中都会经过中央商业区(CBD),看到并欣赏位于中央商业区前面的天鹅河,也就是人们常说的珀斯水。然而,他们只能是远远观望,而无法真正在游憩层面、历史层面或文化层面体验感知天鹅河。

与其他澳大利亚城市如悉尼、墨尔本和布里斯班相比,珀斯的旅游业不算成熟。大约每年有 350 万人访问珀斯,毫无疑问,国际游客游览时间最长,消费最多(Tourism Western Australia,2009)。相比之下,布里斯班的人口数量与珀斯相似,但每年约有 550 万人次访问,游客人均消费额几乎是珀斯人均消费额的两倍(Tourism Queensland,2009)。墨尔本的人口是珀斯的两倍,但其自然资源的质量却远远不及布里斯班和珀斯。但旅游业对于维多利亚来说非常重要。墨尔本的亚拉河和布里斯班的布里斯班河都不能像天鹅河一样为游客提供在开阔水域景观观赏或娱乐。尽管如此,这两个城市都积极地发掘市中心及周边河流的旅游价值。

在考察水与旅游业的关系时,天鹅河是一个引人注目的案例。第一,天鹅河于2002 年被杰夫·盖洛普(Geoff Gallop)总理评为西澳第一个官方遗产。第二,酒店和公共设施大多集中分布在中央商务区。第三,珀斯水是整个城市河流系统最大的水域之一。这项研究是在公众对珀斯水资源开发缺乏充分认识、媒体对 "Dullsville" 的描述,以及公众担忧天鹅 - 坎宁湖生态系统健康的背景下进行的。

本章重点介绍为什么珀斯水作为旅游资源,虽具备潜力,却依然缺乏开发、评价过低。本章认为,天鹅河的发展,特别是与旅游业相关的发展,受惯性和邻避主义的约束,这种约束具有广泛的经济和社会影响。①同时,本章还研究探讨了纽约市最近振兴哈林河的经验教训,以便为决策者们提供更多的参考资料。

本章首先介绍了珀斯水的现代背景和历史背景,并讨论了当前的旅游机遇。然后提出有关珀斯水利用的问题,随后对珀斯社会的看法为 "无聊的" 和 "保姆国家"。接下来,本章从研究的角度来看待河流治理和所有权问题,在河流上发展基础设施的同时修复和保护河岸生态系统。相比之下,纽约哈林市的旅游开发经验得到了验证。在吸引人们去河渠的过程中,哈林市使人们油然而生了一种地方归属感,因此,人们愿意将公共资金投向自然资产,以确保其健康发展并保持其的吸引力。

一、现代背景和历史背景

175 年来，天鹅河由于种种原因有着重要地位。首先无论是在 1829 年英国殖民者到来之前还是之后，它都是食物重要来源和运输通道；后来作为一个休闲游憩场所，受到了诸如船爱好者、游泳运动员、步行者、骑行者以及许多其他水上活动参与者的喜爱。天鹅河和坎宁河流经 Avon 和天鹅沿海集水区，流经珀斯市中心。坎宁河在珀斯中央商务区的那条路下汇入天鹅河并与之相连。这两条河对当地的土著居民非常重要，因此这两条河不仅是他们的食物来源，也是他们的精神支柱。因此，天鹅湾及其附近的沿海平原是西澳大利亚的文化、历史、经济和娱乐中心。

这条河，特别是珀斯中央商务区的那部分，确实是一个美丽的自然资源。天鹅河优越的地理位置及美丽的景色增加了珀斯的经济收入，而且，许多重要的商业中心和旅游酒店均位于珀斯中央商务区。珀斯水通常较浅，宽窄不一，从铜锣北部附近的狭窄的水道和布斯伍德赌场到城市前面的广阔水面，在国王公园的狭窄桥梁脚下变窄，然后才会从市中心西南端的梅尔维尔水（Melville Water）道变为广阔的水域见图 8.1。在珀斯水上，人们俯瞰中央商务区，可以看到国王公园（Seddon，1970）的中心景区伊丽莎山，同时，这也是珀斯最受游客欢迎的地方之一，游客常常聚集于此。正如杰出的历史学家和自然主义者乔治·塞德登（George Seddon）所说："澳大利亚其他重要城市都不会有这样一个普遍的优势"（Seddon 和 Ravine，1986：17）。在这里，这条河及美景的周围环绕着一些保存完好的丛林、咖啡馆、高档礼品店和一间高档餐厅。这里的公共交通十分方便，尤其是通往市中心的公共交通。但是，通往珀斯水的公共交通并不方便。

在珀斯水的东部是希里松岛，这里过去是一些岛屿和泥泞的浅滩。后来，通过改造与疏通，这些岛屿和浅滩连接在了一起，有利于船只的航行（Seddon，1970）。希里松岛有时又被称为"通往珀斯的门户"，但到目前为止，尽管已经提交了几项总体发展规划，但是该岛还没有得到很好的发展。最近，当地于 2008 年提出了一个开发岛的计划，即把岛屿打造为低刺激性娱乐的雕塑公园（Urbis，2008）。目前，游客并不喜欢来这里游玩。这是因为当地交通的可进入性较差，而且标志性景观较少，该岛到市中心只有一条路，而且该岛只有一个名为亚甘的抵抗白人殖民侵略者的英雄雕像。珀斯旁边的希里松岛对面是 Point Fraser，是一个短的海角，直到 2006 年才成为填海和疏浚工作的倾倒场，当时它的修复表示殖民地区前的地区，包括恢复原有的土著旱地和湿地植物区系（珀斯市议会，2009）。Point Fraser 重新建立了一个水生生态系统，以展示湿地如何成为城市生活的财富，并提高人们对当地动植物群的认识。Point Fraser 酒店还设有烧烤设施，停车场和自行车出租设施。这项屡获殊荣的设计可以吸引潜在的游客,但教育旅游必须在旅游日的前 14 天进行预约,这样可以消除游客的自发性。

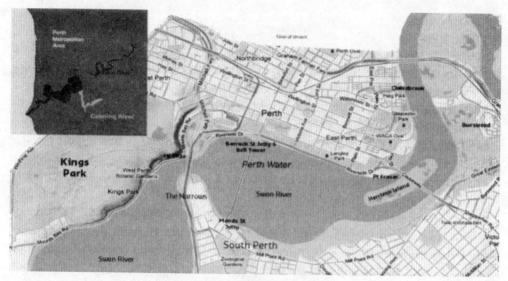

图 8.1　珀斯市和天鹅河

二、天鹅河旅游的游憩机会

在珀斯中央商务区集中分布着大量酒店和其他旅游设施,使珀斯成为重要的门户和游客集散中心。然而,对于可供想要在珀斯重建水上天鹅河的旅游者的选择来说,他们的选择则是相对有限的。最著名的建筑位于珀斯水城旁边的 Barrack 街脚,是个建于 1998 年的钟楼,虽然其原本计划发展的定位要更宏观一些。这里出现了一些小型商贸发展萌芽,包括酒吧、餐厅和咖啡馆;然而,它被夹在了公共汽车和汽车站点之间,迫使行人在狭窄的空间里与汽车抢地盘。商业渡轮环游从 Barrack Street 码头出发,但除了南珀斯渡轮码头外,其他码头都不能够提供便利设施。事实上,珀斯的码头数量并不多,其中大部分都很短,也没有配备划船设施。尽管可以找到一些短船和休闲船只系泊,但这些码头并不支持船只永久系泊。

珀斯城内建立了共享单车和休闲步道网。在 Fraser,游客可以租用自行车,并进行短途直升机之旅。南珀斯河为游客提供了更好的入境条件、更多的目的地和活动选择。公共渡轮终点设在了 Mends 街,这是一条古老的郊区主干道,拥有各种商店、咖啡馆和服务设施,环境幽雅。沿着东岸散步,游客可以雇用双体船、小型游艇或皮划艇,但目前还设水配备洗澡和清洁设施,供在河上游玩一天的游客使用。另外,游步道上还缺乏对原住民、自然和历史遗迹的解读,这些本可以提供有趣的游览体验。

珀斯水上的步行和单车路径可以与扩展的前滨路街道网连接,但东珀斯路线的重要部分已不复存在。这就错失向前滨道路增加 20 多公里继而扩大旅游业的利益的机会。

夏季,这里偶尔会举行音乐会,每年澳大利亚日那天,天鹅河上都举行壮观的烟花汇演。自 2006 年以来,珀斯主办了红牛航空赛,但这场赛事最近已经暂停了。据悉,这次空中比赛吸引了 9000 名游客来到珀斯,为当地经济贡献了超过 1400 万澳元。所有这些活动都非常受西澳人青睐,但居住在天鹅河附近的居民抱怨这些活动造成的破坏和产生的噪音。

总而言之,在天鹅河上或附近举办的活动很少,而且缺乏多样性。游客在这里的饮食十分有限,珀斯没有画廊、零售店、船只,游客可以在天鹅河上进行的活动很少。正如当地某政府高级行政人员的私人来信中所指出的那样:"天鹅河是珀斯最大的资产之一,但我们也要承认它的利用率很低。很明显,有很大的机会增强和促进河流的游憩和旅游用途,但国家似乎没有优先政策或规划来增加河流的使用。

这个说法有待进一步商榷。是谁或者是什么在阻碍更好地利用天鹅河的游憩和旅游用途? 为什么连通横跨河流的方式如此有限? 需要谁或什么进行改变? 珀斯真的希望做出改变吗?

三、前往天鹅河的交通情况

今天我们在珀斯河边所看到的河岸几乎都是坚实的、垂直的墙壁,但事实并非一直如此。殖民者在 1829 年首次抵达珀斯,河床完全是人造的,那时候的河流长 500 米。接着进入了"河床边缘非常浅,边坡高峰"的阶段(Seddon 和 Ravine,1986:76)。这条河的首批造陆工程于 1903 年进行,当时在地面上建成了大约 250 米宽,3 公里长的广阔的石灰石河墙,河流再次被重建,最终达到了现在的 "Barrack Street" 码头。第二次大规模的造陆工程发生在 20 世纪 50 年代,为 1959 年的狭窄桥交汇建设做准备,这个桥梁把伊丽莎山和南珀斯市连接起来。如图 8.2 所示,在那些可以观赏伊丽莎河的城市景观中,除了天鹅河和达令斯卡普外,必须首先查看复杂的高速公路交汇点,而 2007 年在其中间建了一条铁路线,提高了步行障碍,在一定程度上限制了伊丽莎山、国王公园、中央商务区之间的连通性。

赛登(Seddon,1970)认为,狭窄桥梁的建设是阻碍行人进入海滨的首要障碍,而且由于建设更多的道路,现在铁路问题日益严峻。想要进入河流的行人必须躲避汽车,穿过一系列交通灯。对于那些在车上的人来说,与河相邻的主要道路上没有车辆可以开展的观光点,以便乘客欣赏景色。同时也缺少公共交通工具来开展城市边缘的沿江旅游。

　　虽然在 19 世纪,河流是重要的运输网络,渡轮是连接社区之间的唯一途径,但尽管当今交通拥堵越来越多,天鹅河现在几乎是未使用的运输渠道。如图 8.2 所示,春天下午的天鹅河没有忙碌的感觉,没有船永久停泊,也没有船只和游客往来。在天鹅河上游览的机会仅限于往返南珀斯的公共客运渡轮服务、几个将游客带到天鹅谷的私人渡轮服务,还有其他较大的渡轮将乘客运送到离海岸 20 公里的 Fremantle 或 Rottnest 岛上的服务,而如图 8.2 和图 8.3 所示,在这个过程中其实更多的还是依赖汽车。到目前为止,重新引入大型客远渡轮服务的初步尝试可以说是失败的。而这主要是由于大部分河滨地区的成本高和开发密度低而导致的。

图 8.2　珀斯市和天鹅河

四、沉闷的"保姆国家"状态

　　肯尼威尔和肖(Kennewell 和 Shaw,2008)等(CCI,2008;Demographia,2008;Edwards 等,2007;Staley,2007;VCEC,2008)表明,城市的形象、活力状态和声誉对吸引游客、刺激当地经济至关重要。要培育知识密集型资本主义、竞争激烈的商业投资以及创造性和技术型劳动力的吸引力和保留力(Florida,2005;Pinnegar 等,2008)。一个城市越是有活力,人们呆的时间可能更长,花费越多。研究(Breen 和 PJgby,1996;Dodson 和 Kilian,1998;Sandercock 和 Dovey,2002;Stevens,2003)表明,"海滨重建与内陆城市复兴有着更为广泛的结合方式……城市滨水已成为国外游客、郊区游客和新兴高层次居民来访的最大的卖点"(Stevens,2003:3)。鉴于此,天鹅河特别是珀斯水,在提高珀斯活力和吸引力方面发挥了重要作用。

图8.3　奎纳纳高速公路和珀斯至曼哲拉铁路

　　近年来,相关政府部门已经提出了一些不同的计划以振兴珀斯海滨(从狭窄桥到铜锣湾),以期进一步加强天鹅河的可进入性。然而,由于国家政府(土地所有者)和珀斯市(保管人)的政府优先事项或冲突的成本转移,现在问题仍然存在。私人发展计划已经申报,部分得到审批(包括 Point Fraser 的一家河畔酒店和餐厅),但实际上,因为对未来的前滨发展、时间表、预计道路变化和公共政策的不确定性,这些计划并没有进一步发展。马林认识到"一个强大的社会和政治保守主义者,会阻止城市规划、公共及私人喜好、开发商冒险精神,并推动创造更具活力,充满活力的城市坏境经验"(2010:40)。珀斯委员会等当地媒体和智囊团经常谴责限制发展和新思想的大量法规,将政策和决策者描述为西澳大利亚"保姆国家"的建造师。

　　2007 年,一个非营利性艺术组织 FORM 进行了一次在线调查,邀请珀斯人民参与确定城市活力的挑战,并评论其吸引力。在收到的 2681 个反馈中出现了包括城市气氛或环境、监管环境、领导力、视野开阔性、"杜尔斯维尔"声誉以及需要更多前滨发展、公共设施和旅游景点等15个重点领域，而国际化发展与天鹅河之间的联系是一个主要问题。结果显示，对监管、心态视野狭窄的反馈意见"显著一致"（CCI，2008：38）。受访者批评了许多"保姆国家"的规定和限制，运行开发项目的难度以及普遍存在的自满感，因为珀斯拥有美丽的环境，因此被认定为"足够好"而吸引游客。

　　河道商业的发展也再次被提起并得到呼吁，州政府和珀斯市都将与所提出的一般概念相一致，其中包括增加商业、零售和住宅，并结合海湾、码头和码头结构保护措施来促进更多的船舶活动（Driscoll和Pearce，2008）。土著艺术和文化中心是最近提出的一个建议核心，其目的是与世界各地的土著人民建立联系。拟建中心既可以为河系土著居民的提供就业机会，又可以通过土著文化旅游和艺术设施向游客和居民展示河流和滨海的管理经验。巴内特政府最初宣称，将于2011年开始对珀斯前滨进行重建，但鉴于优先事项，该计划再次被置换，该中心是否重建以及何时重建仍有待观察。

　　2006年和2007年，国际规划顾问、城市策略师查尔斯·兰德里（Charles Landry）受邀来到珀斯，引发了一系列西澳大利亚人的抗议，并进行了辩论，他们声称珀斯是"杜尔斯维尔"（Kennewell和Shaw，2008；Staley，2007）。兰德里对珀斯的第一印象是"大量禁止几乎每一个可想象的街头活动，反映了珀斯官僚主义领袖之间的巨大惯性、恐惧文化和风险厌恶的心态"（Laurie，2007：15）。据报道，兰德里对澳大利亚的一个最富有的城市"不匹配"这样的结果感到困惑不解。兰德里倡导"需要拥抱珀斯的城市土著遗产，并提供更多的机会让游客接触珀斯迄今为止引以为傲的河流未来"（Kennewell和Shaw，2008：252）。同样地，在15年前递交关于珀斯公共空间和公共生活的报告之后，丹麦城市建筑师扬·盖尔（Jan Gehl）又受邀于2009年回到珀斯，以评估珀斯是否确实有所改善。在2009年的报告中，他再次批评"珀斯神话般的设置不能得到充分利用。在市中心，几乎无法察觉天鹅河就在附近。沿着前滨公园美化以及河流本身，几乎没有游憩活动，水域边缘进入性很差……国王公园尽管邻近，由于高尔夫球场效应，游客或多或少无法从市中心步行"（Gehl Architects，2009：14）。Gehl最初在1994年提到，为了使河滨更好地与城市相连，需要提升对天鹅河的街道景观以及中低档混合零售、商业、文化和居住建筑的规划，从而通过使用城市最大的天然资产，使天鹅河更具创造力，鼓励人们的参与感、多样性和惊喜感，这一建议在2009年被再次提出。

　　过去10年中大部分时间里，有利的国际商业条件促使了政府对西澳大利亚的大量投资，但尽管资源开采是西澳经济的主要驱动因素，经济活动主要以城市为重点和导向。皮尼格等（Pinnegar等，2008：19）注意到，"高层次职能是以城市为重点"，知识密集型服务和关键增长就业部门需要以城市为依托。投资需求需要在高度流动的全球市场上运营，创业型、技术型工人在竞争激烈、充满活力的城市十分受欢迎。西澳大利亚工商会描述了如下情况："世界正在成为熟练工人决定其就业条件的地方，其中最重要的是地理位置。低失业率……劳动力老龄化和工种日益专业化正在使一些类型的工种价格由雇主定价逐渐变为工人定价"（CCI，2008：12）。珀斯必须根据其相当应特点（包括亚热带地中海气候，靠近亚洲，经济强劲和独特的自然资源）进行区分，以提升其作为高度宜居和充满活力城市的国际地位，不仅吸引和维持本地劳动力，也在不同时期吸引游客前往。

五、天鹅河的治理

虽然天鹅河拥有美丽的自然资源，但其环境问题已经存在一段时间了。十几年前，在河边有渔民经商，但由于污染，鱼类资源枯竭，渔民现在已经离开。据报道，在2009，海豚在河里莫名其妙地死亡，经过检查，死亡的原因似乎是长期接触污染物和化学物质。2004年，总理宣布天鹅河是西澳大利亚的第一个官方遗产地标，并在未来4年内再增加的1500万澳元。这将用于恢复河流浅滩，限制水体养分，并建立新的天鹅河公园和天鹅河法案。这些政策赋予了天鹅河信托基金等负责保护河流的机构更大权力（Constitutional Centre of Western Australia，2008）。5年后，事实表明，尽管有许多工作队伍、总体规划和同行评议，水道环境仍在恶化，因而限制河上的新发展（Driscoll 和 Pearce，2008）。人们认为这条河被"锁住"了。

我们与利益相关者进行面谈，这些人包括天鹅河治理者、在河上或周边开展业务的人、促进"生物多样性公约"的人以及开展旅游业务的人。主流看法是，天鹅河是被低估的自然资产，特别是旅游价值。受访者表示失望，即使人们和组织的意图没有变化，有国际思想家、城市战略家和地方评论员也敦促政府、社区和企业"做实事"。大家一致认为，天鹅河需要大量资金用于维持目前的基础设施和修复河岸环境，目前的预算不足以修复这些。

此外，负责提供资金、债务、正式批准和特殊决定的组织机构分工混乱，而该现象又十分普遍。这在历史背景下，不同的机构、政府部门和地方政府都有不同程度的推卸责任，导致政府层级之间的"无为"甚至依靠诉讼来确定责任（南珀斯市2008年3月）。

地方政府和区域政府认识到旅游业对其选民和企业的价值，但由于预算限制，他们的努力似乎注定不能协调零星项目，甚至造成服务空白。从商业和投资者的角度来看，众多的城镇规划方案和许多地方政府机构的法规都是阻碍发展和商业创新的障碍。此外，史迪威和特洛伊（Stilwell 和 Troy，2000）指出，地方政府对发展应用的决定往往与国家更广泛的战略计划不符。

天鹅河信托组织是一个负责环境治理和保护的政府机构，它的作用似乎被社会各阶层的各种机构和组织误解。一般的误解是,信托有操作责任,实际上所有这些操作都是在很小的预算下进行的,国家通过天鹅河信托分配资金,提供有关设施、环境卫生管理、保护、康复和城镇规划问题的建议对地方政府和其他司法管辖区负有经营责任,最近三年每年的金额都有所下降。在 2009—2010 财政年度,21 个地方政府共同承担 60 万澳元的维修和改善工程预算,低于前一年的 100 万澳元。尽管 2008 年天鹅和坎宁河的重点工程确定了 2008 年度总价值约 2.25 亿澳元、总计工程为 8200万澳元。让经营管理者感到沮丧的是,地方政府部门只关心为了充分发挥天鹅河潜力所需要的支出,而这些费用远远超出了其负担能力,使之成为成本转移的牺牲品。此外,在 21 个天鹅和甘宁河临街的地方政府部门当中,很多政府部门小且缺乏进行重大资本运作的能力,更不用说进行惠及更广泛区域利益的大型基建工程。

私营企业经常抱怨在河上很难做生意。需要对项目进行审批的机构过多,投入时间的增加提高了投资风险,降低了盈利的能力。天鹅摇摆舞的开发可能需要 10 个政府机构的批准,这取决于发展项目的规模和性质。开发商抱怨说,他们不能同时申请所有的审批程序,一个机构的批准是另一个机构批准的先决条件。政府部门也受到了负面影响,一位受访者表示,"作为官僚机构对河流做任何事都会成为潜在的职业生涯中成功或失败的转折点,而成败取决于你的耐心"。西澳大利亚工商会经常抱怨各级政府之间协调性差,抑制企业投资,多重监管制度扼杀创意和创业。

那些位于河流上或河流旁边的需要进行清理的任何规划也需要根据 1972 年"土著遗产法"第 18 条。必须就拟议的发展情况对某一地方的传统业主进行适当的咨询,并向土著事务部长根据原住民遗产价值观提供投入数据,确定是否应同意使用建议的土地(或水)。寻求土著利益相关方的意见需要时间和对文化的认识,而且在这个过程中,令人头疼的尼昂加尔政治问题有时候会让局面更为复杂。此外,1986 年的"环保法案"占据优先地位,不过不是所有的发展建议都需要环境保护局的审查。

而事情的结果往往是,等级审批和转介安排混乱导致项目混乱和重复,进而导致诉讼冲突,挫折和决策不可避免的延误。

受访者多次指出,河流缺乏发展和可进入性差,官僚和政府管理问题是一方面,另一方面就是邻避主义,这种主义在珀斯扩散,并且有效地创新并得到了进一步发展。斯塔利(Staley, 2007)对于法规进行了批判,基于少量投诉或少数民族成员拒绝申请的难易程度,达席尔瓦(Silva, 2008)认为,西澳大利亚公众对政府机构和监管机构期望太高,当矛盾激化时,他认为"民众的行为并不总是理性的",不能也不应该受到治理模式的制约。

因此,本书建议对发展审批程序进行全面性改革。这意味着大部分规划批准从地方议会的管辖范围内移除,将由包括两名专家、两名地方议员和一名政府任命的主席(DPI, 2009)组成的小组决定。这受到发展和建筑业的欢迎,但地方政府部门则很排斥这些改革,如侵犯当地政府的权利和责任,加剧国家与社区之间的压力(Stilwell,Troy,2000;Devine- Wright,2009;Malpezzi,2001)。马佩兹(Malpezzi,2001)的研究显示,监管环境越严格,房价越高,增长随之放缓。而地方政府就被指责应该维护社区的利益和现状,但事实上这并不奇怪,鉴于地产已经成为国内最昂贵的消费品(ABS,2008;HIFG,2009)。邻避主义是"做实事"(Devine-Wright,2009)的一个普遍的障碍,特别是在珀斯水域及其周边地区,物业价格更是溢价。

六、其他案例:纽约哈莱姆河畔公园

当然,邻避主义和自满并不是只在珀斯出现。纽约市哈莱姆河滨水在振兴之前,也被忽视了多年。哈莱姆河将布朗克斯群岛与曼哈顿分开。城市的滨水被认为是理所当然的存在,因为人们普遍不愿挑战传统做法,大面积海滨被视为工业废弃物(Wagner,1980)。当有远见的市长迈克尔·布隆伯格(Michael Bloomberg)与一些社区、企业和公共组织一起开始在整个城市开展创新的振兴计划时,"规划纽约"这一变化是城市未来的可持续发展的计划,在2007年的地球日首次施行(Platt,2009)。

哈莱姆公园的振兴是纽约市"为其新用途和用户逐渐改造长期退化水面"的一部分(Platt,2009:48)。到20世纪七八十年代,在过去建成的难看的结构已经不再适用于这个后工业化城市,那时的规划是为了方便哈勒姆河工业区的河流运输。如今,采用了符合视觉美化和旅游方式的城市风水再利用的设计(Savitch,2010)。直到最近,标准的海滨处理是"与垂直砌体或钢结构相邻的装饰栏杆并铺设的广场"(HRPTF,2006:1),但是当代曼哈顿海滨重建尝试了更为微妙的做法。1992年,市长大卫·丁金斯(David Dinkins)开始改革,计划设计一个21世纪的滨水区,为Harlem Paver Park区域的游憩、旅游和经济发展提供便利(NYC DCP,1992)。2002年,市长Michael Bloomberg提出了一项新的振兴计划,构想了曼哈顿海滨(纽约市2002年)的以下情景:

- 公园和露天场所活动各异,各种活动都可以覆盖整个城市的社区;
- 人们在清洁的水域游泳、钓鱼和划船;
- 对自然栖息地进行恢复;
- 尽管海运和其他行业规模比全盛时期减少,但在拥有足够基础设施支持的地方蓬勃发展;
- 渡轮横跨城市的港湾和河流以及相互联系的系统路线,都有助于减少交通拥堵和空气污染;
- 美丽的全景水景;
- 为不同收入的人提供新的住房和就业机会。

为了巩固前面所提出的原则,2004年通过的曼哈顿海滨绿道总计划概述了一个更广大的前景,其中包括旅游业,以及在曼哈顿周边的共享行人和自行车道系统,以增加所有纽约客人的游憩活动,并增加城市外围的绿色吸引力(NYC DPR,2004:1)。

作为负责哈莱姆河公园发展的首要机构,哈莱姆河公园工作小组宣布了令人满意的曼哈顿滨水重建应对措施的初步解决方案,同时也认识到现在市民更多的要求:对"海滨地区的公众需求"包括运输、旅游和游憩渡轮;用于紧急撤离的皮划艇、划艇和独木舟;以及在纽约/新泽西州港口口岸浅滩可观察到螃蟹、虾、贝类和其他水生生物的潮间带,和以此提供研究或教育机会(HRPTF,2006:1)。

哈莱姆河公园的设计过程以所有利益相关者,特别是社区和专业团体的参与理念为中心。工作组在征集成功的社区设计特色以收集社区意见之前,与曼哈顿社区委员会及其公园和文化委员会召开了会议。该机构包括所有利益相关者,包括纽约市公园和游憩部海滨专家、景观设计师和规划师、海洋工程师、海洋生物学家、环境艺术家、社区董事会成员、民选官员、社区组织、租户团体和哈莱姆的居民,都参加了最终的设计过程(HRPTF,2006:1)。

设计阶段取消了关键的可达性问题,其中包括一个主要障碍:哈莱姆河畔大道———一条宽敞的六车道南北向高速公路。行人通往海滨是基本的、纯粹的功能,这通过第142街的行人大桥或麦迪逊大道桥(HRPTF,2006)实现。该站点与曼哈顿更广阔的地区有一条连续的行人和自行车道相连,逐步在曼哈顿周边建造(ISTYC DPR,2004)。公共交通工具的增加进一步提高了公共交通的可达性,两条地铁线路上的高速地铁服务和普通的东西向巴士服务(HRPTF,2006)。

该地区由纽约市公园和游憩部分三期开发。第一阶段于2002年11月开放,其余两个阶段于2009年夏季向公众开放(HRPTF,2006;HCDC,2009;NYC DPR,2009)。重建的第二和第三阶段全面围绕海滨的概念,在海滨地区提供多种多样的活动和设施。哈莱姆河公园重新开发的河流边缘,融合多方经验,搭建各种设施。哈林河公园工作组(2006:1)概述了如下设计特点:

- 支持河口生态,鼓励藻类生长并提供不同类型水生生物栖息地;
- 修建不规则形状的海堤以提升趣味性,同时减缓快速侵蚀流动的水;
- 绿化和生物修复河岸以便过滤雨水径流污染区;
- 提供手工船,如皮划艇和划艇,以鼓励多元化并减少岸边损坏;
- 提高游客、大型船只和紧急船只的能力;
- 修建安全通道,结合设计解决方案,使人们能够安全地与水互动。

在纽约五个行政区内,如果有大量的河滨需要重建,经验表明,早期的解决方案通常符合标准模板,提供铺设区域和安全栏杆,而这并不是多样化的住宅和商业界所希望的发展。现有的项目,最著名的是哈莱姆河公园,让社区参与设计过程,从而提供了既有创造力又具有吸引力的设施。这种过程在整个城市得到持续,有不少类似的社区咨询和设计解决方案(NYC DPR,2009; Platt,2009)。

纽约市的水运振兴经验为珀斯的决策者和居民提供了一些有用的经验教训。就像珀斯水现在一样,纽约市的政府、铁路公司、邻里居民和海滨的游客数十年前也存在着矛盾,房地产遭到破坏,海洋生物遭受痛苦,平庸规划没有实效,令每个利益相关者都感觉很沮丧。20世纪80年代的社区压力激发了强大的公民领导层采取行动。综合设计过程提供了监督各种组件构建所必需的总体指导。其中主要强调了无障碍、娱乐、使用多样性和生态改善的重要性,而所有这一切在天鹅河的未来也被认为是重要的。因而,对于重建和长期投资于公共场所和资产来说将广泛的参与者纳入振兴计划的决策和规划是重要的。民众和公共部门之间的怀疑与珀斯的情况一样,与哈莱姆河公园复兴活动相关人士认为,所有部门的利益必须平衡,否则无法创造财富,这在未来长期是不可能成功的。

七、结论

珀斯水上的天鹅河是一片令人惊叹的河水,对西澳大利亚人来说十分重要,而且是一个重要的旅游景点。然而,本章认为,尽管天鹅河是许多游客慕名而来的目的地,但实际经验及迹象表明,这片水体发展仍有些地方不尽人意。珀斯水上的旅游方案表明,天鹅河的游客体验受到河流及旁边其他重要场所的无障碍环境和连通性的限制。与此同时,珀斯市民对"保姆国家"和"杜尔斯维尔"的声誉感到失望,他们还希望能够有人负责处理这样的问题也使得天鹅河发展受到了限制。生态系统也不尽完美,水路中的嵌入式环境问题尚未得到充分解决,而目前河流缺乏发展势头的现状表明了问题的复杂性和相关部门的自满性。

因为西澳经济正在经历惊人的增长,所以很有可能忽视旅游业的重要性和其对更广泛经济的贡献。然而,全球的技术劳动竞争显示,西澳大利亚州的行业是脆弱的,除非珀斯能够表现出活力、宜居性和其他国际城市的高排名,否则许多流动的、挑剔的工作者将选择在其他城市生活和工作,而优化旅游经验正是提升宜居性的重要指标之一。

政府和善政在这个过程中起着至关重要的作用。明确的治理结构、促进及时和知情的决策,使政府有一个协调的、总体的愿景和领导是至关重要的。皮尼格等(Pinnegar等,2008)表明,具有有效治理结构的城市正是利用其优势来塑造和推动期望,以确保竞争优势。

经历了失败的尝试后,珀斯海滨必须在不久的将来复兴。重要的是,河流文化遗产、美丽的生态环境都是由游客和居民共同珍视的,所以就像纽约哈莱姆河畔一样,珀斯人珍视所有的一切,并且对自己的复兴进行了很大的投资。在这种情况下,大家千万不能掉以轻心。

注释

① NIMBY 是"不在我的后院"的缩写,指的是那些因为发展会影响自己生活质量或财产价值而反对项目的人。

② 1 澳元 = 0.9978 美元,2011 年 1 月汇率。

参考文献

1. ABS (Australian Bureau of Statistics). 2008. *House Price Indexes: Eight Capital Cities*. cat. 6416.0. Canberra: Australian Government Publishing Service.

2. Breen, A., and D. Rigby. 1996. *The New Waterfront: A Worldwide Urban Success Story*. London: Thames and Hudson.

3. CCI (Chamber of Commerce and Industry Western Australia). 2008. *Perth Vibrancy and Regional Liveability: A Discussion Paper*. Perth: Chamber of Commerce and Industry Western Australia.

4. City of New York. 2002, *The New Waterfront Revitalization Program*. DCP #02-14 (September), accessed January 23, 2011, from www.nyc.gov/html/dcp/pdf/wrp/wrp_full.pdf.

5. City of Perth Council. 2009. *Point Fraser*, accessed January 22, 2011, from www.perth.wa.gov. au/web/Council/Environment/Point-Fraser/.

6. City of South Perth. 2008. *Infrastructure Australia Business Case: Impacts of Climate Change on Swan and Canning River Foreshores*. South Perth: City of South Perth.

7. City of South Perth. 2009. CEO, City of South Perth, personal communication with the author.

8. Constitutional Centre of Western Australia. 2008. *Heritage Icons: The Swan River*, accessed October 22, 2009, from www.ccentre.wa.gov.au.

9. da Silva, R. 2008. Corporate governance delusions and the madness of crowds. In *Corporate Governance (Breakfast & Seminar)*. Perth: Institute of Public Administration Australia (IPAA) WA Division.

10. Demographia. 2008. 4th *Annual Demographia International Housing Affordability Survey*, accessed March 25, 2008, from www.demographia.com/dhi.pdf.

11. Devine-Wright, P. 2009. Rethinking NIMBYism: The role of place attachment and

place identity in explaining place protective action. *Journal of Applied Social Psychology* 19: 426- 441 .

12. Dodson, B., and D. Kilian. 1998. From port to playground: The redevelopment of the Victoria and Albert Waterfront Cape Town, in *Managing Tourism in Cities*, edited by D. Tyler, Y. Guerrier, and M. Robertson. Chichester: John Wiley, 139-162.

13. DPI (Department of Planning and Infrastructure). 2009. *Building a Better Planning Systent: Consultation Paper*. Perth: Department of Planning and Infrastructure.

14. Driscoll, p., and D. Pearce. (Eds.). 2008. *The Shaping of the Perth Waterfront Masterplan*. Perth: Western Planner.

15. Edwards, D., T. Griffin, and B. Hayllar. 2007. *Development of an Australian Urban Tourism Research Agenda*. Brisbane: Sustainable Tourism Co-operative Research Centre.

16. Florida, R. 2005. *Cities and the Creative Class*. New York: Routledge.

17. Gehl Architects. 2009. *Perth 2009: Public Spaces and Public Life*. Perth: City of Perth and the Department of Planning and Infrastructure.

18. HCDC (Harlem Community Development Corporation). 2009. *Harlem River Park Task Force*. accessed November 18, 2009, from www.harlemcdc.org/planning/planning_hr_park.htm.

19. HIFG (Housing Industry Forecasting Group). 2009. *Dwelling Commencement in Western Australia*. Perth: Housing Industry forecasting Group.

20. HRPTF (Harlem River Park Task Force). 2006. Designing the edge: Where land and water meet. *The Edge News* accessed November 18, 2009. fiom www.harlemriverpark.com/edge_ news.pdf.

21. Kennewell, C., and B. Shaw. 2008. City profile: Perth. *Crties* 25 (4): 243-255.

22. Laurie, V. 2007. Shaking Up Dullsville. *The Australian* March 15.

23. Maginn, P. 2010. Conservatism stifles waterfront evolution. *WA Business News* :40 February 18.

24. Malpezzi, S. 2001. *NIMBYs and Knowledge: Urban Regulation and the "New Economy"*. Berkeley. CA: Housing and Urban Policy, Institute of Business and Economic Research.

25. Marzano, G., E. Laws, and N. Scott. 2009. 'The River City'? Conflicts in the development of a tourism destination brand for Brisbane, in *Water Tourism*, edited by B. Prideaux and M. Cooper. Wallingford, UK: CAB International, 239-256.

26. NYC DCP (New York City Department of City Planning). 1992. *New York City Comprehensive Waterfront Plan: Reclaiming the City' s Edge*. New York: Office of Mayor

Dinkins and New York City Department of City Planning.

27. NYC DPR (New York City Department of Parks and Recreation). 2009. *Greenpoint-Williamsburg Waterfront*, accessed November 18, 2009, from www.nycgovparks.org.

28. ——. 2004. *Greenpoint-Williamsburg Waterfront*, accessed November 18, 2009. from www. nycgovparks.org.

29. Pinnegar, S.,J. Marceau, and B. Randolph. 2008. *Innovation and the City: Challenges for the Built Environment Industry*. Sydney: City Futures Research Centre, University of New South Wales.

30. Platt, R. 2009. The humane megacity: Transforming New York's waterfront. *Environment* 51:46-59.

31. Sandercock, L., and K. Dovey. 2002. Pleasure, politics and the public interest: Melbourne's waterfront revitalisation. *Journal of the American Planning Association* 68 (2): 151 -164.

32. Savitch, H. 2010. What makes a great city great? An American perspective. *Cities* 27: 42-49.

33. Seddon, G. 1970. *Swan River Landscapes*. Perth: University of Western Australia Press.

34. Seddon, G., and D. Ravine. 1986. *A City and Its Setting: Images of Perth, Western Australia*. Perth: Fremantle Arts Centre Press.

35. Staley, L. 2007. *Creating a Liveable City*. Melbourne: Institute of Public Affairs and Mannkal Economic Education Foundation.

36. Stevens, Q. 2003. *Australian Waterfronts: Improving Our Edge*. State of Australian Cities National Conference Proceedings, Brisbane.

37. Stilwell, F., and P. Troy. 2000. Multilevel governance and urban development in Australia. *Urban Studies* 37(5-6): 909-930.

38. Tourism Queensland. 2009. *Queensland Data Sheet*. Brisbane: Tourism Queensland.

39. Tourism Western Australia. 2009. *Overnight Visitor Fact Sheet 2007/2008/2009*. Perth: Tourism Western Australia.

40. Urbis. 2008. *Heirisson Island Sculpture Park Masterplan*. Perth: Urbis.

41. VCEC (Victorian Competition and Efficiency Commission). 2008. *A State of Liveability: An Enquiry into Enhancing Victoria's Liveability*. Melbourne: Victorian Competition and Efficiency Commission.

42. Wagner, R.Jr. 1980. *New York City Waterfront: Changing Land Use and Prospects for Redevelopment*. Washington, DC: National Academy of Sciences.

第九章 城市供水流域中游憩活动的准入性探究

迈克尔·休斯(Michael Hughes) 柯林·英格拉姆(Colin Ingram)

在过去的几十年里,由于人们更多地关注全球如何支持持续增长的世界人口和应对不断变化着的气候状况的能力,导致对全球水资源管理关注的变化不足(Pahl-Wostlet 等,2007;Pigram,2006)。例如,欧洲的水资源管理在 20 世纪 70 年代到 20 世纪 80 年代主要关注公共健康和饮用水标准,在 20 世纪 80 年代末到 20 世纪 90 年代中期转变为更加注重水污染控制和环境管理,此后通过整合水资源来加强立法保护水质,以满足 21 世纪初新的科学知识体系和相关的法律义务的需要(Page 和 Kaika,2003)。例如,英国积极推广引用水坝和水域的游憩用途。因此,从国际视野来看,提供旅游和游憩的机会通常被纳入具有灌溉和饮用水供应的储水库系统。立法、政策、规划框架能够整合并有能力满足多元化用途,这是尤为重要的。

正如本书第六章详细讨论的内容,许多观点都是建立在良好的治理基础之上的(UN,2009)。第六章引用全球环境治理转向更为合作的方式作为证据,第十一章将进一步发展作为主题。关于 2003 年世界公园大会保护区治理趋势的研究显示一项重要举措,即对保护区规划和管理采取包容性和参与性的方法(Dearden 等,2005)。这在英国、美国和西欧的大部分地区都是显而易见的,这些国家和地区的政府都在尝试通过伙伴关系和公众参与将关注点转移到与其他机构和社区多种形式的合作管理(Newman 等,2004)。

与此相反,西澳大利亚(WA)对水域管理复杂问题的主要态度反映为一种排斥性的制度。这引起了人们深切的担忧,因为大量具有说服力的证据表明通过改善公共卫生、生活质量和强化社区网络会使在水域和水坝中开展游憩活动具有社会价值(Martinick 和 Associates,1991)。迪肯大学的研究表明人们从事自然游憩发展、积极改善社交网络,并进行自身的身心健康在内的自我完善(HCN/RMNO,2004;Mailer 等,2008;Natural England Board,2007;Sharp,2005)。若再失去游憩和旅游的机会,将对经济产生直接或间接的影响。

本书以西澳大利亚作为研究的案例地,探讨了城市水域管理与旅游游憩相结合的复杂问题。目前,西澳大利亚的水资源压力十分严重,并且这种压力有可能持续增加。因为西澳大利亚的气候较为干燥,因而为饮用水、灌溉、游憩用途提供充足的水量在当地的西南地区是极其重要的(Muench,2001)。因此,在水资源管理中仅靠供水管理是不可行的。水的相关治理更加复杂,涉及地方、州、国家甚至一定程度上在国际层面的社会环境、经济方面的规章和政策的综合考虑。关于水的治理在未来将会更加复杂,因为关于水的政策要考虑到工业、农业等其他更多的用途,而这些用途已经通过购买量来获得牢固的产权和安全的准入渠道。在一个以容量、市场为基础的水资源系统中,要获得用于非消费使用的水是相当困难的(Ingram,2009)。认识到这些多元用途和重要性对水域的可持续管理和对所有用户带来好处都是至关重要的。

　　在本书中,我们讨论了西澳大利亚过去和现在水资源管理中存在的问题,并且提出一个更有效的治理模式。首先,我们了解西澳大利亚的概况,包括当地的历史背景、游憩活动的类型和未来将面临的挑战。其次,我们将注意力转向管理、政策和立法中存在的问题。最后,我们引用维多利亚的经验来为西澳大利亚提供一些经验教训。

一、西澳大利亚概况

　　目前,西澳大利亚约有 250 万人,其中大部分人居住在西南部的温带地区。从历史上来看,水域历来是该地区休闲娱乐体验的重要组成部分(Martinick 和 Associates,1991)。西南部水流域沿着达令山脉的国家森林和木材储备区之间分布(如图 9.1)。达令山脉地区包括约 300 万公顷的国家森林(木材储存)和另外一个现有且拟定协议的 110 万公顷的国家公园以及其他一些保护区(CCWA,2003;DEC,2004)。达令山脉毗邻首都和珀斯以及其他主要中心城市的走廊。珀斯的大都市地区沿着海岸平原延伸,位于印度洋和达令山脉以西之间,从北至南约 120 公里且从西至东约 50 公里。在该区的总人口中,约有 150 万人居住在珀斯的大城市区内。除了饮用水的水域以外,达令山脉还具有主要的游憩功能并为诸如种植、放牧、采矿和木材砍伐等农业、工业不同业态活动提供资源和空间,同时也是主要的城镇和居民居住区。

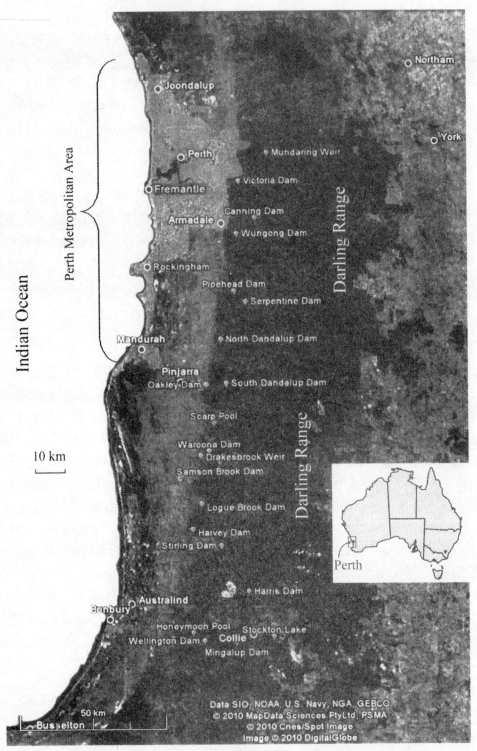

图 9.1　达令山脉地图和市区水坝位置一览图

（一）历史

在殖民化之前,尼昂加尔的原住民占领并且管理西澳大利亚的西南地区长达45 000多年。水和水域是原住民生活中重要的物质、精神和文化元素。澳大利亚的淡水相对稀缺,在建立、扩张和城市化的殖民时期到来之前,了解水域、水循环对原住民家庭群体的生存是至关重要的。因此,关于水的知识和水域的利用成为西澳大利亚西南部的尼昂加尔居住者的遗产和文化核心。英国殖民西澳大利亚西南部时期,于1826年在奥尔巴尼南海岸建立军事前哨站,于1829年在天鹅河上建立了殖民地,而这个地方后来变成珀斯市。虽然尼昂加尔原住民与早期的殖民者生活在相对和平但不稳定的状态之中,但是随着殖民者的不断涌入,土地占用的不断扩张,获得食物来源途径的减少以及原住民家庭的流离失所,很快导致了冲突。殖民者以暴力手段掠夺食物和物品供应来反击尼昂加尔原住民袭击农场的行为,并且正式承认了屠杀原住民家庭群组的行径。英国对西澳大利亚的殖民统治严重破坏了尼昂加尔原住民的生活方式,导致原住民文化结构和生产实践的破碎化(SWALSC n.d.)。尽管在历史上曾被压迫和边缘化,尼昂加尔仍然保留了大部分的文化实践和知识。如今,尼昂加尔正在开发和运营相关项目以维系他们与水域的紧密联系,同时也能培育文化习俗和增强身份认同感。就后殖民时期而言,在西澳大利亚西南部地区的水域出现以游憩为基础的旅游活动已经长达150多年。西澳大利亚的早期殖民历史就已经见证了20世纪初在达令山脉宣布将此地作为森林保护区和国家公园,主要是作为为未来林业企业和游憩活动存储并提供木材的一种手段(Herath,2002)。随着木材工业的发展,森林地区的可进入性更强了,而在森林中的游憩活动也变得更加广泛流行。更广泛人口群体的可参与性带动了更普遍的游憩活动和竞技运动(DCLM,1992;WRC,2003)。

在1955年,一项适于珀斯的城市计划应运而生(Stephenson 和 Hepburn,1955)。该计划正式解决为公共利益而修建的游憩设施和资源储备的问题,为实现最终目的提议设置大量空闲的休憩用地,其中包括达令山脉悬崖上的水域。这个计划的目的是为了保护天然灌木的面积,同时为人们提供游憩空间,使人们得以逃离珀斯市日益增长的城市扩张和复兴(Weller,2009)。水坝和相关的水域仍然是游憩活动的一个重要关注点,在1995年的城市计划中基本得到了支持。然而,最近一些负责水资源管理的西澳大利亚整理管理机构开始限制水域中游憩设施的使用。这种举措被认为是为了保护将来珀斯大都市区饮用水供应,而同时也代表着森林中的水域将不再作为游憩资源来开发使用的趋势。

（二）西澳大利亚水域游憩活动类型

西澳大利亚的水域游憩活动类型发生了明显的转变，即从 20 世纪 70 年代的"消极追求"转变为 20 世纪 80 年代包括冒险主义追求在内的多样化活动。根据 2001 年明奇（Muench）在达令范围内南部地区的研究，提供了在西南地区水域深受欢迎的 13 种不同类型的游憩活动：野餐、指定地点露营、野外露营、"丛林漫步"（徒步旅行）、鳟鱼垂钓、"马龙"（捕捉大型淡水小龙虾作为马龙）、平水独木舟、白水独木舟、四轮、游泳、滑水、观光和攀岩。

英格拉姆和休斯（Ingram 和 Hughes，2009）随后记录了西澳大利亚西南部的达令地区中由正规的游憩活动俱乐部和协会开展的 13 种不同的身体活动的游憩活动（因为有些活动包含了一些运动变化）："丛林漫步"、钓鱼、耐力赛马、步道自行车骑行、山地自行车、四轮、游泳、划独木舟和皮划艇、滑水、攀岩、射击、远程越野导航（rogaining）和越野识途比赛（在地图和指南针的帮助下实现点与点之间的导航）。这份清单不仅仅说明了游憩活动类型的多样性，同时也说明了人们及其游憩活动需求的多样性。

这些研究表明，西澳大利亚的水域被用于多种多样的与游憩活动和旅游相关的目的，在澳大利亚的其他地区甚至是国家上也有一些类似的游憩用途（Hughes 等，2008）。尽管多样性和游憩活动的需求持续增长，但是由于在西澳大利亚的水域开展游憩活动受到限制，用于水域活动面积的减少，不可避免地导致了其他地方的容纳和可进入性管理问题。

（三）西澳大利亚的未来

西澳大利亚的气候正在发生显著变化，表现为冬季降水的减少和由于人为原因导致温度升高带来的气候变暖和变干。该地区平均气温的增加导致蒸发率的提升，而随着冬季降雨的减少，在过去的二三十年里，西澳大利亚水域的河水流量明显减少，这一趋势在未来可能持续下去（Yates 等，2010）。在这样的趋势下将会导致地表水在城市用水供应、游憩和旅游用途等用途供水量的减少。随着淡水供应量的减少，人口总量的持续增长意味着西南地区对水资源的消费性和非消费性使用的需求可能会持续上升。

1984 年，旅游和游憩委员会报告了 6 项关于达令山脉的研究：到 2000 年户外休闲运动需求将会达到之前的 3 倍，到 2021 年按照人口持续增长趋势估计，且由于临近东部和东南部城市走廊建设进程的加快将会使得户外休闲需求翻一翻（Ingram 和 Hughes，2009）。事实证明，迄今为止这些预测是相当准确的。费尔曼规划咨询（1987）的一项报告将 20 世纪 80 年代休闲需求的扩大归因于人口的增长、可自由支配时间和金钱的增加、交通运输的发展,增加了可达性、个性差异和受教育水平程度不同的个体寻求不同的体验和在非森林的地区大量游憩机会的缺失。费尔曼报告预测:每年将会有超过 300 万人次到森林中观光,而且据估计,户外休闲需求的增长速度将会超过珀斯市人口的增长率。2002 年森林管理计划草案(DCLM,2002)记录了2001—2002 年之间游客对西南森林地区环境保护部门的 460 万次参观访问。2008—2009 年之间对西南森林地区的游憩需求达到 240 万人次(DEC,2009)。自 1995—1996 年以来,西南森林地区(不包括沿海地区)的游憩用途一直以略低于 2% 的速度增长。

到 2020 年,珀斯市区的人口增长数量有可能达到 220 万,到 2050 年可能增长一倍,达到约 420 万。这可能会导致沿海平原的人口中心城市不断扩大,如罗金、曼哲拉、班伯里、巴瑟尔顿、邓斯伯勒承载着人口增长。生活在城市环境里的人们会将达令山脉和城市中的水域作为可用于游憩活动消遣的资源,同时也能够暂时逃离城市生活(Ingram 和 Hughes,2009)。珀斯市区的持续扩大伴随着在水域中开展以天然为基础的游憩需求和旅游体验需求的增加,同时也伴随着如饮用水供应和农业等持续增长的消费性用途。这给水域管理人员的工作带来诸多压力,他们需要认识并且考虑到西澳大利亚流域的多元化用途和要求。然而,现有的立法、政策和管理环境与改变当前"单一用途"的方法存在相悖之处。

二、西澳大利亚水域的管理、政策和立法

自 1903 年以来,西澳大利亚水域中可供游憩用途的水域数量逐步减少。例如,在这一期间西南地区上游的 10 条主要河流有 7 条被破坏,导致了流域许多地区失去了可供游憩活动开发的机会,诸如海伦娜河、坎宁河、Wungong、Serpentine、South and North Dandalup、哈维河和 Collie Rivers(Thorpe,2006)。这一损失是由关于公共游憩和旅游利用的水污染排放问题的管理政策引起的(Hughes 等,2008)。

在西澳大利亚有四个主要管理部门负责该区域的土地和水域状况。这包括三个政府管理机构——环境保护部门,水域管理部门,水资源公司,而第四个管理部门则是负责土地的游憩利用管理。第四个管理部门包含许多独立用户和有能力游说政府并且试图影响政策制定的各类俱乐部和协会,但也会鼓励成员之间要负责任。这四个管理部门对于在饮用水供应流域中放置游憩设施分别有各自的立场和应对的态度。

若干法令制定了政府各机构、条例和与水域饮用水供应管理相关的规定。然而,这些条例与土地管理和公共行使方面存在相互矛盾的诉求。相关管理机构由于土地管辖权和责任管理权的相互重叠导致情况变得更为复杂。在这样的情况下,人们往

往不知道哪些法律是首要的,哪些机构是更具有优先管理的权利。

(一)水域管理

为进一步了解西澳大利亚的水域游憩活动的开展为什么受到限制,那么必须理解该地区的相关管理责任部门所扮演的角色和他们所起的作用。环境保护部门(DEC)有一项法定的职责,即负责管理当地包括水域在内的大部分地方面积,和其蕴藏重要的价值。主要是包括了涵养水源、保护自然环境、游憩活动开发、水域保护和国家森林的保护以及木材的生产。环境保护部门还有一项职责就是鼓励公众以游憩和旅游等目的进入包括水域在内的自然保护区。因此,环境保护部门根据风险管理办法来平衡公众对水域的进入性需求和对水域的保护。也就是说,DEC认为由于游憩活动带来水质破坏的风险可以得到有效控制。正是基于这样一种理念,即允许低风险的游憩活动在脆弱的地区开展,但是要配套相应设施和恰当的管理方法来降低水域的水质污染和城市用水供应的风险(Hughes 等,2008)。

风险管理可以将一些低风险的游憩活动与一系列具有保障性的措施结合起来。如果有一个保障性措施失败了,那么其他的保障性措施应当能够及时弥补(DEC,2004)。饮用水流域的多重保障性措施,可以由管制和监督、物质保障、恰当的形式、游憩设施的摆放位置和活动类型、水过滤和水处理过程(在必要的时候),所有的这些保障措施都将能够共同保障水质安全。在允许使用游憩设施和开展游憩活动的地方,这种多重保障的水流域管理办法是非常值得提倡的(Patterson,1977)。

水资源管理部门的主要职责是保证水质,并且通过水资源立法实施来把控水资源质量的举措。水资源管理部门以"规避风险"的方法来对水流域进行管理。任何级别和不同类型的游憩活动都被认为会对水质产生影响,因此被排除在饮用水大坝附近建立的大型缓冲区之外。然而在某些情况下,历史活动和游憩设施被允许进入水域,造成的混乱结果往往与预期的政策规划相悖。

水资源管理部门制定的13项政策规定了公众饮用水标准保护和管理的分类标准、定义和大体框架。通过这些政策,水资源管理部门确立了以确保饮用水的质量标准和保护饮用水大坝和流域的主要目标。这项政策定义了一个保护水体和流域的三级分类系统(Hughes 等,2008)。

(1)分级系统1(P1):这一区域通常是指由环境保护部门管理的核心地区、保护区和国家森林。它们是为了防止水源的下降退化而划定的区域,同时被水资源管理部宣布为能够提供优质的公共饮用水的土地。水资源管理部门对该区域采用"规避风险"的管理方法,也就意味着游憩活动是被排除在外的。

(2)分级系统2(P2):这一区域中,如果环境管理部门认为有必要确认水源污染风险不会增加,则会在该区域上划定可进行低强度开发的土地。水资源管理部门对该区域采用"风险最小化"的管理方法。

（3）分级系统3（P3）：这一区域是水源供应需要与住宅区、商业等其他土地利用共存,水资源管理部门认为有必要进行风险管理来规避水源污染。水资源管理部门对该区域采用"风险管理"的治理方法。

在西澳大利亚的水域旅游利用已经主要被限制到分级系统2和分级系统3这两个区域中的水域中,以及为农业地区提供灌溉用水的大坝和一小部分尚未被宣布为公共引用水水源的地区。灌溉大坝上游憩设施的安全性若没有得到认证,随时将会被水资源相关管理机构撤消。

水公司负责通过网状系统向西澳大利亚城市寻找和供应干净的饮用水。这些水资源供应来自公共饮用水大坝的一系列水库,同样也来自储存于地下的水库。西澳大利亚的政策能够直接对水公司管理的饮用水域产生影响,该公司的责任是执行限制水域的可进入性。其他如文体部门、卫生部门、西澳旅游部门等的机构和组织,都没有对土地和水资源的直接管辖权,但也在试图影响关于西澳大利亚的水域中游憩活动可进入性的相关政策,并且试图通过基于自身的相关法规来游说政府。卫生部门关注的是在最大程度上降低疾病的风险并且鼓励健康的生活方式。文体部门则关注积极促进身体运动和提供更多户外休闲运动的机会。西澳旅游部门更加关注的是与旅游活动相关的营销机会和与西澳大利亚相关的经济利益活动。

（二）立法和政策

与水域相关的法律和政策深刻地影响着相关机构的管理方式。西澳大利亚的一系列法律、政策和策略都与PDWSA的管理经验和当地人们的活动方式相关。已经确定的15条法律、法规和政策,管理着西澳大利亚西南部的水供应流域和游憩活动（Hughes等,2008）。不同的政府机构通过与水域相关的不同规定、条例、章程等授予权利。在某些领域,由于法律的规定,部分管理机构之间存在责任重叠。当土地和水资源管理的责任重叠时,管理部门角色的首要立法地位是不确定的,需要进一步明确。这对于避免管理方法的冲突和避免进行重复活动是非常重要的。确立法律至上的一般原则是,新规定的法律优于之前的法律（Gifford,1990）。然而,由于法律和部分条款可被频繁修改造成混乱的状况,而立法是最早确定的因而具有最主要的地位。

重要的是,达令河流域的水主要是集中在保护区内（Ingram,2009）。西澳大利亚保护区的管理是由环境保护部门根据1984年颁布的《保护和土地管理法案》（CALM Act）（Ingram,2009）制定的。正如《保护和土地管理法案》所确定的,环境保护管理部门管理这些具有多重使用价值的公共土地,包括自然保护、游憩、水域保护、木材生产等。水流域通常包括采矿和私人土地,而后者常常用于农业种植或者是城市化发展。在达令范围内的采矿业主要是与脱离采矿方法的铝土矿开采相关联,在森林流域里一个特定区域范围内建立一个相对较小且由通道连接的网络区域。这些不同的土地用途对水域的水质具有重要影响。

在饮用水流域中,《保护和土地管理法案》与西澳大利亚饮用水水源保护的两个主要相关法令相重叠:1947 年《国家供水法案》(CAWS Act)和 1909 年的《城市供水、污水和排水法案》(MWSSD Act)统称为供水法案。这些法律赋予水资源管理部门极大的权利,使他们可以颁布 PWDSAs 的管理方案,同时也包括与《保护和土地管理方案》可以相互制约的要素。这些供水法案赋予水资源管理部门权利,使他们可以真正采取措施去保证水域的水资源安全。这些权利依照饮用水水源保护计划和水域相关的一些管理方案①,包括控制在分级系统 2 和 3 范围内的水流域中所开展的游憩活动的类型和程度,以最终达到保护水质的目标(Hughes 等,2008)。

水资源管理部门在官方土地(政策 13)水源流域中所开展的游憩活动利用中,将游憩定义为“各种休闲、消遣和娱乐活动,包括丛林徒步、定向越野、游泳、划船、垂钓、露营、骑马和四轮骑行”,还包括“集体出游和商业活动,如导游和汽车集会”。该政策规定,环境保护部门拥有游憩活动准入的最终批准职能。它还规定准入性是由水资源部长的两项投资组合中的两项举措共同批准的。政策 13 明确规定,环境管理部门具有管理和审批的职能,同时水资源管理保护需要考虑到在获准游憩活动的可进入性的同时兼顾水资源保护方案,并且在水域内执行它的管理职能。相反,环境保护部门也有较大的权利来制订全州的政策声明和全州计划来指导他们继续这样做下去。②然而,在实践中,水供应法案、保护和土地管理法案重叠的地方土地的利用情况式相当不清晰的,因为立法的首要地位不明确,而管理机构之间几乎没有或者说完全没有合作。

(三)责任冲突

当立法重叠甚至发生冲突的时候,如果没有明确规定行动方针的条款,那么确立主要的参照法律条款则至关重要。环境保护部门和水资源管理在对同一水流域进行独立规划和管理过程中遇到的困难是尤为明显的。环境保护部门通过森林管理计划和各类国家公园管理计划对水域进行规划。水资源管理部门在《国家供水法案》和《城市供水、污水和排水法案》的基础上区分和识别过程来制订水源保护计划。在没有正式流程的情况下,水资源管理部门和环境保护部门可以联合评估同一水域的拟管理措施。随后,水资源目前被视为是具有重要价值的消耗性资源,水资源管理部门根据《国家供水法案》和《城市供水、污水和排水法案》所赋予的权利来制订水流域的管理措施已经被接受,就执行和管理旅游和游憩的方面而言没有产生相关的争议。这些规划过程需要更好地协调并整合以进行有效的管理并将责任落到实处。这可以通过森林管理计划来推进,该计划的水域框架中有一个游憩活动规划部分。在水域中实现水质管理和游憩活动管理规划是可能的,正如后文即将讨论的维多利亚的例子。

在水域中为了更好地整合水源保护和游憩活动规划,采用水资源管理部门和水公司提出的风险管理办法是非常必要的。风险管理是一种在全球范围内被普遍接受的做法,这种管理方法基于在水域周围提高游憩活动准入管理(Pigram,2006)。这一制度可以促进一个具有支持性的文体活动社区形成,即在特定的区域和实践,或者两者兼顾(即,空间和时间上的限制)更负责任地使用,如在社区中更加开放积极交流和开展教育活动。在英国和美国的工作提供了大量的证据来证明这一观点,在保障公共卫生健康的基础上,水域中适当地计划和管理游憩活动是可以接受的(Hugheset等,2008)。

然而,这需要水资源管理部门在保护水资源的立场上有根本性的转变,即在水资源管理中淡化规避风险的管理文化。这可能会比较困难,因为不同形式的游憩活动和饮用水域的水质之间的联系尚不清楚。哈米特和科尔(Hammitt 和 Cole,1998)指出,游憩活动对水质的影响一般发生在特定区域,不能一概而论。同时,他们也注意到一些游憩活动与水质之间矛盾的相关研究。由于游憩对水质的影响发生在特定场所,对这种影响的监测是复杂的、耗时且昂贵的,对政府有限的预算而言这种性质的研究是不切实际的(DoH,2007)。因此,流域管理行动方案的制定是依照以科学推断为基础的专家意见和模型建构的,这在风险评估的时候会产生相当大的误差。

作为评估游憩活动对水质影响风险的一种手段,水净化咨询委员会(1977)根据对西澳大利亚水域游憩活动的观察,编制了一份含有游憩活动与其潜在的水质影响风险的活动清单,同时提出了建议管理措施(见表9.1)。

表 9.1　娱乐活动及假设对水域水质造成风险

娱乐活动	潜在风险 / 行动管理建议
骑马	大肠菌群和沙门菌会造成水污染;禁止其进入或靠近水体或溪流附近
四轮动力交通工具	导致水域浑浊度的上升;禁止水流域固定的道路以外行驶
摩托车	对水域中的其他用户造成干扰,对软地地形造成破坏;视情况而定,在某些水域可进行监测活动的利用情况
野餐	低风险,考虑提供适当数量的厕所
垂钓	使用鱼饵和"不好的个人习惯"会造成严重的环境风险
独木舟	没有人注意到,这一个"相对心的娱乐活动"
游泳	在身体(或者心理上的)的影响是不受欢迎的;在水库中应该被禁止
汽艇	河岸和海岸被侵蚀,鱼类和鸟类的繁殖受到干扰,石油泄漏和废弃物的排放;在水库中应该被禁止

资料来源:采纳水净化委员会(1977:8-14)

目前,水资源管理部门和水公司将所有的水域游憩活动归为单一的游憩活动,这对水质将会造成不可承受的风险。然而,1977年专家评审的时候发现部分"静态活动"带来的风险较低,而其他的活动带来的风险较高。这种对游憩带来风险的一般认识,加上饮用水污染事件很少与水域的游憩利用联系在一起,这可以成为水资源管理部门和环境保护部门在水域一体化管理的基础,目前西澳大利亚缺乏这种基础(Hughes 等,2008)。也就是说,水域管理思维的转变,即认识到游憩活动包含了一系列可能对水质造成污染风险的活动,这对更好地整合流域管理方法而言是极其重要的。这种管理方法允许在水域里开展低风险的游憩活动(如散步和野餐),但是也会限制或者禁止在水域里开展高风险的游憩活动(如汽艇,游泳和钓鱼)。

(四)西澳大利亚的水流域管理

正如立法和规划结果所证明的那样,西澳大利亚西南部的管理应该是由政府来主导的。在西澳大利亚,水资源公司自上而下的管理方法以及对消费价值观的关注,意味着水资源管理机构和政策制定者并没有被迫将游憩活动考虑为水的消费用户。正如皮格拉姆(Pigram,2006)指出的,"很明显,大多数水资源管理的权威部门将游憩活动作为辅助性的管理措施"。因此,在很大程度上水资源管理部门都忽视了研究水域在游憩活动开发过程中所使用的社会文化价值。因此,在水资源的管理决策中像社会文化价值这样的用途并没有得到足够的重视。这种认知和研究基础的缺乏已经阻碍了西澳大利亚水域管理转向综合利用管理的潜力。

例如,西南地区用水计划草案(DoW,2008)没有考虑到将诸如游憩和旅游等水的非消耗性使用看作是合法和恰当的利用。对如水库、大坝、湖泊、湿地、河水、溪流和水流域相关特征水资源的管理,在对文化、游憩和旅游等利用没有得到充分的认识,这些管理部门并没有计划好如何充分与水资源与其他用途实现整合。因此,游憩和旅游业无法影响到重要的水资源计划进程,而计划进程也无法直接或间接地影响到游憩和旅游的发展机会。在西澳大利亚管理水域中的游憩活动需要一个合作的管理方法,包括一系列政府机构、利益相关者、非官方组织和社区的参与。

三、维多利亚的经验

相比之下,在维多利亚,饮用水域是在不同限制系统和公共开放准入管理之下的(Hughes 等,2008)。亚拉山脉的森林水域为墨尔本提供了90%的饮用水。来自亚拉山脉的水通过供水系统输送到3家分布在墨尔本的零售水公司(Melbourne Water,2009)。饮用水通过15家当地水资源管理部门输送到墨尔本城区以外的地方。饮用水供应由人类服务部门、可持续发展部门、环境部门和监管总局办公室共同管理的

（Hughes 等，2008）。

维多利亚公园根据 1975 年的国家公园管理法案来管理当地国家公园。作为墨尔本饮用水供应的主要水域，亚拉山脉国家公园近 85% 的面积是规定的供水流域。这一流域是根据 1975 年国家公园管理法案来划定的，为了更好地保护水域和水资源的价值。根据这项规定，维多利亚公园和墨尔本水资源管理公司根据水域管理协议来限制和管理游憩活动。国家公园管理法案中有一条只适用于对墨尔本饮用水流域的管理规定（Ingram，2009）。该法案还赋予了相关部门权利以确保国家公园的自然和其他资源得到保护，并为旅游和游憩提供便利。关于这一点，1995 年国家公园和墨尔本水资源管理部门签订了水域的管理协定。该协议为水域的合作管理提供了参考依据，同时也确定了维多利亚公园和墨尔本水资源管理公司各自的管理责任（Parks Victoria，2002）。这种战略伙伴式的管理模式基于一种更有效率的理念：首先保护水质以确保最初始的高标准，而不是在后来才去治理水质以达到所要求的水质标准（Melbourne Water，2009）。因此，根据这个管理方法，在许多方面公众是被禁止进入的。这也是一个历史实践管理的结果，在那里 15.7 万公顷的森林已经向公众关闭了一个多世纪（Ingram 2009）。这一管理方法已经根据 1975 年的国家公园管理法案进行修改和改进，它提供了明确的权利来管理墨尔本水流域，即首先最重要的目标是水质的管控，其次是游憩活动的准入以及开展只允许在不会对水质产生影响的流域中。通过立法规定维多利亚公园和墨尔本水资源管理公司之间的伙伴关系似乎加强了这一水治理方法，因为这两个实体相互依赖以达到他们共同的管理愿景：多用途管理，提供了对饮用水水质和生态系统的保护。

四、结论

在游憩、旅游、水质和流量以及其他水域的价值之间要实现平衡，需要谨慎地考虑到公共卫生、社会、经济和环境等因素。然而，在西澳大利亚水域的计划过程中，游憩、旅游和其他社会价值很少得到证实。为了充分考虑和证实这些因素，在水域的规划和管理过程中需要采取新的和具有包容性的措施。在水域中实现水资源的保护、游憩活动和旅游是相当复杂的。除了立法和责任重叠，立法至上透明度的缺失，历史、社会、整治背景在水域的管理和治理方面扮演着重要的角色。此外，不同的组织的管理模式有可能被描述为"冲突文化"。例如，在西澳大利亚，水资源管理部门和水公司认为所有的游憩和旅游活动都会对水质造成污染，而环境保护部门则认为一系列游憩活动所带来的不同程度的风险水平可以在一定范围内得到控制和管理。水域管理办法需要摆脱以单一威胁为基础的管理模式，进而去采用以价值为基础的管理实践方法。

目前,西澳大利亚基于威胁的管理方式是根据推断假设而不是来源确凿的证据。这导致政策和公关的重点是公众排斥,不惜一切代价确保为公众提供最干净的饮用水。在西澳大利亚,那些负责确保饮用水水质的管理部门认为游憩是单一的,都会对水质造成威胁的。然而,很明显的是,不同类型的公共准入会对水质造成不同程度的风险。将游憩活动视为对水质产生不同程度风险的认知能够为西澳大利亚水域整合管理提供更好的参考依据。将 PDWSA 水流域的管理方法与保护区的管理方法相结合,将有助于认识第四种群体的需求和由此带来的益处,这种群体在水域开展旅游和游憩活动。

在一系列的需求和欲望的驱动下,游憩用户产生进入水域的行为。例如,大多数人需求优质的经验体验、现场足够的设施体验、游憩活动类型之中最小的冲突。一些形式的游憩活动需要特定的游憩设施,如专用的轨道或是车辆通行道路。还有一些群体更关注的是他们所要访问水域的美学和生态环境的质量(Ingram 和 Hughes,2009)。尽管如此,更为广泛的是社区群体的成员,他们希望每天都能够在家里喝到干净、安全的饮用水。以价值为基础的综合管理方法会将水域视为干净的饮用水、社会价值、旅游和游憩活动的价值来源。

注释

① "gazette" 是指在法律上获得政府的支持和认可的。"gazetted" 是经过法律认可、并且可根据具体的法律、规定和政策,因此属于特定的政府管理部门。

②详见《土地和政府管理法案》19(1)(c),33(d),和 55。

参考文献

1. ACPW (Advisory Committee on Purity of Water). 1977. *A Study of Catchmnents and Recreation in Western Australia*. Perth: Working Group on Catchments and Recreation.

2. CCWA (Conservation Commission of Western Australia). 2003. *Forest Management Plan 2004-2013*. Perth: Conservation Commission of Western Australia.

3. DCLM (Department of Conservation and Land Management). 1992. *Management Strategies for the South- West Forests of Western Australia: A Review*. Perth: Department of Conservation and Land Management.

4. ——. 2002. *Draft Forest Management Plan*. Perth: Department of Conservation and Land Management.

5.　Dearden, P., M. Bennett, and J. Johnston. 2005. Trends in global protected area governance, 1992-2002. *Environmental Management* 36 (1): 89-100.

6.　DEC (Department of Environment and Conservation). 2004. *Land Use Compatibility in Public Drinking Water Source Areas. Water Quality Protection Note*. Perth: Department of Conservation and Land Management.

7.　DoH (Department of Health). 2007. *Recreational Access to Drinking Water Catchments*. Perth: Department of Health.

8.　DoW (Department of Water). 2008. *Western Australia's Achievements in Implementing the National Water Initiative*. Perth. http://breeze.water.wa.gov.au (accessed July 2010).

9.　Feilman Planning Consultants. 1987. *Recreational Opportunities of Rivers and Wetlands in tth Perth to Bunbury Regron. Wetlands Usage Report*. Volume l. Perth: Water Authority of Western Australia.

10.　Forests Department Northern Region. 1983. *Forest Recreation Framework Plan*. Perth: Western Australia Forests Department.

11.　Gifford, D. 1990. *Statutory Interpretation*. Holmes Beach, FL: Gaunt.

12.　Hammitt, W., and Cole D., 1998. *Wildland Recreation: Ecology and Management*. New York: John Wiley and Sons.

13.　HCN/RMNO (Health Council of the Netherlands and Netherlands Advisory Council for Research on Spatial Planning, Nature and the Environment). 2004. *Nature and Health: The Influence of Nature on Social, Psychological and Physical Well-Being*. The Hague: Health Council of the Netherlands and RMNO.

14.　Herath, G. 2002. The economics and politics of wilderness conservation in Australia. *Society & Natural Resources* 15 (2): 147-59.

15.　Hughes, M., Zulfa M., and Carlsen J., 2008. *A Review of Recreation in Public Drinking Water Catchment Areas in the Southwest Region of Western Australia*. Perth: Curtin Sustainable Tourism Centre, Curtin University.

16.　Ingram, C. 2009. *Governance Options for Managing Sport and Recreation Access to Water Sources and Their Catchments of the Southern Darling Range, Western Australia*. Perth: Resolve Global Pty. Ltd.

17.　Ingram, C., and Hughes M., 2009. *Where People Play: Rccreation in the Sourthern Darling Range, South Western Australia*. Perth: Resolve Global Pty. Ltd.

18.　Maller, C., Townsend M., St Leger L., Henderson-Wilson C., Pryor A., Prosser L., and Moore M., 2008. *Healthy Parks, Healthy People: The Health Benefits of Contact with*

Nature in a Park Context. Melbourne: Deakin University.

19. Martinick & Associates. 1991. *A Review of the Water Based Recreation in Western Australia*. Perth: Ministry of Sport and Recreation and Western Australian Water Resources Council.

20. Melbourne Water. 2009. *Water Catchments: Supply Storage Areas*.www.melbourne-water.com.au (accessed May 28, 2009).

21. Muench, R. 2001. *Southern Darling Range: Regional Recreation Study*. Perth: Department of Conservation and Land Management, Water Corporation and Water and Rivers Commission.

22. Murdoch University. 1985. *Waroona and Logue Brook Reservoirs Environment and Recreation Study*. Perth: Murdoch University.

23. Natural England Board. 2007. *Draft Health Policy Position Statement*. London: Natural England Board.

24. Newman,J., Barnes M., Sullivan H., and Knops A., 2004. Public participation and collaborative governance. *Journal of Social Policy* 33: 203-23.

25. Page, B., and Kaika M., 2003. The EU water framework directive, Part 2: Policy innovation and the shifting choreography of governance. *European Environment* 13: 328-43.

26. Pahl-Wostl, C., Craps M., Dewulf A., Mostert E., Tabara D., and Taillieu T., 2007. Social learning and water resource management. *Ecology and Society* 12 (2): 5.

27. Parks Victoria. 2002. *Yarra Ranges Management Plan*. Melbourne: Government of Victoria.

28. Patterson,J. 1977. *Alternative Recreational Use Policies for System 6 Reservoirs*. Perth: University of Western Australia.

29. igram, J. 2006. *Australia's Water Resources: From Use to Management*. Victoria: CSIRO Publishing.

30. Sharp,J. 2005. Healthy parks, healthy people. *Landscope* 4: 27-31.

31. Stephenson, G., and Hepburn J.A., 1955. *Plan for the Metropolitan Region Perth and Fremantle Western Australia. Report*. Perth: Government Printing Office.

32. SWALSC (South West Aboriginal Land and Sea Council). no date. *History of the Noongar*. www.noongar.org.au (accessed August 18, 2010).

33. Thorpe, C. 2006. *Lost Rivers*. Harvey, Western Australia, Community Forum on Logue Brook Dam, July 22, 2006.

34. UN (United Nations). 2009. *What Is Good Governance*? New York: United Nations

Economic and Social Commission for Asia and the Pacific.

35. Weller, R. 2009. *Boomtown* 2050: *Scenarios for a Rapidly Growing City*. Perth, Western Australia: UWA Press.

36. WRC (Water and Rivers Commission). 2003. *Statewide Policy No.* 13: *Policy and Guidelines for Recreation within Public Drinking Water Source Areas on Crown Land*. East Perth: Water and Rivers Commission.

37. Yates, C., A. McNeill, J. Elith, and G. Midgley. 2010. Assessing the impacts of climate change and land transformation on banksia in the South West Australian Floristic Region. *Diversity and Distributions* 16: 187-201.

第十章 政策说明及影响的案例：游艇产业

苏·奥基夫（Sue O'Keefe） 格伦·琼斯（Glen Jones）

传统的经济学理论认为，现有的水资源市场，应将经济竞争和其他利害关系纳入购买或出售水资源权利的个人决定中。正如在这本书的导言中所指出的那样，就农业来说上述理论是比较清晰的，农业和水资源是投入与产出的关系这点是很明确的。但是就游憩和旅游而言，问题变得更为复杂。例如，游憩游艇作用于市场空间之外，因此水资源作为投入的价值便不会显露出来。尽管许多人试图将水资源的价值归于旅游和游憩，但实际上，迄今为止澳大利亚没有市场价格，因此必须依靠政治劝说和游说来实现预期的政策目的。在某些情况下，划船爱好者的利益可能与灌溉者的利益相一致，比如，在哪里划船依赖于为灌溉目的而修建的水库。与此相反的是，一些划船活动受到了过度扩张和开发的河流系统的负面影响，比如在墨累-达令流域。划船和环境利益之间也存在着类似的复杂关系。这些关系的存在，提高了建立联盟来影响政策结果的可能性。

在本章中，我们提出了两个研究案例，以说明南澳大利亚划船行业协会（BIASA）和美国国家海洋制造商协会（NMMA）已经开始利用与其他用户的重要补充关系并予以劝告，从而来影响对水资源政策和立法的规划。这些研究案例说明了在策略表中获得影响力的替代方法，并提供在第十一章中构建的实用场景。这个相对简短的章节提供了一个实用而非理论的观点，并且大量地汲取了个体经验。首先简要介绍了南澳大利亚的一些水文和环境，然后详细思考了每一个案例的研究。

一、南澳大利亚的水文与环境问题

与南澳大利亚相比，日益减少和过度分配淡水资源的相关问题可能并不明显。在这个州的司法管辖范围内，可以明显地看到采掘者和非采掘者在争夺淡水资源的份额而产生的严重影响。虽然农业在资源方面历来是最主要的要求，但也有不可否认的环境因素，尤其是在库隆这一地区。在墨累河，这个问题进一步为旅游业和游憩业的重要性所迷惑，正是在这种背景下，南澳大利亚的划船业协会正在发挥巨大的影响力。

南澳大利亚拥有超过160万人口，其中大多位于首都阿德莱德，沿着东南海岸或者靠近墨累河。南澳大利亚的主要产业包括采矿业、农业和制造业。阿德莱德和南澳大利亚的大部分地区都依赖于墨累河的水资源。在一个典型的年份里，阿德莱德大约一半的水都来自墨累河，而在干旱的年份，这一比例将上升至90%。

科隆、下湖和墨累口（The Coorong，Lower Lakes，and Murray Mouth，CLLMM）是一个14万公顷的湖泊、溪流、泻湖和湿地，位于墨累河流域的尽头。在1985年制定的《拉姆萨尔公约》中，CLLMM被列为"具有国际重要性的湿地"。这一制度主要依赖于墨累河的水，这是由下湖（Lower Lakes，即 Lake Alexandrina and Lake Albert湖）流经科隆和墨累口向南大洋排放。

由于上游的发展，提供给科隆、下湖和墨累口的水的体积随时间而减少。1940年，为了限制海水的入侵，人们在墨累河口附近修建了潮汐坝。Kingsford 等（2009）注意到，在大坝建设之前，这些湖泊通常都是淡水，仅有一些轻微的盐水入侵。

在20世纪90年代，流入CLLMM的水量低于正常水平，此后又出现了恶化，2006年至2009年期间的水流创历史新低。因此，在2007年至2009年期间，下游湖泊的水位低于海平面，而科隆的水则变得越来越咸。在2005年到2008年的时候，Tauwitchere 大坝的平均每日盐度大约增加了一倍（DWLBC，2010）。科隆、下湖和墨累口经历了物种多样性和丰富度的下降。在下湖，河口和海洋动物均发生了变化，这些动物更好地适应了环境的变化。这种情况也变得更加有利于龙介虫（一种附着在坚硬表面上的海洋管虫，能杀死淡水贻贝和海龟）生长。据 Kingsford 等（2009）估计，2007年至2008年间，水鸟的数量下降了大约50%。

另一个令人担忧的问题是湖水周围的酸性硫酸盐土壤。湖床上的土壤本身含有铁硫酸盐，暴露在空气中会产生硫酸。随着水位的下降，硫酸盐土壤便会暴露出来。当这些土壤再次被水覆盖时，大量的硫酸又会被释放到湖中。这可能导致金属活化、水氧量降低和有毒气体的产生（MDBA，2010）。Kingsford 等认为，下湖具有天然的碱度，这可以缓冲酸化的影响。然而，这种能力是有限的。他们还指出，酸化有时是一个自然过程："在自然条件下它会偶然发生，有时也会周期性地发生，并且会导致鱼类死亡，但在自然条件下不一定会导致长期的生态系统破坏（2009:46）。

框10.1　节间接竞争的挑战

简而言之，水位下降意味着如果你的船或渡船需要一公尺的水来漂浮，当水位下降到1米以下时，它就不会浮起来。当水位下降时，你不能到浅滩去装载货物或乘客；如果你不走运的话，你不能进入或者离开码头；你可以到达污水泵出点或者浅滩的汽油泵；在斜坡深处的水不足以托起船只；渡船无法从公路上载运车辆。以前从未见过的岩石其他危险物，现在捅破地表，或者更糟，它就在地表下面。

对于依靠河流健康的南澳大利亚的划船行业来说,如框 10.1 中一位划船爱好者所描述的那样,用户的过度提升和竞争的挑战构成了非常真实的威胁。

二、案例研究:南澳大利亚划船行业协会①

划船是一项非常重要的经济活动,据估算,其对墨累－达令盆地经济的贡献超过 60 亿澳元。②水道健康是这项活动的关键要求。特别是在南澳大利亚,墨累河是钓鱼、滑水、巡航、旅游、狩猎、游船、游泳、观鸟等集众多划船游憩活动的理想场所。

船型是能从体积非常小的、开放的铝船(one-person tinnies)通过充气变成大型船,可容纳数 10 名工作人员,他们可以为 100 多名过夜客人提供。1000 多艘长达 8 米巡航艇在南澳大利亚州的 Lower Murray 和下湖水域提供厨房和隔夜住宿。这些船大多数在当地社区提供服务和配置。数以千计的度假屋和棚屋及其配套的休闲船排列在河流和湖泊的河岸。沿着湖的下游也有包含数百种游憩船的主要码头。位于 5 个地方政府区域内的 20 个社区在很大程度上依赖于游憩划船行业在经济可行性方面的持续成功。

公众划船的利益由南澳洲划船行业协会监督。划船行业协会是南澳大利亚州游憩和轻型商业划船的主要行业机构;它是澳大利亚海洋工业联合会的 6 个利益相关者之一,澳大利亚海洋工业联合会是澳大利亚作为整体游憩和轻型商业划船的主要行业机构。此外,澳洲特别行政区也参与了澳大利亚国际海运集团的运作,努力增加国家海运出口(亚太地区每年 1 亿),以及澳大利亚滨海工业协会,它在国家码头和船台操作方面是国内行业的翘楚,协会约有 1000 名操作员。

AMIF 代表着 2000 多家企业和 500 万澳大利亚人的利益。它拥有多样化的会员资格,包括造船商、海军建筑师、特许经营者、租用运营商、历史悠久的木制造船商和码头运营商等个人业务利益。它也有组织成员,如行业发展组织、行业培训机构、保险和金融机构。不足为奇的是,当划船行业的利益与其他资源索赔人(如农业和环境利益)联合在一起时,时常会发生冲突。旅游和游憩行业缺乏影响力的原因之一是,它经常被视为一种拥有太多空余时间的享乐方式。然而,就上文所述的科隆、下湖和墨累口的情况,环保主义者和船民的利益与墨累河的环境挑战相融合,同时伴随着游憩性划船行业的重要影响。早在 2000 年 5 月,划船行业协会就对这个地区的水位下降提出了忧虑。因此,旅游和运输部长委托划船行业协会进行为期两周的实地考察,考察地区是在距离南澳大利亚州和新南威尔士州边界上的亚历山大湖 570 公里的墨累河,参加这次考察的人包括地方政府、科学家、国会议员、行业团体代表和政府官员。

从政府角度看,这项工作的目的是为了提高旅游者沿河的航行安全。然而,对划船行业协会来说,抢占机遇发展关键联系对于提高对自身利益至关重要。为准备创业,划船行业协会邀请国家机构和地方政府机构,包括环境保护局、环境与遗产部、水土保持和交通运输部;SA旅游委员会则列出了他们对墨累河的主要关注点。毫无疑问,这些问题一般与环境的健康有关,包括国家公园、库存栅栏、危险标志以及杂草的位置。本考察还涉及绘制导航标记的位置、记录解释标示,同时考虑浅滩和环境的脆弱性,确定安全系泊的位置。此外,BIASA还检查了其他问题,如垃圾处理和抽运站的位置和条件、水闸提供的服务以及水闸的可使用性和可操作性。它还确定了私人船只的位置,并报告了环境问题。这次考察的成功因为划船行业协会在接下来的几年中一直被委托执行类似的任务,调查范围扩大到包括亚历山大湖和阿尔伯特湖以及科隆在内。这种咨询工作现在已经提高到占划船行业协会收入的40%。这项演习中最具体的产品是南澳大利亚水域的指南图集,该图集在2005年制作并发行。第一版共销售了5000份,其中许多用于政府用途,第二版于2008年发行。政府机构广泛使用此图集,提高了划船行业协会的影响力,使其获得了联邦、州以及地方政府机构的支持。

划船行业协会开展的合作工作使各方了解更加深入。本书在第十一章中深入探讨了这种类型的知识,但是在此概述了这个实践中形成的几个重要关系。第一,划船行业协会与包括土著和解、教育、消费者事务和财务在内的多个政府部门建立并保持着密切的关系,每个部门与划船行业协会共享一些与河流健康有关的共同利益。第二,划船行业协会给主要由农业利益组成的墨累-达令流域委员会社区参考小组提供代表,这促进了两个团体之间的相互理解,在以前人们认为他们的之间的利益关系是不对的。这种新关系的一个结果是划船行业协会制定了一个游憩划船行业行为守则,考虑到农业学家和环保人士的利益,并加入了关于可在休闲船上安装废水再利用处理器的规定。第三,划船行业协会设立了位于墨累河两端的调查组,包括干旱问题特别突出的地方和州政府机构的成员以及当地议会议员。这些小组每个月都会正式会面讨论有关问题以及解决方案。第四,划船行业协会的工作已经对政府委员会和工作组织进行了一些任命,现在可以施加一定程度的影响力。现在,划船行业协会在政府的三个方面都参与了水资源政策制定,使旅游业和游憩业在未来的水资源政策决策中被考虑进去。

尽管划船行业协会的政策影响力逐渐增加可能只是机会主义的表现,但以下的美国例子包含了一项非常具有战略意义和计划性的方法来实现政策变革,它涉及多方面的措施,包括在立法、司法、监管和媒体方面的努力,还有为实现其目标而设计的积极行动。

三、案例研究:海洋国家制造商协会③

2006年9月,美国地方法院的裁决废除了美国环保署(EPA)未来研究中心(CFR)制定的"清洁水条例"(CWA),免除了对包括游憩船在内的船舶的正常运行所产生的废水排放,其中包括国家污染物排放消除系统。这一裁决是由环保人士和各州提起的,他们通过商业压舱水来阻止美国水域入侵物种的引入。法院从未考虑过排水事故,因为本案以商业船舶压载水为中心,但这一判决结果却对这些无污染的排放行使了豁免权。在最初长期的联邦排放豁免中包括发动机冷却水、可再利用废水、未污染的水和甲板径流。美国地方法院裁定,EPA在最初设立这项豁免的时候,缺乏CWA的授权,尽管环保署的监管豁免在没有任何挑战的情况下已经存在了35年以上。

根据法院的命令,美国环保署被迫启动了一项新的联邦监管计划,并在2008年9月之前设置了每艘游憩船的正常排放的要求。美国环保署通过制定正式的规则制定程序,以确保在法院规定的截止日期前实现。在美国,除了所有的商业船只外,所有的游憩船所有者都要为所有的废水排放创造一个新的、繁重的、前所未有的执法许可制度。此外,现在船上的人员在清洁水法规定下将合法地暴露在个人的公民诉讼中。

(一)国家海洋制造商协会的反作用力、战略规划和融资

意识到法院决定的严重性,国家海洋制造商协会立即启动了一个战略规划程序,并制订了一项长期计划,以便在2008年9月的最后期限之前恢复原来的联邦豁免。这个计划要求国会通过立法,恢复游憩船只的排水豁免;在整个正式规则制定过程中联合环保署,减轻新许可制度的负面影响;参与美国地方法院判决的上诉;建立全行业和第三方联盟来支持立法宣传运动;并引导媒体利用公众意识来支持宣传和基层运动。

国家海洋制造商协会计划多方位的并行设计,目的是在美国国会以及司法和行政部门取得成功。如果任何一项计划失败,那其他计划将作为其后盾。国家海洋制造商协会从董事会寻求计划的方向和资金,一旦计划得到批准并获得资金,该协会就可以拥有为期两年撤销地方法院裁决的时间。虽然联合政府的支持对于这一计划至关重要,但是作为国家海洋工业协会,国家海洋制造商协会还是为该计划主动提供了主要融资和领导。

(二)联合开发

实现立法成功的最关键的方面,显然是国家海洋制造商协会从零开始建立的重要联盟的发展。为此,国家海洋制造商协会寻求了拥有65万名成员的美国船东协会(Boat U.S.)的协助,这两个组织成立了"蓝船"联盟。最终,60多个组织参与蓝船联

盟,包括保护和钓鱼团体、国家海洋贸易团体、划船组织等。国家海洋制造商协会把所有沟通信息传递给联合政府,资助创建了一个专门针对该问题的网站,并组织了大量的基层支持。国家海洋制造商协会的运动引导国会推出清洁划船法案,并向国会发送了 25 万条信息,敦促其采取行动加快立法通过。这一基层行动主义对于最终通过该法案至关重要,因为有连贯的信息传递、明确的领导,以及所有联盟成员共同动员其成员并与其紧密联系。

(三)媒体宣传

为了支持整体行动,国家海洋制造商协会积极利用媒体的公众支持。国家海洋制造商协会在蓝船联盟运动中建立了一个可识别的品牌,并主动推销。努力在两年的时间内树立了数以百万计的印象④和重大有利的故事,成为最佳媒体网点,遍布全国。媒体和消息传递工作对国家海洋制造商协会取得成功至关重要。

(四)立法努力

该行业主要关注通过国会法案恢复对偶然性排放的豁免。最初的努力促成了众议院的游憩划船法案的出台。这个立法的参议院版本后来被引入,但是该立法缺乏关键参议院领导的支持,并遭到了环保界的强烈反对。结果,国家海洋制造商协会与环保团体和参议院委员会领导人就更可行的立法建议进行了谈判,最终国会在 2010 年 7 月 22 日通过了"划船保护法",奥巴马总统在新的环保局许可制度生效之前,于 7 月 30 日签署了该项法案。

(五)监管工作

在立法努力的同时,国家海洋制造商协会试图影响正在进行的环境保护署监管发展的结果,如果立法最终未能通过,那么法院就会批准该计划。为了实现这一目标,国家海洋制造商协会与负责制定规则的 EPA 团队建立了持久的关系,为记录提供了广泛的正式书面评论,并率团与美国船东协会等业界合作伙伴——成千上万的船员向公众发表了意见,以支持国家海洋制造商协会的立场。这些评论是通过国家海洋制造商协会的在线宣传工具包进入公共记录,这使得个人言论很容易发表和受到评论。环保署署长和其他机构官员也在国家海洋制造商协会的华盛顿特区会议上发言讲话。国家海洋制造商协会带领美国环保署的工作人员前往迈阿密的"船展"开展教育之旅,让他们熟悉游憩性船只和产业。

(六)司法努力

由于最初的诉讼,西北环境保护主义者以及美国环保署,集中于商业船舶压载水调节,国家海洋制造商协会不是诉讼中的直接当事人。但是国家海洋制造商协会使用外部和内部法律顾问,向上诉法院提交了一份广泛的法庭文件,建议缩小最初的判决范围。其他受影响的当事人,如商业船舶运营商,也在上诉过程中加入了诉讼程序。直到2008年"划船保护法"签署成为法律后,上诉法院的裁决才完成。

四、结论

以上两种情况的例子都强调了以合作的方式来实现利益相关者所重视的政策结果的重要性,尤其是在划船行业协会的案例中,那些具有实地知识的人所扮演的角色至关重要。知识的作用和框架的构建方式将在第十一章中进一步详述。在那一章中,罗恩·邓肯(Ronlyn Duncan)借鉴了这章和前两章的案例研究,发展了一个被视为对旅游和游憩产业有益的理论框架。

注释

①这个案例研究大量引用了南澳大利亚划船行业协会总经理格伦·琼斯提供的信息。

②1澳元=0.9978美元,2011年1月汇率。

③作者感谢位于芝加哥的美国海洋制造商协会主席兼执行官汤姆·达姆利克为这一案例研究提供了信息。

④印象是衡量媒体(如报纸或期刊文章、电台或电视上或互联网上)听到或阅读有关这一问题的人数的一个尺度。

参考文献

1. DWLBC (South Australian Department of Water, Land and Biodiversity Conservation). 2010. *Natural Resources Information Management System*, accessed September 29, 2010, from http://e-nrims.dwlbc.sa.gov.au.

2. Kingsford, R., P.G. Fairweather, M.C. Geddes, R.E. Lester,J. Sammut, and K.F. Walker. 2009. *Engineering a Crisis in a Ramsar Wetland: The Coorong, Lower Lakes and Murray Mouth, Australia.* Sydney: Wetlands and Rivers Centre, University of New South Wales.

3. MDBA (Murray-Darling Basin Authority). 2010. *Acid Sulfate Soils Field Guide*, accessed September 29, 2010, from www.mdba.gov. au.

第十一章 科学、政策与知识：对于旅游与游憩产业来说是否有良策？

罗恩·邓肯(Ronlyn Duncan)

本章节致力于研究旅游和游憩如何能够更好地利用其所需要的知识，并确保对现有水资源政策进行调整。这对于那些在促进以及保护水资源的权利知识很匮乏的领域来说是极其重要的。例如，第九章中所提到的城市水供应区域的游憩功能时，讨论到游憩对于社会、文化、经济以及人文等方面的重要性，人们能够在生活中变积极，以及人们在水域附近的关系变得更加亲密，这一点还没有得到大众的认同，也没有在澳大利亚的水域政策中得到体现。有很多之前对大众开放的区域现在都封闭了，这些区域本可以通过管理使大众进入。虽然也有例外，但澳大利亚的政策倾向于为了保护水资源和人们的身体健康而对这些区域进行封闭。第九章也讨论了权利与立法目标之间的冲突以及缺乏关于休闲游憩对水质的影响研究。

更大的挑战来自区域的扩散性和给水的复杂度(ABS,2009；Epigram,2006)。如我们在第五章中所提到的，大部分的本土企业在他们的水产品中都没有产权。这也意味着企业依赖旅游业，而游憩贸易对可用水资源的管理及再分配的权力十分有限。更重要的是，对现有水利政策的重新调整并没有产生及时显著的效果。产权持有人的反对可能对这一现象有所帮助，或者也有可能对产权进行一定的边限调整。只有掌握这些领域知识的人们才能主导这场改革，他们需要了解人们的真实需求、现状以及改革方法，这需要人们不仅从事这一领域，还要对该领域外的其他知识有所了解，不仅要掌握基础知识，还需要了解政策法规以及组织机构。

在如此复杂但具有潜在建设性的背景下，如果旅游与游憩产业想要改变现有的政策设置或者重新制定现有水域产权分配政策，是无法通过常规渠道完成的。首先，只是依靠研究悬而未决的政策存在一定的风险，它有可能是对错误问题的调试研究。仅仅游说政治家们也是徒劳。当然也与可能用所谓客观的知识去证明这些，例如，与其他行业(例如农业)相比，旅游业的价值更大。虽然为了将水问题列入政策议程而去计算其经济价值和重要性是至关重要的，但是为了适应旅游和游憩产业的用水需求而仅仅改变水政策是不够的。更明确地说，我们需要更好的解决办法。

本章论述了一种更佳的途径去了解知识是怎样形成的，以及什么样的知识能够产生，相应的也可以影响一些决策制定者的意图和能力，以及如何把知识运用到实践中去。从这个角度上,本书提出了一种联产知识治理模式。联产可以从广义上理解为将知识与政策结合起来的方法,它涉及旅游和游憩产业参与互惠对话、合作和协商,例如科学家、建模者、经济学者、其他水使用者、政府机构、政策制定者或公民社会行动者。

本章首先论述了合作生产在理论上及协同管理的背景,然后解释了两种由 Cash 等(2006)提出的概念框架,更加清楚地展示了合作生产,这两种概念框架分别是边界对象(Star 和 Griesemer,1989)和边界组织(Guston,2001)。为了解释这两种模式是如何适用于旅游与游憩业的,接下来会将这两种模式与之前三章中的案例分析结合。然后为了说明合作生产、边界对象合边界组织是如何运用于其他背景的, 我们会再给出两个案例:美国大平原的农业水管理和厄尔尼诺地区的发展 / 南方振荡对太平洋和南部非洲的预测。本章还探讨了 Cash 等(2006)提出的三种知识属性和四种制度功能。接下来是一个案例分析,总结了此模式在旅游与游憩业上的应用。这些看法不能被解释为是规定性的,但我们可以将其看成是一种指导准则或者是为了引出更进一步的研究所做出的努力。如若想了解更多关于合作生产模型的细节,可以参考Scott(2000)、Cash 和 Buizer(2005)、Cash 等(2003)、福克等(Folke 等,2005)以及 de Löe 等(2009)。

一、协同合作建立知识

在科学和技术研究领域涌现出的建构主义知识理论支撑了合作生产(Jasanoff, 2004;Latour,1993)。它被长期部署在 STS 中以批评公共政策中的科学使用(Duncan, 2004;Jasanoff,1987、1990; Shackley 和 Wynne,1995、1996),从而加剧成为评判科学的标准和政策交互(Jasanoff,2004)。为旅游与游憩业提供的工作是可持续发展的知识系统研究人员的工作,他们认为合作生产、边界对象和边界组织是鼓励知识生产者和知识使用者合作的一种手段,以便在知识和行为之间建立一种强烈的联系(Cash 等,2006;Kelly 等,2006)。它与传统的线性政策知识生产模型形成了鲜明对比,使科学和政治领域,或知识生产者和知识使用者之间相互排斥(Jasanoff 和 Wynne,1998; Owens 等,2006)。至关重要的是,合作生产是科学与政治之间的假定边界(Gieryn, 1983;Jasanoff 和 Wynne,1998;Latour,1993)。如果使用得当,合作生产对于旅游与游憩业来说是一种更好的途径,它能够利用知识并重新审视现有的水政策设置。

近年来,合作生产符合从管理到治理的转变,它在不同程度上采用了更多的政策制定方法,并在不同度上被采纳(de Loe 等,2009;Folke 等,2005;Ostrom,1997; Pahl - Wostl 等,2007;Scholz 和 Stiftel,2005)。例如,前面的案例研究从广义的角度上说明开放计划和决策的重要性。为了看到水政策中体现的游憩价值,第九章呼吁采用合作的治理方式，同时让政府机构、非政府组织、社区成员和利益相关者都参与进来。同样，在第八章案例研究对比了两种治理方案：一种是使人感到困惑的"看到但不深入探究"的珀斯河水治理；另一种则是接受社区参与、合作和谈判并充满活力的纽约哈莱姆河公园水治理。

越来越多的人认识到，不断变化的治理环境也需要扩展到知识治理（Irwin 和 Wynne，1996；Jasanoff，2004；Latour，1993）的层面。这种转变在可持续性和适应性治理中是显而易见的（Cash 等，2003；de Löe 等，2009；Folke 等，2005；Owens 等，2006；Pahl Wostl 等，2007）。在这种情况下，旅游和游憩业有机会做更多的事情，而不是仅仅去计算和提供其市场和非市场经济价值，以此希望能使水政策产生改变。相反，考虑到它巨大潜力和与其他部门——经济发展、生态系统服务和人类福祉的全面或部分互补，它可以利用知识与其他水资源使用者进行成果共享。从 STS 领域产生的两个概念可以促进参与、沟通、协作和谈判，这两个概念是边界对象和边界组织（Cash 等，2006；Guston，2001；Star 和 Griesemer，1989）。

（一）边界对象

斯塔和格里塞默（Star 和 Griesemer，1989）的研究显示，"边界对象"是指有不同世界观、来自不同世界共同合作的一种手段。边界物体概念起源于 1989 年一篇被广泛引用的文章，它主要讨论的是在 1907 年至 1939 年间，加州大学伯克利分校建立了脊椎动物博物馆。作者的问题是，在不同的世界观、实践和业余博物馆收藏家的思考下，合作、连贯和可信度是如何实现的，如何才能得出所有人都能接受的结论。他们的回答即边界对象——将分散的社会群体汇集起来的概念或一些更物质化的东西。

Star 和 Griesemer 认为边界对象可以是"抽象的或具体的"，形容它们为"可塑性很强、能够适应当地需求、限制多方使用、但同时也能够保持多个点的共性"（1989：393）。边界对象在我们周围，以地图、模型、管理计划、预测、政策和条约的形式出现。Star 和 Griesemer 将一个边界对象定义为"一个能够同时存在于多个社会世界中的对象，每个世界中又都有不同的身份"（1989：409）。因此，它的范围对于多重解释来说，如果进行适当的选择和部署，边界对象可以促进合作、产生一致性和在知识和制度边界上的可信度。根据 Star 和 Griesemer 的研究，边界对象并不是用来产生共识的。相反，他们通过协调双方利益，允许相关人员保持他们不同的观点，同时也有助于建立共同属性。简而言之，边界对象可以是一种为相互的结果调动不同观点的手段。其后的案例分析可以显示它们应用的多样性。

(二)边界组织

和"边界对象"一样,"边界组织"是不同世界之间的桥梁,但如果不将边界对象的使用制度化,它们就能发挥更广泛的作用。边界组织作为一种正式机构或非正式机构,可以传播理念、词汇、实践、跨知识领域和制度边界的世界观,以分离科学和政治社区。加斯顿(Guston,1999)为边界组织确定了三个要素:它们促进了边界对象的使用,汇集科学与政策主体以及专业和解员,以确保边界两边的问责制。根据 Guston 的研究,边界组织需要在不同的社会世界之间进行战略定位,而且更重要的是,要在每一个社会世界中承担起责任。

Scott 认为边界组织是"最重要的观察物",通过它我们可以知道欧洲环境局传播的有关环境的研究,看到边界组织能够"做出对边界双方都有益的事情,让双方都能够参与进来,这其实是很难甚至不可能完成的任务"(2000,5:15)。

因此,边界组织就像管道一样——它们鼓励交流、传播信息和想法。它们可以在知识和政策边界、机构和组织之间进行调解。Guston 认为,边界组织并没有孤立外部政治力量,其成功恰恰是由于"对反对外部当局的负责和响应"(2001:402)。换句话说,边界组织需要同时在内部和外部建立信任与善意。

为了说明这些见解如何对旅游业和游憩业有用,第八和第十章列出了一些案例。例如,第十章讨论的蓝色船体图像可以作为边界对象。这是由国家海洋制造商协会领导的一项核心运动,并推翻了一项法院的裁决,该裁决取消了在美国清洁水法案下对游憩船只的豁免。超过 60 个不同的组织以"蓝船"为主题,协助完成了很多的公共事务、立法和机构行动。此外,国家海洋制造商协会还可以作为边界组织,它动员了各个蓝船边界对象。它成功地跨越了知识和制度界限,将游憩船只所有者的关切和需要转化为所有立法机构、美国环境保护署、公民社会和公众们的需要。它在建立联盟的过程中调和了不同的世界观。然而,我们可以认为,国家海洋制造商协会主要从事的是一种有特定目的的单向对话,而不是合作的相互对话。

南澳大利亚的划船行业协会有一个案例说明了在合作生产过程中相互对话可能是什么样子。作为一个边界组织,南澳大利亚的划船行业协会在各州、国家和国际司法管辖区中垂直运作,并在其选民、国家机构和地方政府中充当中间人。人们通过南澳大利亚划船行业协会,把对澳大利亚墨累河沿岸的水位降低的担忧传至各州政府。由于其在这方面的兴起和航行能力,南澳大利亚划船行业协会被州政府邀请参与共商决策。为促进相互对话,南澳大利亚划船行业协会与各层次的政府机构进行了接触,以确定作为其调查工作的一部分,并请政府代表参与其中。在进行了数年的调查之后,南澳大利亚划船行业协会创建了自己的边界对象,出版了名为《南澳大利亚水域:图集和指南》的出版物。这个边界组织和其边界对象具有一定的持久性,这一点可以通过与澳大利亚各级政府、非政府组织、其他各级政府及国际机构之间的长期合作来证明。而且,它长期作为信息来源,为工作小组、与案组和政策委员会提供帮助。

最后,纽约哈姆河公园的重塑归功于最初的整体规划和一系列的管理规划,这也可以被看成是一种边界对象,它为人们合作重建土地提供了帮助。在第八章的案例研究中,职责、责任和资源都要依靠边界组织,在这种情况下,哈莱姆河公园的任务是参与、沟通、谈判和广泛合作。

二、合作生产行动

本节将讨论边界对象和边界组织如何在其他情况下促进合作。第一个案例是美国大平原灌溉农业用水管理。Cash(2001)研究了农业推广系统的作用,它作为一个边界组织,帮助农民用耗尽的含水层水源作为灌溉方式。他发现,使用社会经济、水文地质和种植计算机模型的县推广人员和专家,在模型开发、数据收集和使用方面会咨询一些农民群体。以下是Cash与县分局代理进行的一次面谈记录,说明了代理商作为边界经营者所做出的促进、协商和调解工作。

对于地下水管理区监管政策的改变有一个问题,生产者(农民)质疑这项政策是否会对他们产生不利影响。因此,这是一个生产者驱动的需求,需要一个可信的答案,这样他们才能够决定他们是否想要实施新政策。因此,作为代理,我们联系了大学,寻找谁在做这项研究……我们找到了经济部门的主管……还有一些其他的人。我们和水委员会的成员一起坐下来。我们给其中一些生产者发信息让他们过来,大家都坐下来讨论我们想在这里做什么。大学的主管们回去后就开始建立模型,然后我们就收集了一些基层数据……这耗费了好几年的时间,因为它是一个相当复杂的模型(Cash,2001:441;最初的支架)。

这就是边界对象是如何通过边界组织合作生产知识的。知识使用者——农民积极参与知识生产者,在这种情况下,建模者创造了在农民、建模者和监管者眼中都很强大的知识。这是如何实现的呢? 在农民的参与下,建模者对基层问题和条件有了深入的了解。他们还可以询问基层数据和风土人情,以识别必要的模型参数。这使得他们的模型具备了所有相关的可信度,并成为建模人员生产知识的工具。农民和水资源管理人员能够更加信任由此得出的结果,因为他们无法参与模型的开发以及数据输入的收集。在他们作为不同社会世界调解者的角色中,县代理商召集很多人参与其中,并将他们的需求和目标转化为知识、政策和制度边界,否则农民、建模者和水务委员会是处于孤立状态的。综上所述,Cash的结论是"任何一个社区都不能在没有其他参与者参与的情况下产生一个相关的模型"。在这种情况下,县代理商在这两个群体之间充当调解人(2001:441)。因此,利用预测模型、边界对象和边界组织能够促进知识的合作生产。

　　第二个案例是对太平洋和南部非洲的全球厄尔尼诺/南方涛动(ENSO)现象的预测和研究。首字母缩写的 ENSO 代表了太平洋上的大气压力和海洋温度现象导致太平洋两岸和更近地区的国家降雨较少和干旱情况,这取决于海洋温度和大气状况。世界上许多机构都参与了对 ENSO 事件发生、频率和强度的研究。这一全球性现象适用于区域机构的地方需求,即尽量减少因天气事件所造成的生命、生计和基础设施的损失(Cash 等,2006)。

　　Cash 等人进行了一项机构比较研究(2006),调查了两个区域机构:太平洋 ENSO 应用中心(PEAC)和南部非洲发展共同体(SADC)干旱监测中心(DMC)。PEAC 成立于1994年,包括了夏威夷和美属太平洋岛屿(USAPI)。它的任务是"为 USAPI 和岛屿的各种经济、环境和人类服务部门的利益进行研究和预测"(Cash 等,2006:476)。作为边界组织的定位,PEAC 建立的机构包括美国国家海洋和大气管理局(NOAA)、全球项目办事处、国家气象服务太平洋区域、社会科学研究所——夏威夷大学、海洋和地球科学与技术学院、关岛大学及其水和能源研究所和太平洋流域发展委员会(Cash 等,2006)。

　　津巴布韦的 DMC 检测中心也包含南部非洲。其建立是由南部非洲发展共同体 SADC 领导的,该组织与美国国家海洋和大气管理局、世界气象组织、世界银行、南部非洲成员国的国家气象服务、联合国开发计划署、国际气候预测研究所、英国气象办公室和 SADC 的区域早期预警单元、区域遥感单元,以及饥荒预警系统网络建立了合作关系。DMC 的目的是利用新兴的 ENSO 科学,改善南部非洲的状况,以避免干旱和饥荒带来的灾难性后果(Cash 等,2006)。

　　很明显,每个区域机构都与许多组织和机构建立了关系,通过一系列知识和制度边界来发展他们的预测。Cash 和同事们认为,每个机构都是一个边界组织,每个机构都是各自的知识生产者和用户群体之间的媒介。在2006年的研究中,Cash 等人对这些机构使用的机制进行了研究和比较,将不同领域的参与者和群体聚在一起,试图了解如何通过边界传达信息,探寻这些机制在协作中的有效性,以及这些实体用来解决冲突的方法。

　　Cash 等人维持了显著性、可信性和合法性的知识属性不变(Cash 和 Buizer,2005;Clark 和 Dickson,1999;Jasanoff,1990),这些都是成功将知识与政策行动联系起来的必要条件。显著性与关联性有关。知识最终是否回答了正确的问题,它是否在正确的时间以正确的形式呈现?对终端用户来说,显著性是必不可少的。可信性是关于技术上的适用性。是否使用了适当的方法?如何取得数据?应用了什么分析?结论可靠吗?诸如此类的问题对于科学界来说尤其重要,但它们同样适用于最终用户。合法性即是公平。知识生产过程公平开放吗?是否有合适的机制来促进价值观的表达和冲突的解决? 这些问题对于最终用户和更广泛的社区来说非常重要（Cash 等,2006;Clark 和 Dickson,1999; Scott,2000 ）。

很明显,大平原农业推广系统的特点是显著性、可信性和合法性。在农民的鼓动下,通过推广代理,农民与建模者的参与确保了模型作为边界对象,满足了他们的真正需求。这赋予了模型一定的显著性。农民对这个过程的贡献是提供了建模者需要的当地基层数据。建模者让农民们了解模型是如何工作的,它能做什么以及如何帮助他们。这些建模者能够在不影响技术适当性和可信度的前提下,让农民参与其中。该县代理商在双方之间进行调解,促进合作并取得合法性。

重要的是,显著性、可信性和合法性是相互依存的——一个的转变可以改变另一个。 Cash 等人认为,"在管理它们之间的权衡"（2006:468 ）时,需要保持"显著性、可信性和合法性"。例如,对于农民来说,如果预测模型的变量在某种程度上有所改变,那么预测模型的显著性可能会提高,但如果这损害了模型的技术能力,那么建模者的可信度就会降低。如果不存在任何调解程序,农民和建模者不能够表达他们的想法并协商一项决定,那么知识产出的合法性将会被削弱。这就是边界组织的作用,它能够让问题得到解决。相反,从最终用户中分离出来的知识可能会提高科学家的可信度,但如果因为缺乏参与和协作而产生错误,那么显著性就会减少。此外,如果最终用户认为知识生产过程是不公平的,那么其合法性就会降低。一个运转良好的边界组织将确保参与和合作。综上所述,这三个属性都是相互交织的,试图提高一个属性也会以另一个的降低为代价（Cash 等,2006 ）。因此,在合作生产过程中所面临的挑战是确保所有三个属性都保持相应的水平。

根据 Cash 等（ 2006 ）的研究结果,这些属性可以通过边界组织跨知识领域和政策边界、跨机构和组织来召集、交流、协作和协调。Cash 和同事评估了 PEAC 和 DMC 在使用这四种机构功能时产生的显著性、可信性和合法性的知识的有效性。

● 召开会议的目的是让知识生产者和最终用户面对面,以促进对话、建立信任。

● 交流需要沟通,由边界组织协助翻译语言、术语、假设、方法、世界观,以打破障碍和促进信息和思想的传达。

● 协作意味着将来自不同地区的群体放到边界对象上,例如模型或预测。

● 调解是当分歧、价值观或利益产生冲突时解决问题,它是对涉及其中的人们进行公开评价和调解。

以下是 Cash 等（ 2006 ）的研究概要,以评估四大机构职能如何应用于 PEAC 和 DMC 的边界组织,以及因其差异应用而产生的显著性、可信性和合法性。

（一）边界组织的召集作用

为了发展其区域预测,PEAC 组织了一系列活动,召集了三个群体,即科学家（ 如气候学家、水文工作者、流行病学家和经济学家)、预测者(如气象学家)和最终用户(如水产业和渔业经理、应急服务经理、政府官员),他们在 PEAC 最初的计划阶段就开始合作。他们中的代表是"太平洋 ENSO 研究与应用系统设计的联合合作者"(2006:477)。这一举措将这些行动者置于边界组织内,并担任起在三个群体间传播决策的责任。总体来说,PEAC 有责任广泛参与,因为它的资产取决于是否完成了创立社会经济和环境的使命。三个群体代表的参与也意味着 PEAC 有义务促进对话和建立信任。

DMC 的预测始于气象学家组织召开研讨会为个别国家建立参数,这为 DMC 的南部非洲区域气候前景论坛(SARCOF)奠定了基础。这个论坛每年举行两次,就像 PEAC 一样把科学家、预测者和最终端用户聚集在一起。会议的召开,包括预测者听取终端用户(如世界粮食计划署、水电规划者和研究人员)的问题和信息需求的报告。然后,科学家们安排"彼此会面,消除他们的预测之间的差异",在他们讨论完以后,他们"提出了会议上与其他人相一致的预测"(Cash 等,2006:479)。召开会议并表示已经收到最终用户的问题。互惠对话也没有促进各方之间的信任。它为科学界的预测创造了可信度,但它的代价是对最终用户的显著性和合法性。

(二)边界组织的交流作用

除了将预测信息翻译成不同国家的语言外,PEAC 还聘请了那些善于将科学术语翻译成简单语言的科学家,并考虑到一系列终端用户的需求。例如,概率被翻译成一种更易懂的语言,另外,预测发布的时间应该是各方之间协商一致的,以确保不会过早发布而被遗忘或太晚发布导致没有时间准备。这使得 PEAC 在保持足够可信度的同时,也保证了显著性和合法性。鉴于它在气象学家中的主导地位,DMC 很少注意对南部非洲区域气候前景论坛的翻译。与最终用户沟通被认为是可接受的。因此,这一预测的可信性是以对最终用户的显著性和合法性为代价的。

(三)边界组织的协作作用

PEAC 鼓励很多人参与到对合作生产这一边界对象的预测中。每个人都有自己的成果并能够了解到他人的想法。

每一位参与者都以不同的方式从合作生产中受益:从农业推广官员那里取得何时降雨的信息、从紧急情况处理人员那里听到暴风雨即将到来的警报、学习了解应该去哪个区域捕鱼的知识、了解怎样在科学家同行认可的杂志上发表论文。尽管这些预测对每个参与者都有不同的价值和作用(这是作为边界对象的重要功能),PEAC 能够协调这些活动,使其有足够的重叠,从而可以产生一个强有力的预测(Cash 等,2006:480)。

　　DMC 没有直接参与最终用户的预测。以下是 2002 年 Cash 和同事从一个南部非洲区域气候前景论坛参与者那得到的反馈，说明了参与性的匮乏、对最终用户的影响以及知识属性。

　　首先，预测者和预测用户之间存在明显的分歧。没有任何用户被邀请参加协商一致的预测小组，没有气候学家加入到四个用户工作小组中（健康、食品和农业、水和能源、灾害管理）。即使用户组的报告有很多共同的需求，没有一个气候学家分享关于满足用户需求的可行性观点。例如，人们需要知道雨季开始和持续的时间，但他们不知道气候科学家是否可以（或想）向他们提供这些信息（Cash 等，2006：481-482）。

　　然而，尽管预测可能在科学家和预测者中有可信度，但它对那些需要并想使用它的人缺乏显著性和合法性。

（四）边界组织的调解作用

　　由于 PEAC 积极参与到合作生产中，从一开始就引起了相互冲突的价值观和利益的冲突，因此需要进行调解。来自夏威夷大学的社会科学研究人员所做的评论说明了消除虚构的知识需求是怎样进行的。

　　我们促进了科学家和决策者之间的对话，讨论了科学家关于信息可能性、不确定性和概率方面的想法，以及官僚们的对于相同事物的想法和需求。我们向他们描述了对方的想法，然后我们把他们都带回到房间里，跟他们讨论对方的想法，有趣的是他们每个人都明确知道对方的需求（Cash 等，2006：482）。

　　受信任的中介人提供的积极调解，双方为 PEAC 的预测建立了合法性和显著性。另一方面，对于 DMC 来说，调解是复杂的并且受到当时津巴布韦更广泛的政治问题的影响。DMC 没有取得所需的人力资源，也没有体现调解冲突的体制机制。最终用户没有直接参与预测过程。对话和谈判只是发生在科学界，没有让更多的人参与进来。尽管 DMC 的调解发生在科学家之中，促成了该预测在科学界的可信度，但并没有对最终用户预测的合法性和显著性做出贡献。

　　表 11.1 总结了边界组织 PEAC 和 DMC 所起到的机构功能作用，即为最终用户提供的显著性、可信度和合法性。

表 11.1　PEAC 和 DMC 机构功能应用中的知识属性

	显著性	可信度	合法性
PEAC			
召集	√	√	√
沟通交流	√	√	√
协作	√	√	√

	显著性	可信度	合法性
调解	√	√	√
DMC			
召集		√	
沟通交流		√	
协作		√	
调解		√	

可以看出，PEAC 在所有四个功能上都有显著性、可信性和合法性。因此，PEAC 被归类为比 DMC 更成功的边界组织，PEAC 的预测被认为是一个更有用、更持久的边界对象，因为它满足了大家对这三个知识属性的需求。很明显，DMC 预测的可信性是以牺牲合法性和对最终用户的显著性为代价的（Cash 等，2006）。

三、结论

大平原水管理案例表明，边界对象和边界组织可以适应不同的世界观并促进合作生产。县扩展系统作为边界组织，处于知识生产者和知识使用者之间，它对资产和委托结果都负有责任。它通过在农民、政府机构、科学家和建模者之间建立桥梁促进了交流和信息的传递。打个比方，它建立了一个双向桥梁，以允许跨知识、机构和组织边界的交流。它不是像在 NMMA 上的蓝船运动这样的单向桥梁。在大平原上模拟水耗竭场景的预测模型——边界对象引入了一个共同的焦点，并与所有参与其发展和使用的各方一起，使其具备了合法性。值得注意的是，农民和建模者的角色在生产知识和使用知识的层面上可以互换。例如，由于农民的基层知识和数据输入，他们成为知识生产者，而建模者则扮演了知识用户的角色（Duncan，2008；MacKenzie，1990；Shackley 和 Wynne，1995）。这些角色的互换性增强了知识成果的显著性和合法性，同时也不损害其可信度。

ENSO 案例说明了边界对象和边界组织的效用和持久性是可行的。PEAC 是一个比 DMC 更有效的边界组织，它为终端用户提供了一个比 DMC 更有用的边界对象。因此，PEAC 能够在知识和政策行动之间建立起强有力的联系。这两个案例分析都强调了管理知识的重要性和合法性，它可能被最终用户所使用。这两种情况也表明：召集、沟通交流、协作和调解的机构职能对于平衡显著性、可信性和合法性至关重要。因此，他们对于知识与政策行动的关联也很重要。

案例分析强调了知识的科学可信性可能会以社会生态决策中的相关性和合法性

为代价。这是一个长期性的问题。通常情况下，它将知识生产者和知识用户与科学权威和政策纯度的假定要求剥离开来（Jasanoff 和 Wynne，1998）。它对创建知识和水政策行动提出了相当大的挑战。重要的是，案例分析还表明，知识生产者和知识用户之间的交互对话、协作和谈判，可以在不损害知识成果或政策行为的可信度的前提下实现。换句话说，科学家们不必放弃他们的科学可信度，以满足最终用户的需求。因此，认识到需要平衡显著性、可信性和合法性中的召集、沟通交流、协作和调解功能，在某种程度上有助于解决这一问题。合作生产模式并不是说不需要建立信誉，而是通过提高其显著性和合法性来解决这一问题。事实上，在合作生产中，信誉是很重要的。

随着制度功能的建立，水政策的治理环境的变化可以而且应该扩展到知识治理。美国大平原的水管理和 ENSO 预测太平洋和南部非洲的状况显示了合作生产、边界对象和边界组织的效用，综合本章案例分析和前几章提到的合作生产模式可以看出，旅游和游憩业可能有更好的前景。

知识治理的转发对旅游业的影响更为广泛。Cooper（2006）、肖和威廉斯（Shaw 和 Williams，2009）都承认，这个行业在一系列领域中对知识的转播和利用所面临的挑战是相当大的。对于游客的花费、数量和起源的预测对于行业管理经济风险是至关重要的（Fleetwood，2004），它依赖于来自研究和预测建模的知识（NLTS 指导委员会，2009；Song 和 Li，2008）。大量公共资源致力于收集、整理和建模数据，并传播预测和分析（Fleetwood，2004）。值得注意的是，澳大利亚旅游业的一系列战略已经设法解决了预测、传播以及以旅游收入回报之间的明显脱节（澳大利亚联邦，2003；Fleetwood，2004；NLTS 指导委员会，2009）。这一模式的重点在于创造知识，而不是最终用户，这可能是旅游业发展得更好的出路。

问题是，在合作生产模型被人们所认可之前，它有可能遭到破坏，因为它所衍生的知识可能会是一种"粗糙的工具"（Owens 等，2006：636）。现在的问题是谁在管理科学知识以及他们部署的方式，这经常在"政治科学化"和"科学政治化"之间左右摇摆（Guston，2001：405）。前者将会看到科学的结论，而这些结论可能不会考虑到文化、社会和经济因素。后者的结论科学性则较小，甚至比目前的情况更为特殊（Dovers 和 WildRiver，2003：3）。然而，Guston 认为，合作生产和边界组织是带领人们走向另一条道路所需要的共同基础。科学政治化无疑是一个滑坡。但政治的科学化也是如此。边界组织没有滑下任何一个斜坡，因为它被双方的共同利益所束缚（2001：405）。Cash 等人认为，合作是一种将知识和决策联系起来的手段，"也是更有社会意义的方法，它试图更好地平衡经济、文化和社会需求"（2006：466）。

邓肯和海（Duncan 和 Hay，2007）提出了一种担忧，即 Cash 和同事所提及的可持续发展的平衡话语，不仅会破坏环境，而且还会加速其对短期社会和经济利益的权衡。尽管 Guston(1999,2001)和 Cash 等(2006)认为,科学家,决策者和社会活动者需要参与调整水资源政策并倡导环境保护,但他们不认为他们的合作生产会导致这样的问题。尽管有这样的问题,但目前提出的联合知识管理模式为旅游业和游憩产业在水资源政策方面重新定义、重新谈判并重新规制现有的知识和政策边界提供了一条道路。它还提供了一种手段,利用本部门与其他水用户的互补性以解决局部互补性引起的冲突。

鉴于目前的知识基础十分有限并具有一种扩散特性以及水需求的复杂性,旅游和游憩产业不能依靠传统的知识和决策模式去调整现有水资源政策设置。该行业需要做的不仅仅是计算和促进其市场和非市场经济价值。尽管后者是制定政策议程的必要条件,但它还不足以为满足旅游和游憩产业用水需求的水政策带来改变。因此人们提出了一种可替代的共进知识治理模型。它主要讨论的是知识是如何产生的,它可以影响知识的产生,进而影响决策者的意愿和能力,或者影响最终用户将这些知识付诸行动。

合作生产是一个有用的知识治理模型,它不仅可以满足旅游和游憩产业的复杂需求,而且还可能让这些最初反对这项提议的人达成合作关系。在这些有利条件下,旅游和游憩产业所拥有的内在互补性(全部的和部分的),可以为其他水资源使用者所利用,以巩固经济发展、生态系统服务和人类健康和福祉。这些互补性代表了该部门在共同的水资源知识的合作中追求共同利益。在实践中,利用边界对象和边界组织,实现召集、沟通交流、协作和调解功能,以平衡显著性、可信性和合法性,大大促进了合作的实施。考虑到合作生产知识的调解和谈判性质,旅游和游憩产业不太可能实现所有的目标,但这一知识管理模式可能会重新制定现有的水资源的政策安排。

参考文献

1. ABS (Australian Bureau of Statistics). 2009. *Australian National Accounts: Tourism Satellite Account,* 2008-09. cat.5249.0. Canberra: Australian Government Publishing Service.

2. Cash, D.W. 2001. In order to aid in diffusing useful and practical information: Agricultural extension and boundary organizations. *Science, Technology & Humman Values* 26 (4) : 431-453.

3. Cash, D.W., J.C. Borck, and A.G. Patt. 2006. Countering the loading-dock approach to linking science and decision making: Comparative analysis of El Nino/Southern Oscillation (ENSO) forecasting systems. *Science, Technology & Human Values* 31 (4): 465-494.

4.　Cash, D.W., and J. Buizer. 2005. Knowledge-action systems for seasonal to interannual climate forecasting: Summary of a workshop. *Roundtable on Science and Technology for Sustainability*. Canberra: National Research Council.

5.　Cash, D.W., W.C. Clark, F. Alcock, N.M. Dickson, N. Eckley, D.H. Guston,J. Jager, and R.B. Mitchell. 2003. Knowledge systems for sustainable development. *Proceedings of the National Academy of Science of the United States of America* 100 (1): 8086-8091.

6.　Clark, W., and N. Dickson. 1999. The global environmental project: Learning from efforts to link science and policy in an interdependent world. *Acclimations* 8: 6-7.

7.　Commonwealth of Australia. 2003. *Australian Goverment Tourism White Paper: A Medium to Long Term Strategy for Tourism*. Canberra: Commonwealth of Australia.

8.　Cooper, C. 2006. Knowledge management and tourism. *Annals of Tourism Research* 33 (1): 47 - 64.

9.　de Löe, R.D., D. Armitage, S. Davidson, and L. Moraru. 2009. *From Government to Governance: A State-of-the-Art Review of Environmental Governance*. final report, prepared for Alberta Environment, Environmental Stewardship, Environmental Relations. Guelph, Ontario: Rob de Löe Consulting Services.

10.　Dovers, S., and S. Wild River. 2003. *Managing Australia's Environment*. Sydney: Federation Press.

11.　Duncan, R. 2004. Science Narratives: The Construction, Mobilisation and Validation of Hydro Tasmania's Case for Basslink. PhD thesis, Hobart. School of Geography and Environmental Studies, University of Tasmania.

12.　——. 2008. Problematic practice in integrated impact assessment: The role of consultants and predictive computer models in burying uncertainty. *Impact Assessment and Project Appraisal* 26 (1): 53-66.

13.　Duncan, R., and P. Hay. 2007. A question of balance in integrated impact assessment: Negotiating away the environmental interest in Australia's Basslink project. *Journal of Environmental Assessment Policy and Management* 9 (3): 273-297.

14.　Fleetwood, S. 2004. Current Developments in Expansion of Australia's Tourism Data. Paper presented at 7th International Forum on Tourism Statistics, June 9-11. 2004, Stockholm.

15.　Folke, C., T. Hahn, P. Olsson, and J. Norberg. 2005. Adaptive governance of social-ecological systems. *Annual Review of Environment and Resources* 30: 441-473.

16.　Gieryn, T. 1983. Boundary-work and the demarcation of science from non-science:

Strains and interests in professional ideologies of scientists. *American Sociological Review* 48: 781-795.

17. Guston, D.H. 1999. Stabilizing the boundary between politics and science: The role of the Office of Technology Transfer as a boundary organization. *Social Studies of Science* 29 (1): 87-112.

18. ——, 2001. Boundary organizations in environmental policy and science: An introduction. *Science, Technology & Human Values* 26 (4): 399-408.

19. Irwin, A., and B. Wynne. 1996. Introduction. In *Misunderstanding Science? The Public Reconstruction of Science and Technology*, edited by A. Irwin and B. Wynne. Cambridge. UK: Cambridge University Press, pp. 1-17.

20. Jasanoff, S. 1987. Contested boundaries in policy-relevant science. *Social Studies of Science* 17: 195-?30.

21. ——. 1990. The Fifth Branch: *Science Advisers as Policymakers*. Cambridge, MA: Harvard University Press.

22. ——. 2004. Ordering knowledge. ordering society. In *States of Knowledge: The co-production of science and social order*, edited by S. Jasanoff. London: Routledge, pp. 13-45.

23. Jasanoff, S., and B. Wynne. 1998. Science in decisionmaking. In *Human Choice and Climate Change,* Volume 1*: The Societal Framework*, edited by S. Rayner and E.L. Malone. Columbus. OH: Battelle Press, pp. 1-87.

24. Kelly, T.,J. Reid, and I. Valentine. 2006. Enhancing the utility of science: Exploring the linkages between a science provider and their end-users in New Zealand. *Australian Journal of Experimental Agriculture* 46: 1425-1432.

25. Latour, B. 1993. *We Have Never Been Modern*. Translated by Catherine Porter. Cambridge. MA: Harvard University Press.

26. MacKenzie, D. 1990. *Inventing Accuracy: A Historical Sociology Missile Guidance*. Cambridge, MA: MIT Press.

27. NLTS (National Long-Term Tourism Strategy) Steering Committee. 2008. *The Jackson Report: The National Long-Tern Tourism Strategy*. Canberra: Commonwealth of Australia.

28. Ostrom, E. 1997. Crossing the Great Divide: Coproduction, synergy, and development. In *Global, Area, and International Archive*, eScholarship. University of California.

29. Owens, S., J. Petts, and H. Bulkeley. 2006. Boundary work: knowledge policy, and

the urban environment. *Environment and Planning C: Government and Policy* 24: 633-643.

30. Pahl-Wostl, C., M. Craps, A. Dewulf, E. Mostert, D. Tabara, and T. Taillieu. 2007. Social learning and water resources management. *Ecology and Society* 12 (2): 5.

31. Pigram,J.J. 2006. *Australia's Water Resources: From Use to Management.* Collingwood: CSIRO Publishing: 173-191.

32. Scholz,J.T., and B. Stiftel. 2005. *Adaptive Governance and Water Conflict: New Institutions for Collaborative Planning.* Washington, DC: Resources for the Future.

33. Scott, A. 2000. *The Dissemination of the Results of Environmental Research: A Scoping Report for the European Environment Agency.* Copenhagen: European Environment Agency.

34. Shackley, S., and B. Wynne. 1995. Integrating knowledges for climate change: Pyramids, nets and uncertainties. *Global Environmental Change* B (2): 113-126.

35. ——, 1996. Representmg uncertainty in global climate change science and policy: Boundary- ordering devices and authority. *Science, Technology & Human Values* 21 (3): 275-302.

36. Shaw, G., and A. Williams. 2009. Knowledge transfer and management in tourism organisations: An emergmg research agenda. *Tourism Management* 30: 325-335.

37. Song, H., and G. 11. 2008. Tourism demand modelling and forecasting: A review of recent research. *Tourism Management* 29: 203-220.

38. Star, S.L., and J. Griesemer. 1989. Institutional ecology, 'translations' and boundary objects: Amateurs and professionals in Berkeley's Museum of Vertebrate Zoology, 1907-39. *Social Studies of Science* 19 (3): 387-420.

39. STCRC (Sustainable Tourism Co-operative Research Centre). 2008. *Tourism Satellite Accounts 2006-07: Summary Spreadsheets.* Gold Coast, Queensland: CRC for Sustainable Tourism Pty. Ltd.

第四部分
游客、城市水资源以及未来的教训

第十二章　旅游者对饮用水的使用:旅游者行为差异探究

贝萨妮·库珀(Bethany Cooper)

在之前的章节中提到,由于人口的快速增长、工业化进程加速、农业灌溉面积的扩大,许多国家目前正面临着水资源危机。近期的研究也一直着重强调在世界范围内传统旅游业对水资源的滥用(Andereck,1995;Green等,1990;Honey,2001)。联合国可持续发展委员会(2010)声明,在某些地区,由于旅游者的大量涌入,使得当地对水的需求提高了一倍,这对当地的水力基础设施和水资源带来了极大的压力。尽管如此,学术界也鲜有关于游客用水需求及其相关行为的决定因素的实证研究。这就导致了当地政府和社区缺乏有效的信息预测旅游者对水资源的需求,他们甚至不知道如何养成并引导旅游者的行为(联合国可持续发展委员会,2010)。

众所周知,这些通常被认为是道德模范的人在度假时(这里作者所要表达的是社会匿名性环境的意思)的行为与平时行为有明显的差异(Bergin-SeersandMair,2008;Wearing等,2002)。越来越多的证据表明,当人们在外旅游时,他们的用水行为习惯是和往常有所不同的。游客也会对不同的激励因素和触发因素做出不同的反应(Gnoth,1997)。所以,这些对当地居民行之有效的政策、办法对于旅游者来说,不一定能起作用。

在水资源短缺的情况下,旅游者的行为对当地的水力基础设施供给能力、水的价格等因素都有着重要的影响。本章将探讨旅游者行为的维度以及各维度对水资源政策中关键因素的影响。本章将从国际化和本土化的双重视角探讨旅游业对水资源的影响。同时,本章将从理论视角检视旅游者行为,并分析一个人在旅游情景中(具有社会匿名性)的行为和往常有何不同。之后,本章将通过对心理学、社会学、经济学等相关学科的文献梳理,探究依从性行为的理论基础。最后,本章将提出一个能够有效界定旅游者依从行为的理论框架。

一、旅游业对水资源的影响

旅游业是世界上最大的产业之一,并且被认为是绿色无烟产业。尽管如此,旅游业仍然对环境产生了严重的影响(UNESCO,2006)。本节内容则从国际国内双重视角聚焦旅游业对当地水资源的影响。

(一)国际视角

戈斯林(Gossling,2000)认为,自20世约60年代以来,为了创造更多的就业岗位、增加财政收入和外汇收入、强化经济结构的多元化,许多发展中国家开始重视并集中力量发展旅游业。

尽管发展旅游业的经济效益显著,但也加剧了当地自然资源压力,对当地的社会、经济和民生产生了潜在的有害影响。例如,这些旅游服务业发达、旅游服务基础设施完备的热带地区的岛国和沿海区域,正面临着严重的环境问题(Gossling,2000)。对于一些石灰岩小岛国来说,譬如位于百慕大群岛、开曼群岛、巴哈马群岛中的岛国来说,他们的饮用水完全依赖于降水(Jones 和 Banner,1998;UN,1995),而且存在着过度开发的现象。在一些相对干旱的地区,例如地中海沿岸地区,由于炎热的气候、大量的游客和游客不良的用水习惯,水资源短缺已经成为一个让人尤为担心的问题(UNESCO,2010)。德斯特法诺(DeStefano,2004)对地中海地区旅游对淡水资源的影响进行了研究,他认为,旅游业是导致水生态系统退化的主要因素。因此,旅游业不仅对旅游目的地产生影响,对整个人类社会都产生了影响。

酒店以及住店旅客每天都要消耗大量的水资源。在以色列,人们认为这些座落在约旦河沿岸的酒店是导致死海面积不断萎缩的罪魁祸首。此外,旅游业的发展加剧了目的地对地下水资源的开采力度。例如,位于地中海西安的巴利阿里群岛,由于旅游业对地下水资源的过度使用,已经出现了海水倒灌侵蚀现象(德国联邦自然保护局,1997)。

尽管地下淡水供应有限,但它依旧是沿海地区发展旅游产业不可缺少的资源,这毫无疑问将加剧旅游目的地过度开发以及由此造成的潜在风险。在这种情况下,只有旅游业和旅游者切实践行节水政策,降低水资源消耗、防止湿地退化才有可能实现。

(二)国内视角

澳大利亚海滨风景优美、风光秀丽,以水上运动为代表的游憩活动丰富多彩,城市中心设施便利且环境优美。这使这个国家成为了很多人向往的旅游目的地。然而,随着近年来澳大利亚干旱面积的不断扩大,很多城市面临着用水限制。在此背景下,为了支撑旅游业的发展,酒店、高尔夫球场、游泳池以及旅游者都过度消耗着澳大利亚的水资源(Honey,2001)。

对于政府来说,如何找到旅游业发展过程中经济效益、环境效益和社会效益的平衡,是一个难题。考虑到旅游产业结构的多元性,用同样的标准来衡量旅游业发展的可持续性似乎不是特别合理(Stabler 和 Goodall,1997)。柏金·西尔斯和梅尔(Bergin-Seers 和 Mair,2008)对有关旅游业可持续发展的相关概念进行了梳理和分析,他们认为针对旅游企业制定的有关旅游业可持续发展政策、措施应当谨慎和理性。事实上,相对于针对旅游产品供给侧制定一系列的措施、政策,探讨如何让游客的行为更加的环保,并让游客意识到节约用水是每个人的义务,显得更有意义。关于旅游者行为习惯的最初理解,为本章论证提供了一个有用的立足点。

二、旅游者行为

旅游者行为的研究源自消费者行为研究(Engel 等,1968;Howard 和 Sheth,1969)。消费者行为研究当中的诸多论点、论据都为学者们对旅游者行为进行研究提供了帮助。旅游者的行为通常受到不同因素的驱使,这些行为有时被认为是非理性的(Gnoth,1997)。

(一)旅游者行为研究的理论基础

虽然旅游业是经济现象和社会现象,但人们通常把旅游者行为研究归于心理学范畴(Lewin,1942)。人类学(Adler,1989)、社会学和社会心理学(E.Cohen,1972,1978;M.Cohen,1988;MacCannell,1992)的相关概念也有助于理解旅游存在的意义。社会学和心理学都从态度结构模型中得到了研究和预测旅游者行为的方法。因此,在旅游动机模型的发展中,态度结构成为了一个突出概念。行为研究通过解释创造旅游需求多样性的动机相互作用,对这一文献做出贡献(Ajzen,2001;Dann,1983;Wickens,2002)。

布达努(Budeanu,2007)认为,与企业或政府相比,游客对可持续性生活方式和采用绿色旅游产品的兴趣要小得多。为鼓励大家进行有责任的旅行,诸如生态评估标签、认证计划、奖励、教育活动等激励措施和手段已经出现,但它们的效果让人怀疑(Chafe,2005;Martens 和 Spaargaren,2005)。调查为何环境友好型旅游产品和服务已经逐步推广,但仍然只有少数符合法规、有价值的(Budeanu,2007)。在接下来的章节中,我们将研究旅游行为文献的相关部分,从而深入理解这些问题。

(二)旅游者和冒险行为

风险无处不在,某种程度上,每个个体都经历过风险。有的人想方设法避免冒险,而有的人却渴望冒险。皮扎姆等(Pizam 等,2004:251)将风险定义为出现负面结果的可能性。在过去几十年里,很多学者(Cook 和 McCleary,1983;Cossens 和 Gina,1994;Ewert,1994;Knopf,1983;Mansfeld,1992;Plog,1973;Roehl 和 Fesenmaier,1992;

Smith, 1990; Umand Crompton, 1990）调查研究了冒险和旅游行为之间的关系。在Plog（1973）的开创性研究中，以休闲为目的的游客在个性上被分为了两个类型：异向中心型和自向中心型。异向中心型游客总是偏向寻找能帮助他们逃离困惑和烦闷的新奇度假地，他们通常具有冒险精神但是相对容易焦虑。相反，自向中心型游客偏好熟悉的旅游度假地，他们相对缺少冒险精神，常常不愿意冒险。Plog 的研究认为异向中心型和自向中心型在旅游者心理的钟形曲线上处于两个极端。

部分研究人员质疑个体在他们所采取的风险行为中是否存在差异（Pizam 等，2004）。研究人员还质疑，人们度假本身就是一种普遍存在的风险行为，这些风险可能是身体上的，也可能是心理上或者社会上的（Weber, 2001）。此外，不同的人对他们在旅游度假时面临的风险也有不同的看法。例如，本特利等（Bentley 等，2001）指出许多游客把旅途中经历的风险当成了旅游体验的一部分。

关于冒险旅游的相关文献，从两方面来说，都与旅游者用水行为相关。第一，城市用水限制通常是为了削减城市人口流失的风险。可以说，而游客在目的地停留时间短，和旅途中的高风险偏好倾向，降低了对旅游者行为进行限制的必要性。第二，一些风险是不遵守用水限制规定导致的。尽管违规行为可能会导致处罚，但游客对高风险行为的偏好，可能增加规定执行的难度。旅游者在旅途中，无论国内游还是国际游，都会增加自己进行风险行为的偏向，使得旅途中类似酗酒、吸毒、性行为等现象频繁出现（Downing 等，2010）。此领域的其他学者认同了这一观点，他们认为与在家相比，旅游者在旅游地都更放纵自己。

旅游者在旅游环境中冒险行为和冒险倾向的变化会导致人们对该旅游者的其他行为产生质疑。例如，与在家相比，人们是否有动力采取绿色消费行为？ 他们是否因在意水资源的消耗而选择长时间沐浴呢？

（三）游客和可持续行为

除了关于风险和旅游行为的文献之外，有的研究直接将人们的态度和可持续行为与旅游业联系起来。例如，在 Firth 和 Hing（1999）的研究中，在对拜伦湾的背包旅客进行调查时，有 12% 的被调查者声称他们在家中有合理的环保意识，但在度假时却放弃了环保的责任感。同样的，Wearing 等（2002）指出，很多人声称自己对环境足够关注，这种关注会让他们更加倾向对环境友好型旅游产品的购买。然而，在特定的条件下，这些声称倾向购买环境友好型旅游产品的人在作为游客时，可能并没有考虑要买的东西是否环保。

有一种观点，即游客在度假时可能倾向于忽略对环境的责任。可以说，如果目标只是希望减少水资源消耗的话，采取其他措施会比依靠他们的环保意识更靠谱。

还有一种观点认为，游客在旅途中可能会采取环保行为，或者说在自然资源的消耗上,和在家时的行为保持一致,比如在家和在旅途中同样的节约用水。大量证据表明,在度假时,人们的行为举止和往常会有所不同。因此,通过一个人在家的行为来判断他在旅途中的行为并不合理。

莱维特和李斯特(Levitt 和 List,2007)提出了一种理论模型,该模型可以识别实验室和现场环境之间的三个关键差异,这些差异导致在实验室和现场环境中,人们的社会行为的完全不同。这些差异包括所有权、社会规范和监督。

这一模型可以用于研究旅游者行为(即在旅游情景下的个体行为),研究游客在惯常环境和旅游环境下个体行为的差异,从而找到增加游客在旅途中的社会责任的办法和措施。

● 所有权。Levitt 和 List(2007)认为,在实验室环境中,被调查者对钱和资源表现出了更加无所谓的态度。这突出表明,所有权的不同会导致不同的情况。我们可以质疑,与在家中相比,游客是否更不在意钱。在处理家庭日常预算的持续压力之后,游客们可能会在假期里释放这一压力。同样的,游客的用水行为也可能不同,因为在不同的地点,水的所有权是不同的。指的注意的是,如果游客不像他们在家中那样关心自己的消费的话,那么,旅游对当地经济的刺激可能会削弱。

● 社会规范。Levitt 和 List(2007)提出,在惯常环境和非惯常环境两种不同的实验室环境下,社会规范的触发可能不同。地域不同,社会规范对个人行为的影响程度不同。例如,度假的"逃离现实"特征很可能使得那些原本在家中能够发挥效力的社会规范在旅途中变成一纸空文。旅游目的地的社会规范可能和游客来源地的社会规范有所不同。游客可能不愿接受旅游目的地的社会规范和社会期望,例如小费。或者说,游客的行为可能会继续受到当地社会规范的驱动,即当游客离开居住地后,旅游目的地的社会规范开始影响他们的行为。旅游地的社会规范允许人们长时间的淋浴。此外,旅游度假让人们脱离现实生活,也驱使着人们脱离在居住地所保持的习惯和行为。Bellis 等(2004)指出,旅游让人们从现实的家庭、教育背景和工作中逃离出来,旅游所在地的社会规范可能对一个游客来说缺乏影响力。

● 监督。Levitt 和 List(2007)承认,不存在完全匿名性的实验环境,所以研究一样受制于"实验室效应"(Orne,1962)。同样的,一个人在居住地可能比在旅游目的地更具有匿名性。有研究表明,当一个人对社会规范的遵循源自道德动机,那么他/她的行为在不同的环境中就不太可能发生发化(Burby 和 Paterson,1993)。因此,可持续行为的动机不同,监督这一要素对旅游者在各地行为的影响程度也不同。这表明,一个受道德驱使的人,他的行为不会因为监督力度的不同且有所变化。同样,一个受到社会规范或罚款约束的人,在不同的环境下,他们的行为会有所不同。例如,根据不同的监督力度,对监督部门做出不同的反应。此外,道德驱动力也有被破坏的可能。例如,一个没有约束的环境可能会动摇人们内心对道德遵循的意愿。因此,缺乏监督可能会导致更多的不文明行为。例如,因为缺乏监督,一个环保主义者很可能在旅途中过度用水。

　　显然,有很强的理论和实践证明,度假和居家环境中的环保行为程度有所不同。一个人的环保行为可能并不与环境相关。如果是这样的话,个人在家中的环保行为与其在度假中的环保行为并没有什么直接联系。如果在家中和在度假中的环保行为不相关,那就意味着生态友好型特征在不同情况下是不确定的,或者个人受 Levitt 和 List(2007)所提出的类型学的影响。在此背景下引发了一个问题,同一个人在家里的水使用行为是否与他在度假时的行为有关。

　　推广环保行为可能需要采取一些措施,如法规或用户支付结构,以影响个人的行为。在澳大利亚减少用水量的情况下,法规是最重要的机制(Edward,2008)。为了体现法规的有效性,人们需要遵守这些规定,但遵守的动机却不同。

　　显然,当人们在家中或者在度假时,不同的维度上的个体行为特征是不同的。因此,在两种不同的环境下个人也许会因为不同的动机驱使他们遵从规定。关于 Levitt 和 List(2007)所提出的类型学表明:经济、社会和道德激励的有效性可能在不同的环境中有所不同。以下将进一步探讨这些类型的激励措施。同样重要的是,遵守规章制度可能意味着要做的事情不那么有趣和合适,并且可能还会耗费游客更多的时间。尽管如此,有些游客还是愿意遵守规定,但他们可能需要一些资源,比如时间、金钱和信息。

三、游客及其符合规范的行为

　　阻碍可持续行为的内部障碍,比如遵守节约用水,可能包括缺乏知识,看不到自己行为的后果,以及不愿意做出改变(Shove 和 Warde,2002)。个人服从的决定也受到外部维度的影响,比如便利条件、社会规范和财政资源。对于普通家庭来说,度假费用的经济含义可能意味着一种观念上的改善,想要让游客们为当地人和自然考虑或许不太可能。文献表明外部约束比内在的知识和动机对游客行为的影响更大(Kai-ser 等,1999;Tanner 等,2004)。因此,管理社会的制度类型将影响游客的行为。

(一)制度与遵从性

　　人们认为制度是“社会游戏的规则,或者更正式来说是人类所设计的制约人类互动的约束”(North,1990:3)。好的制度可以通过非正式的“游戏规则”不制定管理行为的正式规则的一致程度来区分,比如社会规范和道德规范(Challen,2000;North,1990)。这并不是说在所有情况下非正式机构都可以代替正规的机构(Dovers,2001)。然且,多佛(Dovers,2001)认为,正式机构与社会网络的基本规则的结盟能够降低成本,也会产生好的制度。

这一发现对于当前环境具有特殊的意义,因为对游客用水行为和偏好的理解是有缺陷的。在大多数情况下,一个人在家乡的用水偏好和行为并不和他作为游客在外地旅游时一样。因此,一个旨在改变居民行为的城市,可能就不会适当的制定激励机制以驱动游客遵守用水相关规定。这对地方政策的有效性和成本都有影响。

能够驱使人们自觉遵守规定的政策通常被认为是好的政策(North,2000),特别是处理水分配与水共享的机构(Ostrom,1993)。合规机制有两种基本类型:自我执行和第三方执行。值得注意的是,不同的合规机制在成本上有显著的不同。不同政策的效力也会因社区的不同地点和区域产生差异。Cooper和Crase(2010)提供了一些经验证据,证明了特定城市的水用户偏好的遵守制度。然且,没有任何实证研究表明,当一个人在休息或度假时,他的顺从行为可能会有所不同。这一点很重要,原因如下。首先,正式机构的规定(包括严格遵守法规的机构)似乎更符合个人行为背后的动机,从而他们能取得成功并付出较少成本。其次,如果游客自行实施水限制,那么供水公司就会节省成本以确保合规。在此背景下,本书提出了以下讨论。

(二)遵从理论

在政策(Cohen,1998)和制度(Pagan,2009)的设计中,对法规的执行是一个重要的组成部分。监管研究的一种趋势是,从调查监管机构的执法程序到探究个人遵守法规的动机的转发(Cohen,1998;d'Astous等,2005)。监管政策有效发展的根本问题似乎是要先了解为什么人们会遵守法律。尽管对这个领域有研究的兴趣(Cooper和Crase,2010),但是人们在监管政策规定时往往不会考虑这一问题。人们重点关注的通常是个人遵守正式水政策的动机。加深对这一点的理解将有助于确定是什么促使游客使用过多或过少的水。

计算动机。对合规行为的全面理解可以帮助政策制定者制定合规政策和制度。计算动机是关于法规遵从性的最成熟的理论。贝克在1968年的开创性著作中,他建议受监管的人在意识到遵从性的好处时能够遵守特定的规则以超过相关成本,包括克除罚款和惩罚(Ehrlich,1972;Stigler,1970)。贝克学派中存在这一观点的批评(Wenzel,2005),并认为还存在着一系列的替代动机。

内在动机。一种道德义务感(即需要"做正确的事")是社会成员遵守制度的一个共同驱动力,即使非法所得超过了预期的惩罚(Sutinen和Kuperan,1999)。旅游部门采用可持续做法的重要支撑是社会责任或伦理,人们认为这是"应该要去做的事情"(Tzschentke等,2004)。当代经济学普遍不承认道德对经济行为有影响(Hausman和McPherson,1993、1996)。[1]因此,经济学家是否能够制定强有力的监管政策还是有待考证。

道德发展。社会心理学认识到个体自身特征在形成遵从行为方面的重要性。(Kohlberg,1969、1984)。研究人员提出了一个人的道德发展与他遵守法规的倾向性之间的关系(Sutinen 和 Kuperan,1999)。科尔伯格(Kohlberg,1969、1984)认为道德发展有三个明显的层次:前惯例的、惯例的、后惯例的。处于前惯例时期的人通常是基于对惩罚的恐惧且非对社会秩序的渴望或对他们行为的潜在破坏性的认识;惯例时期的人通常根据社会的一致性和确定性进行合理化;处于后惯例时期的人坚持自己独立于社会秩序的道德原则(Sutinen 和 Kuperan,1999)。Kohlberg(1969、1984)认为,违反规定可能会降低更高层次的道德发展,且这已经得到了大量的实证研究的支持(Kuperan 和 Sutinen,1999)。

社会动机。社会动机的概念——也就是"被监管的人想要得到与他们互动的重要人物的认可和尊重"(Winter 和 May,2001:678),也被认为是遵从性的推动力。这与 Kohlberg(1969)所持的传统主义观点是一致的。个人渴望社会尊重的程度与游客用水行为是相关的。那些在意当地人如何看待他们的人,将动力与周围的社会规范保持一致,以维护他们的声誉,尽管这种环境似乎是至关重要的。来自消费者和一般社区的外部压力已经被人们认为是旅游行业采取环保措施的原因(Middleton 和 Hawkins,1998)。

总而言之,道德义务和社会影响都有可能使人们更加遵从规则,即使这种威慑作用十分薄弱。除了三个基本的动机——计算动机、道德动机和社会动机之外,一些研究人员还考虑了监管的容量和能力(Winter 和 May,2001)。

服从的能力。如果人们不知道他们需要做什么,或者不会采取必要的步骤,那么只有服从的意愿是不够的(Winter 和 May,2001)。有人提出,那些对规则有更高认识的人会有更大的公民义务感,因为他们能更清楚地认识到规则制定的原因。

如果规则是新制定的而且没有被宣传推广,那么人们可能都不知道这项规则的存在,或者是错误理解此规则(Winter 和 May,2001)。游客更加不会像当地人那么了解情况。卡尔顿和佩罗夫(Carlton 和 Perloff,1994)以及史提利兹(Stiglitz,1989)的研究表明,调查研究知情客户和不知情客户的市场情况是可行的。Carlton 和 Perloff(1994)将这两个群体分别命名为"本地人"和"游客"。人们会认为,当地人对他们的城市规定的了解比游客要多,因此理论上更有可能遵守。[2]此外,大众媒体经常只是简单地介绍旅游目的地的风景,且很少为旅行者提供城市规定的相关信息。认识到意识对游客对法规的反应的重要性。了解游客对城市规定(例如水的限制)的反应是十分重要的,它可能会使制定出的政策规定有更高的遵从性。

服从的容量。不管是通过计算动机、规范动机还是社会动机激发的遵守意识都存在一种资源上的约束。也就是说,遵守某些规则可能需要一定的经济资源,这些经济资源可以保证其遵守行为(Winter 和 May,2001)。根据规则的性质,遵从行为也可能会花费时间或带来不便。例如,水的限制对当地人和游客就有不同的影响。比如在当地的园丁们看来,人工浇水是理所当然的,但是游客就有可能不愿意牺牲他们的时间。

潜在的复杂性。另一个考虑是,道德驱动因素可能会被经济驱动力削弱。更具体地说,由于不遵守规定而支付罚款,可能会让人们觉得自己的行为是情有可原的,他们觉得这已经惩罚了他们的不当行为,从而减轻了他们的罪恶感(Levitt 和 Dubner,2005)。因此,经济惩罚实际上可能会使违反道德的行为合理化,且最终却不能起到威慑作用。不用说,行为显然是具有一系列复杂变量的函数。

总而言之,我们承认一些变量都影响着遵守行为:制裁的严重性和确定性,潜在的非法收益,个人道德标准及其进步程度,以及社会环境的影响。遵从性的概念是多方面的。游客的遵从行为增加了研究的复杂性。

四、合规多维数据集框架

Cooper 和 Crase(2010)提出了一个框架,试图捕捉符合规定的相关概念,并帮助人们理解它们的复杂性。这个框架如图 12.1 所示。

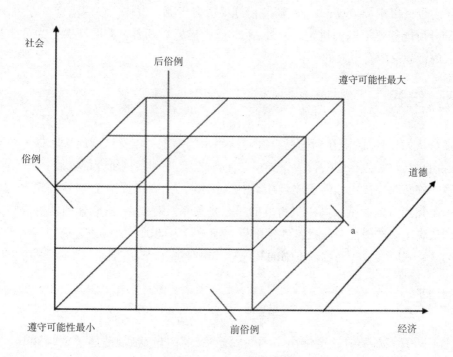

图 12.1 合规多维数据集

资料来源:Cooper 和 Crase(2010)。

　　从本质上议,合规多维数据集被用来解释三个重要的动机维度:经济、道德和社会(Cooper 和 Crase,2010)。这个框架的有用之处在于它根据个体行为的动机将个体进行分割。例如,主要由经济动机驱动的个人被分入前俗例部分;那些被道德动机驱使的群体被分入后俗例部分;而那些由社会动机驱动的人则被分入俗例部分。

　　此外,类别不同并不一定相互排斥。因此,由多个维度驱动的个体介于这些极端点之间。例如,图 12.1 中的 a 区将包括由道德和经济动机同时驱动的个体。

　　根据本章较早前讨论的道德发展文献,该框架可用于确定其中哪些部分最容易被人们遵守。Cooper 和 Crase(2010)提出的框架对于制定有效的合规策略是有很大帮助的。例如政策制定可以根据动机划分受监管市场,以制定与个人动机相一致的执行机制。因此,我们可以开发出一种更具成本效益的方法来实现遵从性。

　　这个框架可以只在游客的行为环境中应用。用这个框架来有效地分割当地人和游客并降低遵守成本也是有一定局限的。例如,如果社会规范是当地人遵守的显著维度,那么,至少对于这部分人来说,正式的威慑执行机制似乎不太可能具有成本效益。然而,游客可能会对社会规范做出反应,也许会采取正式的威慑机制。认识到这其中的差别在设计规则方面是至关重要的。

　　营销人员将市场细分以确定哪些产品和服务适合特定的消费者群体。同样,政策制定者也可以细分市场,以确定哪些措施最适合于哪个群体。在用水这一方面,不同的部分可能需要不同的机制。此外,采取适当措施鼓励游客采取环保行为可能与当地人的行为反应有很大的不同。

五、结论

　　本章认为,目前的潜在问题是游客对饮用水的需求。本章试图向大家揭示个体在旅游期间与日常生活中的行为差异。总而言之,理论和案例研究都支持一种观点,即游客在旅游时往往更倾向于放弃在家中的节水行为。要制定出针对这种现象的政策是一个相当大的挑战。其中最重要的一点是关系具有复杂性,它如何能够影响人们的顺从决定。选择之一是批判性地剖析和细分行为动机。然后通过这些信息提出改进的策略响应。这些问题在本书的其他章节中有更详细的论述。

注释

　　①不同的人对动机维度给出了不同的标签,其中包括"规范性承诺"(Burby 和 Paterson,1993)、"道德或意识形态遵从"(Levi,1988、1997;McGraw 和 Scholz,1991)、"基于公民责任的承诺"(Scholz 和 Lubell,1998;Scholz 和 Pinney,1995),以及"有显

然的义务遵守法待"，这体现了一种合法性(Tyler, 1990)。

②相反，Winter 和 May(2001)表明，如果人们的意识不那么理性的，那么提高人们对规则的重视程度可能会对产生抵制现象。

参考文献

1. Adler, J. 1989. Travel as performed art. *American of Sociology* 94 (6): 1366-1391.

2. Ajzen, I. 2001. Nature and operation of attitudes. *Annual Review of Psychology* 52: 27-58.

3. Andereck, K.L. 1995. *Environmental Consequences of Tourism*. General Technical Report INT- GTR-323. Ogden, UT: USDA Forest Service, Intermountain Research Station.

4. Becker, G. 1968. Crime and punishment: An economic approach. *Journal of Political Economy* 76 (2): 169-217.

5. Bellis, M.A., K. Hughes, R. Thomson, and A. Bennett. 2004. Sexual behavior of young people international tourist resorts. *Sexually Transmitted Infections* 80: 43-47.

6. Bendey, T.A., S.J. Page, and I.S. Laird. 2001. Accidents in the New Zealand adventure tourism industry. *Safety Science* 38 (1): 31-48.

7. Bergin-Seers, S., and J. Mair. 2008. *Sustainability Practices and Awards and Accreditation Programs in the Tourism Industry: Impacts on Consumer Purchasing Behavior*. Technical Report for the Sustainable Tourism CRC. Queensland, Australia: Griffith University.

8. Budeanu, A. 2007. Sustainable tourist behavior: A discussion of opportunities for change. *Journal Compilation* 31: 499-508.

9. Burby, R., and R. Paterson. 1993. Improving compliance with state environmental regulations. *Journal of Policy Analysis and Management* 12: 753-772.

10. Carlton, D., and J. Perloff. 1994. *Modern Industrial Organization*. New York: Harper Collins College Publishers.

11. Chafe, Z. 2005. *Consumer Demand and Operator Support for Socially and Environmentally Responsible Tourism*, accessed February 20, 2007, from www.ecotourism. org.

12. Challen, R. 2000. *Instutions, Transaction Costs and Environmental Policy: Institutional Reform for Water Resources*. Cheltenham, UK: Edward Elgar.

13. Cohen, E. 1972. Towards a sociology of international tourism. *Social Research* 39:

164-182.

14. ——. 1978. Rethinking the sociology of tourism. *Annals of Tourism Research* 6: 18-35.

15. Cohen, M. 1998. Monitoring and enforcement of environmental policy in *International Yearbook of Environmental and Resource Economics*, Volume 3, edited by T. Tietenberg and H. Folmer. Cheltenham, UK: Edward Elgar Publishers, 44-106.

16. Cook, R.L., and K.W. McCleary. 1983. Redefming vacation distances in consumer minds. *Journal of Travel Research* 22: 31-34.

17. Cooper, B., and L. Crase. 2010. Urban water restrictions: What drives compliance behavior?. paper presented at the 12th Annual Bioecon Conference, September 27-28, 2010, Venice. Venice:.

18. Cossens, J., and S. Gin. 1994. Tourism and AIDS: The perceived risk of HIV infection on destination choice. *Journal of Travel and Tourism Marketing* 3 (4): 1-20.

19. Dann, G.M.S. 1983. Toward a social psychological theory of tourisms motivation. *Annals of Tourism Research* 10: 273-276.

20. d' Astous, A., F. Colbert, and D. Montpetit. 2005. Music piracy on the Web: How effective are anti-piracy arguments? Evidence from the theory of planned behavior. *Journal of Consumer Policy* 28: 289-310.

21. De Stefano, L. 2004. *Freshwater and Tourism in the Mediterranean*. World Wildlife Fund, accessed August 10, 2010, from www.panda.org/mediterranean.

22. Dovers, S. 2001. *Institutions for Sustainability, Tela Paper 7: Environment, Economy and Society*, Australian Conservation Foundation. accessed July 13, 2008, from www.acfonline.org.au.

23. Downing, J., K. Hughes, M. Bellis, A. Calafat, M. Juan, and N. Blay. 2010. Factors associated with risky sexual behavior: A comparison ofBritish, Spanish and German holidaymakers to the Balearics. *European Journal of Public Health* (March): 1-7.

24. Edwards, G. 2008. Urban water management. In *Water Policy in Australia: The Impact of Change and Uncertainty*. pp. 144-165. Edited by L. Crase. Washington, DC: RFF Press.

25. Ehrlich, I. 1972. The deterrent effect of criminal law enforcement. *Journal of Legal Studies* 1: 259-276.

26. Engel,J.F., D.F. Kollat, and R.D. Blackwell. 1968. *Consumer Behavior*. New York, Holt: Rinehart and Winston.

27. Ewert, A.W. 1994. Playing the edge: Motivation and risk-taking in a high-altitude wil-

dernesslike environment. *Environment and Behavior* 26 (1): 3-22.

28. Firth, T., and N. Hing. 1999. Backpacker hostels and their guests: Attitudes and behaviors relating to sustainable tourism. *Tourism Management* 20: 251-254.

29. German Federal Agency for Nature Conservation. 1997. *Biodiversity and Tourism: Conflicts on the World's Seacoasts and Strategies for Their Solution*. Berlin: Springer-Verlag.

30. Gnoth, J. 1997. Tourism motivation and expectation formation. *Annals of Tourism Research* 24 (2): 283-304.

31. Gossling, S. 2000. Sustainable tourism development in developing countries: Some aspects of energy use. *Journal of Sustainable Tourism* 8 (5): 410-425.

32. Gotz, K., W. Loose, M. Schmied, and S. Schubert. 2002. *Mobility Styles in Leisure Time: Reducing the Enveronmental Impacts of Leisure and Tourism Travel*. Freiburg, Germany: Oko-Institut e.V..

33. CJreen, H., C. Hunter, and B. Moore. 1990. Assessing the environmental impact of tourism development: Use of the Delphi technique. *Tourism Management* 11: 111-120.

34. Hausman, D., and M. McPherson. 1993. Taking ethics seriously: Economics and contemporary moral philosophy. *Journal of Economic Literature* 31 (2): 671-731.

35. ——. 1996. *Economic Analysis and Moral Philosophy*. Cambridge, UK: Cambridge University Press.

36. Howard,J.A., and J.N. Sheth. 1969. *The Theory of Buyer Behavior*. New York: Wiley.

37. Honey, M. 2001. Certification programmes in the tourism industry. *UNEP Industry and Environment* 24 (3): 28-29.

38. Jones, I.C., and J.L. Banner. 1998. Constraining recharge to limestone island aquifers, Geological Society of America 1998 Annual Meeting, *Geological Society of America Abstracts with Programs* 30 (7): 225.

39. Kaiser, F.G., S. Wolfing, and U. Fuhrer. 1999. Environmental attitude and ecological behavior. *Journal of Environmental Psychology* 19: 1-19.

40. Knopf, R. 1983. Recreational needs and behavior in natural settings, in *Behavior and the Natural Environment*, edited by I. Altman and J. Wohlwill. New York: Plenum, 205-240.

41. Kohlberg, L. 1969. Stage and sequences: The cognitive development approach to socialisation. in *Handbook of Socialization Theory and Research*, edited by D. Goslin. New York: Rand McNally, 361-410.

42. ——, 1984. *Essays on Moral Development*, Volume 11, San Francisco: Harper and Row.

43. Kuperan, K., and J. Sutinen. 1999. Compliance with zoning regulations in Malaysian fisheries. In *Proceedings of the 7th Conference of the International Institute of Fisheries Economics and Trade*. Taiwan.

44. Levi, M. 1988. *Of Rule and Revenue*. Berkeley: University of California Press.

45. ——. 1997. *Consent, Dissent, and Patriotism*. Cambridge, UK: Cambridge University Press.

46. Levitt, S., and S. Dubner. 2005. *Freakonomics: A Rogue Economist Explore the Hidden Side of Everything*. New York: Morrow/Harper Collins.

47. Levitt, S.D., and J.A. List. 2007. Viewpoint: On the generalizability of lab behaviour to the field. *Canadian Journal of Economics* 40 (2): 347-370.

48. Lewin, K. 1942. *Field Theory of Learning*, Yearbook of National Social Studies of Education. 41: 215-242.

49. MacCannell, D. 1992. *Empty Meeting Grounds: The Tourist Papers*. New York: Routledge.

50. Mansfeld, Y. 1992. From motivation to actual travel. *Annals of Tourism Research* 19 (3): 399-419.

51. Martens, S., and G. Spaargaren. 2005. The politics of sustainable consumption: The case of the Netherlands. *Sustainability: Science, Practice and Policy* l: 29-42.

52. McGraw, K., and M. Scholz. 1991. Appeals to civic virtue versus attention to self-interest: Effects on tax compliance.*Law and Society Review* 25: 471-493.

53. Middleton, V. T., and R. Hawkins. 1998. *Sustainable Tourism: A Marketing Perspective*. Oxford: Butterworth-Heinemann.

54. Miller, M.L., and J. Auyong. 1991. Coastal zone tourism: A potent force affecting environment and society. *Marine Policy* 3: 75-99.

55. North, D. 1990. *Institutions, Institutional Change and Economic Performance*. Cambridge, UK: Cambridge University Press.

56. ——. 2000. Understanding institutions. in *Institutions, Contracts and Organizations: Perspectives from New Institutional Economics*, edited by C. Menard. Cheltenham, UK: Edward Elgar. 7 -10.

57. Orne, M. 1962. On the social psychology of the psychological experiment: With particular reference to demand characteristics and their implications. *American Psychologist* 17 (11): 776-783.

58. Ostrom, E. 1993. Design principles in long-enduring irrigation institutions. *Water Resources Research* 29 (7): 1907-1919.

59. Pagan, P. 2009. Laws, customs and rules: Identifying the characteristics of successful water institutions in *Reforming Institutions in Water Resources Management: Policy and Performance for Sustainable Development*, edited by L. Crase and V. Gandhi. London: Earthscan, 20-44.

60. Parrinello, G.L. 1993. Motivation and Anticipation in Post-Industrial Tourism. *Annals of Tourism Research* 20: 233-249.

61. Pizam, A., G.Jeong, A. Reichel, H. van Boemmel,J.M. Lusson, L. Steynberg, O. State-Costache, S. Volo, C. Kroesbacher, J. Kucerova, and N. Montmany. 2004. The relationship between risk-taking, sensation-seeking, and the tourist behavior of young adults: A cross-cultural study. *Journal of Travel Research* 42: 251-260.

62. Plog, S.C. 1973. Why destination areas rise and fall in popularity. *Cornell Hotel and Restaurant Administration Quarterly* 14: 13-16.

63. Rodriguez, A. 1981. Marine and coastal environmental stress in the Wider Caribbean Region. *Ambio* 10: 283-294.

64. Roehl, W.S., and D.R. Fesenmaier. 1992. Risk perceptions and pleasure travel: An exploratory analysis. *Journal of Travel Research* 30 (4): 17-26.

65. Scholz,J., and M. Lubell. 1998. Trust and taxpaying: Testing the heuristic approach to collective action. *American Journal of Political Science* 42: 398-417.

66. Scholz, J., and N. Pinney. 1995. Duty, fear, and tax compliance: The heuristic basis of citizen behavior. *American Journal of Political Science* 39: 490-512.

67. Shove, E., and A. Warde. 2002. Inconspicuous consumption: The sociology of consumption, lifestyles, and the environment, in *Sociological Theory and the Environment*, edited by R.E. Dunlap, F. Buttel, P. Dickens, and A. Gijswijt. Lanham, MD: Rowman and Littlefield.

68. Smith, S.L.J. 1990. A test of Plog's allocentric/psychocentric model: Evidence from seven nations. *Journal of Sport Psychology* 4: 246-253.

69. Stabler, M., and B. Goodall. 1997. Environmental awareness, action and performance in the Guernsey hospitality sector. *Tourism Management* 18 (1): 19-33.

70. Stigler, G. 1970. The optimum enforcement of laws.*Journal of Political Economy* 70: 526-536.

71. Stiglitz, J. 1989. Imperfect information in the product market, in *The Handbook of Industrial Organization*, edited by R. Schmalensee and R. Willig. Amsterdam: Elsevier

Publishing, 769-847.

72. Sutinen, J., and K. Kuperan. 1999. A socio-economic theory of regulatory compliance. *International Journal of Social Economics* 26: 174-193.

73. Tanner, C., F.G. Kaiser, and S. Wolfing Kast. 2004. Contextual conditions of ecological consumerism. *Environment and Behavior* 36: 94-111.

74. Tyler, T. 1990. *Why People Obey the Law: Procedural Justice, Legitimacy, and Compliance.* London: Yale Unversity Press.

75. Tzschentke, N., D. Kirk,and P.A. Lynch.2004. Reasons for going green in serviced accommodation establishments. *International Journal of Contemporary Hospitality Management* 16 (2): 116-124.

76. Um, S., and J.L. Crompton. 1990. Attitude determinants in tourism destination choice. *Annals of Tourism Research* 17 (3): 432-448.

77. UN (United Nations). 1995. *Guidebook to Water Resources, Use and Management in Asia and the Pacific,* Volume 1: *Water Resources and Water Use.* Water Resources Series No. 74. New York, United Nations:.

78. UNCSD (United Nations Commission on Sustainable Development). 2010. *Influencing Consumer Behavior to Promote Sustainable Tourism Development,* accessed August 26, 2010, from http://csdngo.igc.org/tourism/tourdial-cons. htm.

79. UNESCO (United Nations Educational Scientific and Cultural Organization). 2010. *UNESCO Water Portal Weekly Updare NO. 155: Water and Tourism,* accessed August 16, 2010, from www. unesco.org.

80. Upham, P. 2001. A comparison of sustainability theory with UK and European airports policy and practice. *Journal of Environmental Management* 63: 237-248.

81. VISIT. 2005. *The Tourism Market: Potential Demand for Certified Products,* accessed August 10, 2010, from www.yourvisit.info/brochure/en/070.htm#nachfrage (site now discontinued).

82. Wearing, S., S. Cynn,J. Ponting, and M. McDonald. 2002. Converting environmental concern into ecotourism purchases: A qualitative evaluation of international backpackers in Australia. *Journal of Ecotourism* 1 (2) : 133 - 148.

83. Weber, K. 2001. Outdoor adventure tourism: A review of research approaches. *Annals of Tourism Research* 28 (2): 360-377.

84. Wenzel, M. 2005. Motivation or rationalization? Causal relations between ethics, norms and tax compliance. *Journal of Economic Psychology* 26 (4): 491-510.

85. Wickens, E. 2002. The sacred and the profane: A tourist typology. *Annals of Tourism*

Research 29: 834- 851.

86. Winter, S., and P. May. 2001. Motivation for compliance with environmental regulations. *Journal of Policy Analysis and Management* 20 (4): 675-690.

87. World of Female. 2010. *How Much Money Do Women Generally Spend on a Holiday*? accessed September 4, 2010, from www.worldoffemale.com.

88. WTTC (World Travel and Tourism Council). 2007. T*he 2007 Travel and Tourism Economic Research*, accessed March 30, 2007, from www.wttc.org.

第十三章　水价、用水限制与旅游用水需求

格·克雷斯(Lin Crase)　贝萨妮·库珀(Bethany Cooper)

在第十二章中,我们讨论了可能会有很多因素导致个人的用水习惯,包括限制行为的设定。尤其是在旅游业中,有强烈的理论和经验证据表明,人们在旅游时会更经常使用饮用水。此外,在住宅环境中影响用水规范的因素似乎与那些为游客和度假者提供的因素有明显的不同。

这些行为具有重要的政策含义。第一,近年来澳大利亚大部分地区的饮用水供应都极度匮乏,减少需求是大多数城镇和城市的对此种现象进行管理的核心反映。在大多数情况下,这依赖于强制限制、禁止或限制特定用途,在道德或环境的角度大声呼吸民众适度使用水资源。第二,由于游客或度假者的比例很高,季节性的旅游需求和人均消费的增加造成了水基础设施的特殊的挑战。第三,长期拖延对水价的调整使传统的定价方法出现问题。简而言之,消费机会成本产生价格信号,而价格信号又滞后于当前的消费状态。新古典主义经济学家通常提倡使用价格信号来改变游客和居民的用水行为,尽管如此,越来越多的理论和经验证据表明,价格信号并不能总是充分地转化为保护水资源必需的行为反应,特别是考虑到目前的价格水平。

本章论述了与游客密切相关的各种水供应政策的优缺点。主要是基于个体旅游者的水需求,而不是如高尔夫球场和游泳池等旅游景点维护所需要的水资源,本章的讨论也仅限于城市中游客的需求,而并是乡野旅游区的游客需求,这一点在本书中也经常提及(例如第四章中的案例)。

本章首先简要介绍了限制城市用水的现状,并对其效果进行了讨论。这为旅游部门评估可供选择的适用办法提供了背景。接下来是对价格信号和错综复杂关联设计的检验,人们认为设置水费的价格区间应反映限水制度下的数量配给,提出价格信号作为一种包括旅游者在内的用水者处理水资源分配的工具,需要公开其透明性。

一、澳大利亚的水资源、游客和对饮用水的限制

公司的作用包括保障一定程度的供应水安全,以降低在某些确定或推测出的未来时间点上耗尽水资源的风险。这是由供水公司在权衡供应风险和管理当前相关需求时分析出的。例如,在收集和分配替代水源、增加目前供应和满足人们需求之中需要做出权衡,采取一定措施如明确限制消费或呼吁用水者限制使用资源。

假设信息能够作为一种道义劝说手段并影响个人价值观,进而影响个体行为(Fishbein 和 Ajzen,1975)。政客们喜欢利用道德劝说来呼吁节约用水(Brennan 等,2007),并且这种呼吁是基于代际平等的(也就是说使用较少的水来保证下一辈人的水的使用)(Goulburn Valley Water,2009;Water Corporation,2010)。

澳大利亚已经实现一种突出的需求管理政策,即促进节约用水的公共教育活动和所谓的"有效率的用水"。例如,维多利亚政府近年来一直致力于国内外鼓励节约用水的教育宣传活动(Our Water Our Future,2007;Victoria Government,2003)。

此外,国有供水公司经常需要通过关联来平衡一系列更广泛的社会义务,如宣扬保护政策以确保穷人能够摆脱不利处境等(ECS,2009)。为了平衡,几乎没有证据表明当局明确考虑了消费者的用水偏好(Hensher 等,2006),更不用说当这些人休假时,他们的用水偏好可能发生改变。更确切地说,他们更关注的是水资源短缺所造成的政治代价也就是政治风险,因此需要增加水资源供应。

除了开发新水源和道德劝说以支撑供应这两种方法,也可通过其他途径来管理城市用水。其中一种方法是通过限制消费者可利用的水的数量,或者对使用水的行为进行约束。引起的争论主要是限制室内用水的概念,主要是由于其侵入性、对人类健康产生的潜在影响,以及一种"社会政治厌恶"(Brennan 等,2007)。此外,对于室内用水量的限制也面临着其他问题,监测和执行室内用水量也存在极大的异质性。对室外用水量的调节不仅在社会上是可以被广泛接受,而且更合理。通过限制使用的方式,在一周的特定日子、一天的某个时段和对浇水设备形式上加以限制(如鼓励使用手持式软管,而不是洒水器)。更重要的是,考虑到室外用水可以被归类为"炫耀性消费",社区成员可能会举报邻居的不当行为。无论这种方法的实用性如何,它都不是没有代价的,正如本章后面所讨论的那样。

澳大利亚不断变化的降雨模式和各地的低河流水位使人们不得不采取一系列的保护措施和"需求管理"措施。基于上述理由,这些措施主要针对的是户外水使用,也被看成是一种"自由裁量"(NWC,2008)。政府部门已经对这一问题提出了很多解决措施。大部分都是从实施更加严苛的家庭用水政策开始的。同时奇怪的是,越来越多的人反对增加蓄水基础设施,例如大坝和堰坝。截止到 2007 年 5 月,澳大利亚的 5 座主要城市都通过限制水使用以解决供应短缺。

目前,澳大利亚的几个州都对城市用水进行了限制,而另一些州则采取永久性措施。例如,在维多利亚州,无论水资源储量如何,都禁止用软管清洁路面。在澳大利亚各地,限制制度包括一系列的规则、阶段和服务水平。

这种限制性制度的形式造成了很大的影响。其中一些源于对城市用水用户造成的巨大不便和福利上的损失。在这方面,已经进行了几项经验性研究,以说明限制使用饮用水所造成的问题。在这方面人们也已采取了各种方法。例如,Grafton 和 Ward

（2008）通过比较在悉尼取消所有水使用限制，并以每千升 2.35 澳大利亚元的水价代替水的变化，估计了水限制的福利成本。[①]根据 2004—2005 年的数据布伦南等人在估计该年的限制费用大约是每人 55 澳元，或者是每人每年 150 澳元。2007 估计，西澳大利亚不同水平的喷灌系统所造成的福利损失也不同。在这个例子中，福利损失是通过操纵来估计草坪的生产函数和确定不同劳动率下的劳动力替代要求。当在户外给草坪浇水每周最多为两天，每季给家庭造成的损失约为 100 澳元。根据每个家庭的时间成本不同，典型的家庭使用费用约为 487 澳元，全面禁止喷灌禁令认为这些成本会浮动在 347—870 澳元之间。

从目前的配给机制中观察到一个重要现象是，它们几乎完全与当地居民的用水行为有关。例如，很难想象游客或度假者在一天中的特定时间可能直接受洒水器禁令影响的情况。此外，由于室内用水不受约束，基于规则的行为限制有可能在调节游客或度假者过度用水方面做得很差。换言之，限制用水不仅对城市用水者来说代价高昂，而对当地居民造成的影响也比游客或度假者严重。基于这些理由，考虑替代的配给措施似乎是明智的，特别是在游客占饮用水用户很大比例的地方。

二、对游客用水的影响

除了旅游景点的需求量，其人均用水量远远超过当地居民（De Stefano，2004；Narasaiah，2005）。在同一地点，住酒店的游客通常比其他人多使用 30% 的水（EEA，2003）。在国家层面上，这种背景下的实证研究是零碎的。人们对个人旅游用水动机的研究相对较少，但对缺水时期控制消费的研究更少。

如前所述，目前在表面上的以规则为基础的政权显然对游客没有直接影响，特别是在室内用水方面。然而，室内用水通常占全部饮用水的 60%。此外，如果游客在城市人口中占了相当大的比例，他们的用水比一般人更浪费，对水资源和相关基础设施的需求可能非常大。因此，改变现有需求状况需要采取有针对性的措施。

在这种背景下，人们担心游客过度消费，这导致了人们开始质疑游客这一群体的节约意识水平（Westernport Water，2010a）。随后，人们提出很多倡议，都以游客的用水行为为目标，试图表达在现有环境下，所有过度用水的行为都是不可接受的。例如，韦斯特诺港、旺农供水公司和巴温供水公司，这些服务于维多利亚州海滨度假胜地的供水机构倡导一项旨在提醒游客不要去"度假"，以便节约用水的活动。从本质上讲，"大篷车"（休闲车）公园、餐馆和快餐店要沿着维多利亚海岸向游客宣扬珍惜水资源（Westernport Water，2010）的理念。虽然这些活动可能使当地居民看到供水公司在认真对待这些问题，但是这些措施对游客的作用性是有争议的。

澳大利亚旅游局（2010）鼓励酒店经营者做出节约用水相关宣传，使员工和客人减少个人用水量。例如,提醒客人淋浴时节约用水是一种常见的策略。淋浴是主要的用水活动,澳大利亚饭店的平均用水量约为每天 79 000 升(或者每天每间房 301 升)。有人认为,不仅要对客人进行劝说,而且要让游客们在淋浴时计时(Ecogreen Hotel,2008),这样可以减少消费。淋浴计时器只是众多"教育"产品中的一种,旨在将行为与节约意识结合起来(Save Water,2005)。此外,亚麻制品和毛巾反复使用大大减少了洗衣房的用水量。这种类型的酒店在酒店行业里越来越受欢迎,很大程度上是因为客人的积极态度(Project Planet,2010)。

尽管这种方法有好处,但也有一个重要的警示。值得注意的是,Cooper 和 Crase (2009)指出,教育和意识行为的成本与收益是被人们所忽略的。此外,他们研究发现,人们对信息活动的偏好很难同质化。更具体地说,他们发现在某些情况下,人们为了避免成为不环保的人或逃离永不停止的节水呼吁,人们更愿意付更多的钱。

为了让游客减少客房内的用水量,在住宿房间的设施中可以安装许多物理装置。澳大利亚旅游局(2010)鼓励采取多项措施。第一,它建议安装口碑极佳的节水莲蓬头,这种节水莲蓬头每分钟使用大约 10 升的水,而老型号每分钟使用 20 到 30 升的水。此外,使用节水莲蓬头减少了所需热水,从而降低了设备的能源需求。第二,它建议在男性卫生间里使用被动红外传感器,它比常规的便池冲洗系统少用 20% 的水。第三,它鼓励安装双冲水或节水马桶,每次冲水仅使用 4 升到 6 升水,而标准的单用卫生间为 10 升到 15 升。澳大利亚旅游局(2010)指出,从更广的角度来看,在一个有 100 个床位的酒店里,双冲马桶每年可以节约 20 万升水。值得注意的是,澳大利亚酒店业的用水数据表明,在不影响客人舒适度的情况下,用水可以平均减少 20%(澳大利亚旅游局,2010)。然而,从住房所有者或社会所期望的角度来说这并不意味着这些措施是划算的。可是,这也显示出供应者将会采取何种措施来限制水的消费需求。

这其中所显现的两个核心问题都不与游客受到的激励和获取的信息有关。首先,游客是旅游目的地的临时居民。在这种情况下,因过度用水量而产生的成本以一种外部性的形式出现,游客可能会因为供水量减少而感到不便,因而选择其他旅游目的地。由于水的限制主要集中在室内(离散的)用水,所以对个人保护意识形成的影响是微弱的。其次,成本不会直接流向现在的游客。例如,如果由于过度的用水需求增加了额外供水,那么增加的费用最终将被计入水费。根据市场竞争程度的不同,人们可能会认为,所有或部分费用最终会提高酒店或其他住宿点的关联。然而,这将对游客或度假者产生直接影响,除非他们再次来旅游或选择停留一段时间。这些事实使得价格不能显示出即时信息,从而导致人们需要对价格进行调整。在此背景下,我们可以简要地回顾一下澳大利亚建立的水关税机制。

三、水价设置与游客使用饮用水

自 2004 年澳大利亚所有司法管辖区批准国家水倡议(NWI)以来,城市水费经历了实质性的改革。NWI 的一个重要组成部分是呼吁实施"最佳水定价"和"城市水定价提升"。然而,在设置"最佳实践"的过程中,存在着相当大的差异(Dwyer,2006)。在目前的情况下,有两点值得我们特别注意:调整水价的时间范围,以及水价中固定的权重。

(一)通过调整水价反映使用成本

澳大利亚的水与废水服务通常被认为是一种垄断。官方的回应是保持现有公共部门的水与废水服务,并使价格受制于某种形式的经济管制。各州的水与废水服务的制度模式各不相同。例如,维多利亚州的水与废水服务由国有水公司提供,在供水区有地理垄断。价格必须由基本服务委员会批准,该委员会努力将公用事业的收入与提供的边际成本相匹配。相比之下,在新南威尔士州,一些大城市的用水和废水服务由国有悉尼水公司提供,但中小城市的供水服务由当地政府提供。对前者来说,经济监管是强制性的,但新南威尔士州的定价和审查系统(IPART)却具有独立性,尽管如此,大多数中小城市的水价必须符合州政府的规定。其他各州也都有各自不同的服务模式和规则配置,但政府持有一种标准模式。每个司法管辖区的一个共同点是能够在短期或中期内调整价格。水务部门通常需要提交中期(比如五年)的用水需求预测和核心供应细节,从而维持最低限度但可接受的服务水平。这就成为了征收水费的依据,或者说是该时期公用事业公司征收的基础。显然,对于这种情况下的战略行为,公用事业公司总是倾向于高估需求的增长,增加供应的必要性,从而设定公众"可接受的"的服务水平。相比之下,经济监管机构通常会设法抑制需求,限制资本,并且尽可能降低服务需求。在任何情况下,大家首要考虑的是在权衡各项事务时所花费的时间和由于情况变化而对水价进行的调整。

在水资源持续短缺的情况下,水务部门会首先注意到可靠性的下降,尤其是收入的下降,特别是在这一章后面讨论的关税的具体贡献。结果会是水务部门不得不考虑增加供水。根据地理和水文环境,水务部门可能采取开发新的水收集结构、地下水供应、从其他用户购买额外的水权或诸如回收替代废水和海水淡化等复杂措施。理想情况下,每一种选择都必须符合其经济价值。事实上,这也可能会带来许多政治问题,比如农业和城市用户对水价调整的抗议,或者是对循环利用以保护环境产生过度的政治热情(Crase 等,2007)。

在任何情况下,增加供应量都会受到经济监管机构的审查,经过一番权衡,最终会被纳入下一次的规划期间内所需的资本支出内。然后,这会体现为关税的增长,以弥补供应增加的经济成本。

众多的争议注定会影响决策的制定。有些争议源于其他可选项带来的益处。还有一些是由更细化的因素导致,比如这些投资适当的回报率,以及石沉大海的可能性。毫无疑问,关于反映在其他资本市场上的公有资产回报还会产生一系列的问题,从当前讨论来看,有一点是值得关注的即过度消费与水资源用户的价格信号之间的延连。

受这些问题的刺激,Grafton 和 Ward(2008)提出了以稀缺性价格作为管理过度用水需求的工具。从本质上讲,他们认为,随着现有供应的减少,水价应该上涨,从而立即抑制需求。相反,在很多情况下,水的价格应该下降,这再次反映了资源的稀缺性,这就是目前水价发生的情况,尽管监管框架非常复杂,除了价格信号外,没有任何有用信息出现。水价确实会由于稀缺而提高,但只有在评估增加供应量的成本后,水价才能确定。显然,这会因游客的行为而加剧,特别是如果价格信号滞后,游客早已离开旅游地。从本质上讲,目前水价调整的滞后性使当地居民很难对价格信号做出反应,更不用说游客了。

(二)固定水价和可变水价

一般来说,监管水价所得费用大部分来源于垄断供应高,并以此为人们提供更好的服务。很多理论文献都致力于研究如何取得这些收入。更具体地说,很多人关注的都是短期边际成本(SRMC)和长期边际成本(LRMC)的优缺点。SRMC 指的是在现有供应系统内满足额外单位需求的成本。如果其系统产能过剩,会导致低收入和低水价。LRMC 通常受到澳大利亚经济监管机构的青睐,并在 NWI 中有所暗示(Edward,2007)。这种方法考虑了增加供应基础设施的成本。讨论还涉及通过修改固定水价或以体积为单位征收水价来达到恢复成本的最佳效果。

从理论角度来看,设定固定水价或会使用水费用应通过恢复与供水服务有关的固定费用来实现。据称这些安排引导用户考虑其他投资选项,同时鼓励供水公司承担那些可通过补充的经济收入。事实上,这两种论点都不成立(Crase 等,2008),而监管机构会更加务实,将公用事业的总收益分配给固定水价或以体积为单位征收的水价。

以体积为单位征收水价增长的后果之一是用户收到的价格信号更明显。值得注意的是,Crase 等(2008)的研究表明,即使是家里用水较多的人,大多数城市用户实际上更倾向于以体积为单位征收的水价结构。然而,无论消费者使用多少水资源,固定费用都能保证收入。另一个迹象表明人们对固定费用过分依赖,即供水公司寻求创新手段以满足需求的动机被削弱了。对于一些依靠水收入创收的地方来说,他们需要寻找可替代水的资源。在这种背景下,Crase(2009)发现,位于邻近城市的供水公司做出的市场反应截然不同：高固定水价的地方倾向于限制水的使用，而以体积为单位征收水价的地方更倾向于深入市场以限制行为约束的影响。

在淡旺季区别非常明显的旅游地，将固定水价和可变水价进行分离格外重要。在许多旅游目的地，建造水（和废水）基础设施是一种解决高峰负荷的办法。例如，西港供水公司为维多利亚州的冲浪海岸供水，最近该公司报告说，在夏季的几个月里，游客已由1.7万增加到6万（Westernport Water, 2010）。导致饮用水处理工厂、透明的蓄水结构以及类似的设施都必须在9个月的时间里承受相当大的负荷。如何进行有效的产能分配是一个很大的问题。

一方面，供水公司可以选择季节性（峰值负荷）的缴税，这样游客就必须承担他们旅游的边际成本。此外，对于西港供水公司来说，尽管它也有缺陷，这是首选的方法。例如，基本服务委员会注意到，供水公司所采取的滞后的计费周期表面上达到了8个月的价格新高。人们可能认为这种模式是冬季折扣，而不是夏季高峰期的定价结构，"进一步削弱了长期的保护信号"（ESC, 2005: 176）。这也没有为供水公司带来可观的收入，因为旅游市场的下滑外生因素可能会威胁国有企业收回成本。

另一方面，可以通过设置最低费用来解决基础设施负荷峰值和成本回收问题。基本服务委员会推荐这一方法的理由是，供水公司可以通过设置最低费用将与高峰需求有关的额外费用分配给非永久性居民（ESC, 2005）。事实上，这种做法更容易增加非永久居民们的固定费用。它们限制了在利润空间中使用成本的程度，更具有讽刺意味的是，这会导致游客在假期期间使用更多的水资源。

类似的问题也困扰着广泛应用于城市供水部门的倾斜收费（IBT）结构。倾斜收费包括几个以体积为单位进行收费的模式，即水价随着消耗水量的增加而增加。这种方法的基本原理是，提供适量的水来满足人类的基本需要，而且这是公益性的，例如以保证卫生和健康标准为前提。但在此之外，人们认为水的消耗是"可自由支配的"，因此人们应该对此支付更高的价格。然而，尽管这种模式在政治上很受欢迎，但在许多方面都产生了问题。例如，水消费成为可自由支配的观点是主观的，并受政治操纵的影响（Crase等，2007）。事实上，必须降低价格下限以防止国有企业为保证供应而收入过高（Brennan等，2007）。其结果是，由于水的消耗是不均的，风险很大，一些贫穷的高用水量用户反而会补贴给那些较富裕的低用水量用户。在旅游和高峰需求的背景下，倾斜水费让这种潜在的交叉补贴显现出来。例如，如果富有的度假者连续几个月都住在度假别墅，他们的用水量不太可能超过价格区域的下限，这会导致他们需要缴纳的水费比其他人要少。显然，近期想要设计出一种使游客的用水量达到边际成本的水费结构是不可能的，尤其是在现有技术、扣费周期和制度安排的条件下。

最近人们试图向游客提供即时用水信号。例如，智能水表向游客提供相对直接的用水信号。智能水表已经用于住户住宅和旅游经营者的酒店（OurWater, OurFuture,2010)。它是一种能显示即时(或"实时")水量监测和用水数据的设备。这有助于改善游客对用水量的认识。到目前为止,这些设备主要用作教育或缓和工具,而非直接处理与旅游目的地基础设施有关的峰值负荷定价问题的工具(OurWater,OurFuture,2010)。这并不是说这种方法不值得进一步调查,特别是在由于低效的定价结构和行为限制已造成相当大的损失的情况下。

四、结论

一直以来,游客使用的饮用水要比当地居民多得多。这是一个重大问题,因为它会给基础设施带来巨大挑战,并威胁许多目的地的长期水资源供应保障。在澳大利亚的城市水环境中,该公约一直在援引一系列旨在限制需求的基于规则的行为限制。这些方法带来的福利成本得到了越来越多的关注,人们广泛认为这些方法是并不持续的长期政策反映。由于游客在很大程度上不受强制性水限制的影响,因此也会做出一些不当行为。

基于规则的水限制、供水设施和政府限制在很大程度上依赖于教育和信息活动并鼓励游客对水资源进行保护。旅游和住宿经营者也在努力控制用水,通过安装"水智能"装置和放置警示标识来提醒游客节约用水。在第十二章的文献综述和其他关于这些方法有效性的讨论中,对价格信号给予更多关注似乎是有根据的。

然而,这并不是一个简单的问题。水费必须符合一套超出其保护目标的标准。在这方面,对水费的开发、执行和审查有很大的限制。游客们总是面对相对滞后的价格信号。一些技术的出现可以提高价格的有效性,因为定量配给的方法会随着时间的推移而改变,对更有效的定价制度产生挑战。

注释

① 1 澳元 =0.9978 美元,2011 年 1 月的汇率。

参考文献

1. Brennan, D., S. Tapusuwan, and G. Ingram. 2007. The welfare costs of urban outdoor water restrictions. *Australian Journal of Agriculture and Resource Economics* 51 (3): 243-261.

2. Byrnes,J., L. Crase, and B. Dollery. 2006. Regulation versus pricing in urban water policy: The case of the Australian National Water Initiative. *Australian Journal of Ag-*

ricultural and Resource Economics 50 (3): 437-449.

3.　Cooper, B., and L. Crase. 2009. Urban water restrictions: Unbundling motivations, compliance and policy viability, paper presented at the *Australian Agricultural and Resource Economics Society* 53rd *Annual Conference*, February 10-13, 2009, North Queensland.

4.　Crase, L. 2009. Water—the role of markets and rural-to-urban water trade: Some observations for economic regulators. *Connections: Farm, Food and Resources Issues* 9: 1-5.

5.　Crase, L., S. O'Keefe, and J. Burston. 2007. Inclining block tariffs for urban water. *Agenda* 14 (1): 69-80.

6.　Crase, L., S. O'Keefe, and B. Dollery. 2008. Urban water and wastewater pricing: Practical perspectives and customer preferences. *Economic Papers* 27 (2): 194-206.

7.　De Stefano, L. 2004. *Freshwater and Tourism in the Mediterranean*. Rome: WWF Mediterranean Programme.

8.　Dwyer, T. 2006. Urban water policy: In need of econorrucs. *Agenda* 13 (1): 3-16.

9.　Ecogreen Hotel. 2008. *Water*, accessed August 16, 2010, from www.ecogreenhotel. com.

10.　Edwards, G. 2007. Urban water management, in *Water Policy in Australia: The Impact of Change and Uncertainty*, edited by L. Crase. Washington, DC: RFF Press, 144-165.

11.　EEA (European Environment Agency). 2003. *Europe's Water: An Indicator-Based Assessment*, accessed August 30, 2010, from www.eea.europa.eu.

12.　ESC (Essential Services Commission). 2005. *Water Price Review,* Volume 1: *Metropolitan and Regional Businesses' Water Plans*, 2005-06 to 2007-08. Melbourne: Essential Services Commission.

13.　——. 2009. *Metropolitan Melbourne Water Price Review 2008-09: Final Decision*. Melbourne: Essential Services Commission.

14.　Fishbein, M.A., and I. Ajzen. 1975. *Belief Attitude, Intention and Behavior: An Introduction to Theory and Research*. Reading, MA: Addison-Wesley.

15.　Goulburn Valley Water. 2010. *Saving Water*, accessed January 10, 2009, from www. gvwater.vic.gov.au.

16.　Grafton, Q., and M. Ward. 2008. Prices versus rationing: Marshallian surplus and mandatory water restrictions. *Economic Record* 84: 57-65.

17.　Hensher, D., N. Shore, and K. Train. 2006. Water supply security and willingness to pay to avoid drought restrictions. *Economics Record* 256 (82): 56-66.

18. Narasaiah, M.I. 2005. *Water and Sustainable Tourism*. New Delhi: Discovery Publishing House.

19. NWC (National Water Commission). 2007. *National Performacce Report, 2005-2006: Major Urban Water Utilities*. Melbourne: Water Services Association of Australia.

20. ——. 2008. *National Performance Report, 2007-2008: Urban Water Utilities*. Melbourne: Water Services Association of Australia.

21. Our Water, Our Future. 2007. *Using and Saving Water*, accessed November 10, 2009, from www.ourwater.vic.gov.au.

22. ——. 2010. *Smart Water Metering Cost Benefit Study*, accessed August 19, 2010, from www.ourwater.vic.gov.au.

23. Project Planet. 2010. *Guest Responses*, accessed August 30, 2010, from www.project-planetcorp.com.

24. Save Water. 2005. *Water Efficient Products*. accessed August 16, 2010, from www. savewater.com.au.

25. Tourism Australia. 2010. *Water*, accessed August 16, 2010. from www.tourism.australia.com.

26. Victorian Government. 2003. *New Campaign Urges Melburnians to Be Water Savers*. media release from the Office of the Premier, accessed March 10, 2009, from www. legislation.vic.gov.au.

27. Water Corporation. 2010. *Water Mark: Water for All, Forever*, accessed January 8, 2010, from www.watercorporation.com.au.

28. Westernport Water. 2010a. *Revisiting the Holiday Watcr-Saving Message*, accessed August 19, 2010, from www.westernportwater.com.au.

29. ——. 2010b. *Westernport Watcr Annual Report*, accessed October 24, 2010, from www: westernportwater.com.au.

第十四章 旅游与游憩产业的经验教训以及未来的研究方向

苏·奥基夫(Sue O'Keefe) 林·克雷斯(Lin Crase)

为解决水在澳大利亚旅游业和游憩产业之间关系的问题,就需要深入研究这种关系的复杂性,从而减少现有研究的空白。在策划这本书时,我们试图将讨论分为四个部分,这些部分将呈现连贯而又相关的论点。每一个部分集中讨论一个第一章中提出的中心问题。大家提出了重要的公共政策和制度问题,为广大在地理上分散的观众提供了经验。本章总结了前几章的主要结论,因为它们与四个中心问题有关,并扩展了相关讨论,以探寻未来的研究方向。本章围绕这四个关键问题展开。

一、生产关系、价值和权衡

第一个关键问题是在旅游和游憩中水的价值是什么,更具体地说,是关于资源各种用途之间的冲突和互补性。第一部分主要讨论生产关系、价值和权衡等问题,因为这些都是接下来讨论的主要内容。在接下来的第二章中,Simon Hong 强调了环境和科学在当前水政策中的重要性。在旅游和游憩的背景下,水资源的环境要求具有互补性和冲突性。此外,对澳大利亚河流科学的审查为其他贡献者的工作提供了必要的背景。在这一章里,人们记录了澳大利亚水道的危险状态,特别强调了人类干预的影响。Hone 探究了水文、水质和生态环境之间的复杂联系,用简化生产系统的视角概念化输入和输出之间的关系。这一章包括了生态系统健康的评价方法实例,以及对雪河的修复。Hone 的贡献也凸显了生态健康的复杂性。这在澳大利亚引起了特别的共鸣,在那里,环境流动在体积基础上几乎完全是概念化的,Hone 的分析表明,实现健康的河流和生态系统所必需的微妙的生态平衡不仅是体积的功能,还是频率、持续时间、时间和变化速度的函数。这对用水权利的设计具有重要意义——在第五章中详细讨论了这一问题。

分配资源需要考虑到资源的价值,这在旅游和游憩产业是公认的特别令人困扰的问题。由于旅游用水的价值超越了使用价值,并且发生在传统市场之外,导致其价值计算充满了困难。尽管如此。如果没有真正理解水的价值,就很可能做出不是最优分配,在第三章中,Darla Hatton MacDonald、Sorada Tapsuwan、Sabine Albouy 和

Audrey Rimbaud 调查研究了现有文献,并在文献中对墨累 - 达令流域的旅游和游憩价值做出报道。重要的是,他们认为理解价值对于制定适当的政策至关重要。明智的水政策应该考虑到水在各种情况下的价值,包括非市场价格。它还应考虑价值随时间变化的事实,以及限制阻止水价变动以反映这些变化制度障碍的必要性。

Hone 的贡献也在于建立起了全面的贸易审查,这也是在生态系统服务的背景下第四章的一个主题。在这一章中,Pierre Horwitz 和 May Carter 探索了旅游、生态系统服务、人类福祉、工业环境和游客体验之间的联系,并提出了一种改进内河淡水系统管理的方法。其论点的核心是:对旅游和游憩使用的水资源管理伴随着生态系统服务的重要权衡,妥协和权衡是不可避免的。他们为生态系统服务的概念化权衡制定了一个新的框架,并认为成功的管理制度必须承认这些妥协。这很可能并不是一件容易的事情,正如澳大利亚墨累 - 达令盆地计划的实施在这一政治事件中的表现。

本章框架是建立在价值、冲突和互补的概念之上,并为多种用途的淡水管理提供了一条出路。重要的是,它包含了社会和文化价值,并通过生态系统服务语言概念化了权衡。这种方法的最大好处在于,它允许在规划过程的任何阶段都明确权衡,并得到大众的认可。因此,在确定了这种权衡与其经验相关之后,补偿问题可以在市场和非市场中得到解决。例如,可以用支付环境服务的费用来量化特定管理决策的后果。这种方法的成功依赖于公众、政治家、经济利益和监管机构的参与。这种包容性是在第十一章提出的理论论证中所涉及的问题。

总体来说,前四章对我们概念化价值、冲突和互补以及相关的权衡概念有很大帮助。他们还指出了在许多方面需要进一步研究。这一部分告诉人们水的估值在旅游和游憩产业中的复杂性,以及在量化权衡中出现的困难,特别是考虑到目前的政策只在数量方面对水进行概念化。第二部分讨论了有关旅游和游憩用水管理的制度安排。

二、产权、机构与决策

第二个问题的是产权和相关制度的制作是如何约束或影响旅游用水管理决策的。这本书的第二部分提出了与水产权有关的一些重要的制度问题,以及可能会对旅游利益产生影响的水资源管理合作和社交模式。在第五章中,Lin Crase 和 Ben Gawne 认为,产权的产生不简单,权利的"形状"影响着水行业内各种利益相关者的行为。在第二章中,Crase 和 Gawne 指出,权利有不止一个维度。水是一种潜在的东西,在某一时刻或某一时刻的消耗本身并不会阻止在空间和时间的其他点上的进一步消耗。一系列附带的或非消耗性的收益(和成本)也仅仅是因其在空间或时间上的存在。因此,特定排除、机会、管理等问题就成了水资源问题。体积、可发性和时间的维度都有重要的生态影响,除了对旅游业和游憩业的巨大影响之外,还会对生态环境产生重要影响。Crase 和 Gawne 认为,目前容量条款的权利要求与旅游和游憩产业的需求并不相适,并提出了一种可能更适合这一领域的方法。更具体地说,由于水资源运输不管理的争议性使得拆分权利成为可能。如果没有这样的权利,旅游和游憩产业的利益将只能通过政治影响调整水资源分配。

在第六章,Brian Dollery 和 Sue O'Keefe 认为澳大利亚这种"自上而下"的水政策有一个系统上的弱点,他们探究公共选择这一词语并找到一个新的范例,其核心基础在于广泛的参与,当地风土人情和共同协作可以处理固有的自然资源管理中的不确定性。他们关注 Ostrom(1990)提出的分散解决方案的设计原则,包括明确参与界限,适应当地条件以及现有用户和潜在用户的参与,有效的监测和高级管理机构对当地社区的判断认可。然而,他们指出,尽管他们有潜力,但混合伙伴关系这样的合作模式不应被视为对环境和旅游政策的解决办法,因为这些政策本质上是复杂且具有政治性的。

在对这些复杂问题的理论研究的基础上,第七章 Sue O'Keefe 和 Brian Dollery 一起探究了水是否能把环境、旅游和游憩活动结合起来。这表面上需要进入水市场,以确保分配结果符合个体利益。水信托基金在美国取得了成功,因为它比其他决策更加明智,最关键的是它们的潜在优势,它们可以开发出创新的决策方案来解决分配问题,并通过与地方一级的灌溉者谈判来建立关系。O'Keefe 和 Dollery 调查了美国西部的水资源信托基金的运作模式,并质疑类似的机构安排是否能在澳大利亚的环境中得到更好的结果,他们认为,尽管与环境利益相关的一些活动是这样的,但有些问题尚未得到解决。其中最重要的是环境与旅游和游憩产业的水需求之间的互补性,以及其他章节中关于权利规范的问题。

总而言之,这些章节清楚地阐明了产权和其他制约资源管理者分配决策的方式。水的各个维度,以及它在使用和非使用意义上的价值,对于目前正在使用的容量概念之外的水产权来说意味着的捆绑。这需要利用有关生产关系的信息和相关的权衡来确定一种权力的投资组合以更准确地反映环境、旅游和游憩产业的需要。我们可以从美国的水资源信托基金的经验中吸取教训,他们已经开发出了一些"产品",比如分季租赁,来探究(和计算)灌溉流量的时间。然而,这些变化的总体价值构成了一个需要进一步调查的经验问题,而美国的经验不太可能简单地复制到澳大利亚的环境中。尽管如此,这些调查结果可能会给旅游和游憩产业带来改善,同时也会从政策的角度产生更广泛的吸引力。

三、旅游和游憩水政策的当前问题

第三个问题是,当前的实践告诉我们什么是政策制定,如何才能更好地发展和协调取得的知识,以服务于竞争用户。本章第三部分举例说明了旅游业目前的实践和特有的挑战。其目的是汲取教训,使该行业能够更好地影响政策。我们通过案例分析了解旅游和游憩的兴趣如何与其他用户建立重要的互补性,更具体地说,这一部分探讨了水和政治之间的联系。这种方法提供了一个替代的视角,来概念化水政策是如何制定的,它源于一系列重要的政治科学课程。这一部分的三章均作为案例,把之前的几章都串联在了一起。

在第八章,Fiona Haslam McKenzie 讨论了珀斯美丽的天鹅河没有得到发展的奇怪现象,并将其与纽约哈莱姆区(Harlem)一个充满活力的河流分区的发展进行了对比。她描述了一系列政治、社会和制度因素,这些因素似乎阻碍了这一西澳大利亚天然资产的进一步发展。虽然天鹅河和哈莱姆河有着类似的经历,但在一个有争议并且环境遭到破坏的地区,哈莱姆区却能够克服障碍。这为本书提供了一些重要的经验。第一,要平衡利益相关者的利益,避免猜疑和不信任。第二,实现这一目标的方法是通过社区参与规划过程。第三,良好的治理是让所有人都受益的关键。

Michael Hughes 和 Colin Ingram 在第九章中指出珀斯市对城市集水区的排斥,并指出,在这方面,珀斯似乎与世界其他地方采取的方法截然不同。"排斥"带来了人类健康和美好生活的成本,作者调查了替代的制度结构,这些结构似乎为那些寻求旅游或游憩体验的人提供了一个更好的结果。Hughes 和 Ingram 大力提倡建立一个更紧密的综合管理制度,以全面了解社会、游憩和旅游价值,以及高质量饮用水的价值。因此,在未来政策制定时,Horwitz 和 Carter 在第四章中提出的理论可以为人们提供一个有用的框架。在其他章节中,第九章也强调了治理的重要性。

在第十章,Sue O'Keefe 和 Glen Jones 借鉴了南澳大利亚划船行业协会和美国国家海洋制造商协会的经验,举出了一些例子,证明了政治劝说在改善休闲划船经营者的收益方面的重要性。这些例子突出显示了旅游和游憩产业的潜力,它们都采取了有组织的战略行动,它们利用了兴趣和机会主义的方式来建立联盟。

这一部分是由 Ronlyn Duncan 在第十一章中串联起来的,有一些经验教训是很明显的。第一,是了解所有的水资源分配决策都是在政治和经济领域中进行的。这一发现与 Dollery 与 O'keefe 在第六章的结论一致。第二,Duncan 在政策制定方面展示了知识生产的重要性。她提出了一个合作模式,为旅游和游憩产业提供了潜在的优势。Duncan 认为,这个行业应该有更好的方法。她借鉴了 Cash 等(2006)和 Jasanoff(1990,2004)的研究来支持她的合作知识治理模型。Duncan 论点的核心是知识产生的方式影响了知识的产生,而这反过来又影响了政策制定者采取行动的意愿和能力。可以说,这是所有用水利益群体的一个经验教训。

这一部分的结论是如果旅游和游憩产业在政策上取得更大的影响力,他们就需要与其他利益相关者合作来建立理论。这可能会遇到许多障碍,包括那些目前持有权力但在决策过程中摇摆不定的人的不妥协,然而,如果旅游和游憩业在分配领域发挥更大的影响力,则至关重要。

四、饮用水与旅游

第四个问题是,旅游用水行为对水基础设施的影响是什么,比如在城市供水系统中的体现有哪些。本书主要关注地表水及其与旅游和游憩的关系,在澳大利亚的政策圈中,关注的焦点必然是环境与资源其他使用者之间的关系。在本书的最后部分,我们试图提供一个不同的视角,将注意力转向旅游和游憩对城市水及其供应的影响。考虑到游客的用水行为以及通常与度假有关的态度,游客在许多城镇中水资源需求过量,这对基础设施建设也有影响。

第十二章和第十三章探究了旅游和游憩业在水资源方面消费需求的增加原因和影响。在第十二章中 Bethany Cooper 指出,游客的用水行为往往比当地人更挥霍,即使是那些渴望在家里节约用水的人也不会在度假时那么节俭。Cooper 提出了一些关于旅游者的动机、态度和行为的问题,并提出了一个框架,以考虑到动机符合节水目标。

Lin Crase 和 Bethany Cooper 在第十三章中讨论了耗水量和供水公司的存在意义,强调游客的用水行为对定价、基础设施和政策有重要的影响。他们研究了一系列在城市环境中游客和度假者的水配给政策,主张更加明确和公开的价格信号。

这些作者提出了一些关于游客对城市供水影响的看法,并提出了一些改善政策结果的建议。在这方面,第十二章中提出的遵守框架应作为一个有用的工具,协助遵守的制度设计。简而言之,决策者希望最大限度地遵循最低成本,可以通过了解其市场的个人动机中获利。游客的动机很有可能与当地人不同,而对于每个群体来说,一个包含不同标准的制度才更合理。

第十三章还考虑了各种需求管理方法的优缺点。人们认识到,游客对不同事物的反应可能与当地人不同,Crase 和 Cooper 对当前的需求管理方法的有效性提出了质疑。他们特别指出,道德劝说制度的成本和有效性在限制旅游需求方面是没有效果的。他们还批评了目前的定价机制,这些机制受到监管机构的限制,并考虑一系列有时相互竞争的目标,比如收入保证、成本反射性和公平性。一个中心问题是,对于游客来说,价格信号是微弱的,他们没有任何道德或社会动机来遵守保护需求。在这种情况下,一种更微妙的方法似乎更可取,那就是使用新技术,如智能电水表。

五、结论

旅游和游憩用水的评估取得了一些进展,这预示着持续审查淡水资源的各种用途固有的冲突,其中许多是相互补充的,这在前几章中也得到了检验。然而,对于既定的水资源管理决策中权衡的隐含意义是不太能够为大众所理解。这在很大程度上是由澳大利亚(以及其他地方)的水资源政策具有政治性质造成的。因此,目前缺乏旅游和游憩利益不应被看作是缺乏价值的反映,而可能源自以前的政策选择和公众的看法,再加上该领域分崩离析的现状。第四章的生态系统服务框架提出了一种切实可行的方法,将不同的利益结合起来,以了解水资源管理决策的内在权衡。当然,这种方法需要在实践中加以验证。

人们需要更多的知识,也需要更有效地利用知识。正如 Ronlyn Duncan 在第十一章所指出的,这种知识的产生本身就是一个政治过程。在这本书中反复出现的主题一直是更多合作的范围,它利用各方的共同利益来解决冲突。决策的协作模式,例如在美国的水信托公司,似乎做出了一些决策,但需要额外的经验来确立他们在澳大利亚的效用。此外,目前的财产权利制度,只重视水的容积,似乎妨碍了该领域利用其互补性,特别是在时间流上的优势。再次证明该问题是以经验为基础的。

在澳大利亚重大政策改革的背景下,进一步研究这些棘手问题的时机已经成熟,但这并不意味着澳大利亚的经验可以简单地复制到国际环境中去。相反,从国际的角度看,我们希望人们能够仔细考虑这本书中所提出的问题,然后再去研究可能有利于该领域的特定的水政策改革方向。正如在本书中所提到的那样,事先仔细考虑制度和政治经济因素有可能改善旅游业和游憩业的现状。

参考文献

1. Cash, D.W., J.C. Borck, and A.G. Patt. 2006. Countering the loading-dock approach to linking science and decision making: Comparative analysis of El Nino/Southern Oscillation (ENSO) forecasting systems. *Science, Technology & Human Values* 31 (4): 465-494.

2. Jasanoff, S. 1990. *The Fifth Branch: Science Advisers as Policymakers*. Cambridge, MA: Harvard University Press.

3. ——. 2004. Ordering knowledge, ordering society, in *States of Knowledge: The Co-production of Science and Socral Order*, edited by S. Jasanoff. London: Routledge, 13-45.

4. Ostrom, E. 1990. *Governing the Commons: The Evolution of Institutions for Collective Action*. Cambridge, UK: Cambridge University Press.